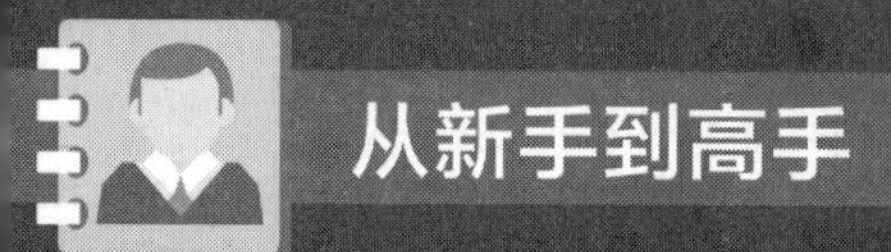

HTML+CSS网站设计与开发

从新手到高手

罗刚 原晋鹏 / 编著

清华大学出版社

北京

内 容 简 介

本书紧密围绕网页设计师在网页制作过程中的实际需要和应该掌握的技术，全面地介绍了使用HTML和CSS进行网页设计和制作的内容和技巧。本书不仅注重语法讲解，还通过一个个鲜活、典型的案例来帮助读者达到学以致用的目的。每个语法都有对应的实例，大多数章还配有综合实例，力求达到理论知识与实践操作的完美结合。

本书可作为普通高校、高职高专院校计算机及相关专业的教材，也可供从事网页设计与制作、网站开发、网页编程等行业人员参考。

图书在版编目（CIP）数据

HTML+CSS网站设计与开发从新手到高手 / 罗刚, 原晋鹏编著. -- 北京 : 清华大学出版社, 2021.9

（从新手到高手）

ISBN 978-7-302-58920-4

Ⅰ.①H… Ⅱ.①罗…②原… Ⅲ.①超文本标记语言－程序设计②网页制作工具Ⅳ.①TP312.8②TP393.092.2

中国版本图书馆CIP数据核字(2021)第169236号

责任编辑：陈绿春
封面设计：潘国文
责任校对：徐俊伟
责任印制：刘海龙

出版发行：清华大学出版社

网　址：http://www.tup.com.cn，http://www.wqbook.com
地　址：北京清华大学学研大厦A座　　邮　编：100084
社 总 机：010-62770175　　邮　购：010-83470235
投稿与读者服务：010-62776969，c-service@tup.tsinghua.edu.cn
质量反馈：010-62772015，zhiliang@tup.tsinghua.edu.cn
课件下载：http://www.tup.com.cn，010-83470236

印 装 者：三河市科茂嘉荣印务有限公司
经　销：全国新华书店
开　本：188mm×260mm　　**印　张：**21　　**字　数：**541千字
版　次：2021年10月第1版　　**印　次：**2021年10月第1次印刷
定　价：79.00元

产品编号： 064607-01

前言

近年来随着网络信息技术的广泛应用，越来越多的个人、企业都纷纷建立自己的网站，利用网站来宣传、推广自己的产品和服务，网页技术已经成为当代青年学生必备的知识技能。目前大部分制作网页的方式都是运用可视化的网页编辑软件进行操作，这些软件的功能强大，使用方便，但是对于高级网页制作人员来讲，仍需要了解HTML、CSS等网页设计语言和技术的使用方法，这样才能充分发挥自己的想象力，更加自由地设计符合要求的网页，以实现网页设计软件不能实现的许多重要功能。

本书主要内容

本书围绕网页设计师在网页制作过程中的实际需要和应该掌握的技术，全面介绍了使用HTML、CSS进行网页设计和制作的内容和技巧。本书不仅注重语法讲解，还通过一个个鲜活、典型的案例来帮助读者达到学以致用的目的。每个语法都有相应的实例，大多数章的后面还配有综合实例。

本书共16章，主要内容包括HTML 5入门、用HTML设置文字与段落格式、用HTML创建精彩的图像和多媒体页面、用HTML创建超链接、使用HTML创建表格、创建交互式表单、用HTML 5绘制Canvas和SVG、CSS基础知识、用CSS控制网页文本和段落样式、用CSS设计图片和背景、用CSS制作实用的菜单和网站导航、CSS 3移动网页开发、CSS盒子模型与定位、CSS+Div布局方法、JavaScript基础知识、设计制作企业网站等。

本书主要特色

- 知识系统、全面

本书内容完全从网页创建的实际应用出发，将HTML、CSS、JavaScript元素进行归类，每个标记的语法、属性和参数都有完整详细的说明，信息量大，知识结构完善。

- 典型实例讲解

本书配有大量案例，将基础知识综合贯穿全书，力求达到理论知识与实际操作完美结合的效果。

- 配合Dreamweaver进行讲解

本书以浅显的语言和详细的步骤讲解，介绍了在可视化网页软件Dreamweaver中，如何运用HTML、CSS代码来创建网页，使网页制作变得更加得心应手。

- **代码支持**

本书提供案例的源代码，便于读者在实战中掌握网页设计与制作的每一项技能。

- **配图丰富，效果直观**

对于每一个实例代码，本书都配有相应的效果图，读者无须自行编码，也可以看到相应的运行结果或者显示效果。在不便上机操作的情况下，可根据书中的实例和效果图进行分析和比较。

本书读者对象

- 网页设计与制作人员
- 网站建设与开发人员
- 大中专院校相关专业师生
- 网页制作培训班学员
- 个人网站建设爱好者与自学人员

本书作者

本书主创人员为黔南民族师范学院副教授罗刚和原晋鹏，均为从事计算机教学工作的资深教师，有着丰富的教学经验和网络开发经验。由于时间所限，书中疏漏之处在所难免，恳请广大读者朋友批评指正。

配套素材及技术支持

本书的配套素材请用微信扫描下面的二维码进行下载，如果在下载过程中碰到问题，请联系陈老师，联系邮箱：chenlch@tup.tsinghua.edu.cn。

如果有技术性问题，请扫描下面的二维码，联系相关技术人员进行解决。

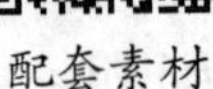

配套素材

技术支持

本书为2020年贵州省教改项目“双创”背景下地方高校Java开发技术课程体系建设”（项目号：2020230）、2018年黔南民族师范学院教育质量提升工程项目“软件开发技术核心课程教学团队”（项目号：2018xjg0301）研究成果。

作者

2021.6

目录

第 1 章 HTML 5 入门

本章导读

HTML 5 是一种网络标准，相比现有的 HTML 4.01 和 XHTML 1.0，可以实现更强大的页面表现性能，同时充分调用本地资源，实现不输于 App 的功能效果。HTML 5 带给了浏览者更强的视觉冲击力，同时让网站程序员更好地与 HTML“沟通”。虽然现在 HTML 5 还不是非常完善，但是对于以后的网站建设会起到至关重要的作用。

技术要点

1. 认识 HTML 5
2. HTML 5 的新特性
3. HTML 5 与 HTML 4 的区别
4. 新增的主体结构元素
5. 新增的非主体结构元素

1.1 认识 HTML 5

现在，HTML 5 越来越成熟，很多应用已经出现在日常生活中，不止让传统网站上的互动 Flash 逐渐被 HTML 5 的技术取代，更重要的是可以通过 HTML 5 开发跨平台的手机 App，这让许多开发者感到十分兴奋。

HTML 最早是作为显示文档的手段出现的，再加上 JavaScript，它其实已经演变成了一个系统，可以开发搜索引擎、在线地图、邮件阅读器等各种 Web 应用。虽然设计巧妙的 Web 应用可以实现很多令人赞叹的功能，但开发这样的应用绝非易事，多数都需要手动编写大量的 JavaScript 代码，还要用到 JavaScript 工具包，乃至在 Web 服务器上运行的服务器端 Web 应用。要让所有这些方面在不同的浏览器中都能紧密配合且不出差错是一个挑战。由于各浏览器厂商的内核标准不同，使 Web 前端开发者通常需要在兼容性问题上花费大量精力。

HTML 5 是 2010 年正式推出的。在新的 HTML 5 语法规则中，部分 JavaScript 代码将被 HTML 5 的新属性替代，部分 Div 的布局代码也将被 HTML 5 变为更加语义化的结构标签，这使网站前段的代码变得更加精炼、简洁和清晰，让代码的开发者也更加一目了然地了解代码所要表达的意思。

HTML 5 提供了各种切割和划分页面的手段，允许创建的切割组件不仅能用来逻辑地组织站点，而且能够赋予网站聚合的能力。这是 HTML 5 富于表现力的语义和实用性美学的基础。HTML 5 赋予设计者和开发者各种层面的能力来向外发布各式各样的内容，从简单的文本内容到丰富的、交互式的多媒体无不包括在内。图 1-1 所示为采用 HTML 5 技术实现的动画特效。

图 1-1

HTML 5 提供了高效的数据管理、绘制、视频和音频工具，其促进了网页和便携式设备的跨浏览器应用的开发。HTML 5 有更大的灵活性，支持开发非常精彩的交互式网站，它还引入了新的标签和增强性的功能，其中包括一个优雅的结构、表单的控制、API、多媒体、数据库支持和显著提升的处理速度等。图 1-2 所示为采用 HTML 5 制作的游戏。

图 1-2

HTML 5 中的新标签都是高度关联的，标签封装了它们的作用和用法。HTML 的过去版本更多的是使用非描述性的标签。然而，HTML 5 拥有高度描述性的、直观的标签，其提供了丰富的能够立刻让人识别出内容的内容标签。例如，被频繁使用的 <div> 标签已经有了两个增补进来的 <section> 和 <article> 标签。<video>、<audio>、<canvas> 和 <figure> 标签的增加也提供了对特定类型内容更加精确的描述。图 1-3 所示为由 HTML 5、CSS 3 和 JavaScript 代码所编写的美观的网站后台界面。

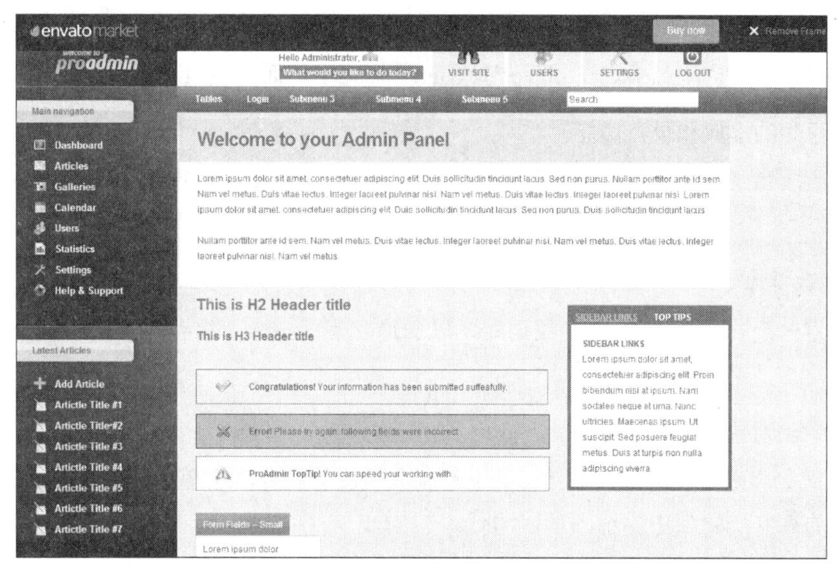

图 1-3

HTML 5 取消了 HTML 4.01 的一部分被 CSS 取代的标记，提供了新的元素和属性。部分元素对于搜索引擎能够更好地索引整理，对于小屏幕的设置和视障人士有更好的帮助。HTML 5 还采用了最新的表单输入对象，引入了微数据，使用计算机可以识别的标签标注内容的方法，使语义 Web 的处理变得更简单。

1.2 HTML 5 的新特性

HTML 5 是一种组织网页内容的语言，其目的是通过创建一种标准和直观的 UI 标记语言，把网页设计和开发变得更容易。HTML 5 提供了一些新的元素和属性，例如 <nav> 和 <footer>。除此之外，还具有如下特点。

1. 取消了一些过时的 HTML 4 标签

HTML 5 取消了一些纯粹用于显示效果的标签，如 <font> 和 <center>，它们已经被 CSS 取代。HTML 5 吸取了 XHTML 2 的一些建议，包括一些用来改善文档结构的功能，如新的 HTML 标签 header、footer、dialog、aside、figure 等的使用，将使内容创作者更加容易地创建文档。

2. 将内容和展示分离

b 和 i 标签依然保留，但它们的意义已经与之前有所不同，这些标签的意义只是为了将一段文字标识出来，而不是为了设置粗体或斜体式样。u、font、center、strike 标签则被完全去掉。

3. 一些全新的表单输入对象

HTML 5 增加了日期、URL、Email 地址等表单输入对象，还增加了对非拉丁字符的支持。

HTML 5 还引入了微数据，使用计算机可以识别的标签标注内容的方法，使语义 Web 的处理更简单。总体来说，这些与结构有关的改进使内容创建者可以创建更干净、更容易管理的网页。

4．全新的、合理的标签

多媒体对象将不再全部绑定在 object 或 embed 标签中，而是各自拥有对应的标签。

5. 支持音频的播放和录音功能

目前在播放和录制音频的时候，可能需要用到 Flash、Quicktime 或者 Java，而这也是 HTML 5 的功能之一。

6．本地数据库

该功能将内嵌一个本地的 SQL 数据库，以加速交互式搜索、缓存以及索引功能。同时，那些离线 Web 程序也将因此获益匪浅。

7．Canvas 对象

Canvas 对象将给浏览器带来直接在其上绘制矢量图的能力，这意味着用户可以脱离 Flash 和 Silverlight，直接在浏览器中显示图形或动画。

8. 支持丰富的 2D 图片

HTML 5 内嵌了所有复杂的二维图片类型，与目前网站加载图片的方式相比，它的运行速度要快得多。

9. 支持即时通信功能

在 HTML 5 中内置了基于 Web sockets 的即时通信功能，一旦两个用户之间启动了这个功能，即可保持顺畅的交流。

目前，主流的网页浏览器 Firefox 5、Chrome 12 和 Safari 5 都支持许多的 HTML 5 标准，而且最新版的 IE 9 也支持许多的 HTML 5 标准。

1.3 HTML 5 与 HTML 4 的区别

HTML 5 是最新的 HTML 标准，HTML 5 语言更精简，解析的规则更详细。在针对不同的浏览器时，即使语法错误也可以显示出同样的效果。下面列出的就是 HTML 5 和 HTML 4 之间主要的区别。

1.3.1 HTML 5 的语法变化

HTML 的语法是在 SGML 的基础上建立起来的，但是 SGML 语法非常复杂，要开发能够解析 SGML 语法的程序很不容易，所以很多浏览器都不包含 SGML 的分析器。因此，虽然 HTML 基本遵从 SGML 的语法，但是对于 HTML 的执行，在各浏览器之间并没有一个统一的标准。

在这种情况下，各浏览器之间的互兼容性和互操作性，在很大程度上取决于网站或网络应用程序的开发者们在开发上所做的共同努力，而浏览器本身始终是存在缺陷的。

在 HTML 5 中提高 Web 浏览器之间的兼容性是它的一个很大的目标，为了确保兼容性，就要有一个统一的标准。因此，HTML 5 就围绕着这个 Web 标准，重新定义了一套在现有的 HTML 基础上修改而来的语法，使它运行在各浏览器时，各浏览器都能够符合这个通用标准。

因为关于 HTML 5 语法解析的算法都提供了详细的记载，所以各 Web 浏览器的供应商可以把 HTML 5 分析器集中封装在自己的浏览器中。最新的 Firefox（默认为 4.0 以后的版本）与 WebKit 浏览器引擎中都封装了供 HTML 5 使用的分析器。

1.3.2 HTML 5 中的标记方法

下面来看看在 HTML 5 中的标记方法。

1. 内容类型（ContentType）

HTML 5 的文件扩展符与内容类型保持不变，也就是说，扩展符仍然为 .HTML 或 .htm，内容类型（ContentType）仍然为 text/HTML。

2. DOCTYPE 声明

DOCTYPE 声明是 HTML 文件中必不可少的，它位于文件的第一行。在 HTML 4 中，它的声明方法如下。

```
<!DOCTYPE HTML PUBLIC "-//W3C//DTD XHTML 1.0 Transitional//EN"
"http://www.w3.org/TR/xHTML1/DTD/xHTML1-transitional.dtd">
```

DOCTYPE 声明是 HTML 5 众多新特征之一，现在只需要输入 <!DOCTYPE HTML> 即可。HTML 5 中的 DOCTYPE 声明方法（不区分大小写）如下。

```
<!DOCTYPE HTML>
```

3. 指定字符编码

在 HTML 4 中，使用 meta 元素的形式指定文件中的字符编码，具体如下。

```
<meta http-equiv="Content-Type" content="text/HTML;charset=utf-8">
```

在 HTML 5 中，可以使用对元素直接追加 charset 属性的方式来指定字符编码，具体如下。

```
<meta charset="utf-8">
```

在 HTML 5 中这两种方法都可以使用，但是不能同时混合使用这两种方式。

1.3.3 HTML 5 语法中的 3 个要点

HTML 5 中规定的语法，在设计上兼顾了与现有 HTML 之间最大限度的兼容性，下面就来看看具体的 HTML 5 语法。

1. 可以省略标签的元素

在 HTML 5 中，有些元素可以省略标签，具体来讲有以下 3 种情况。

（1）必须写明结束标签：area、base、br、col、command、embed、hr、img、input、keygen、link、meta、param、source、track、wbr。

（2）可以省略结束标签：li、dt、dd、p、rt、rp、optgroup、option、colgroup、thead、tbody、tfoot、tr、td、th。

（3）可以省略整个标签：HTML、head、body、colgroup、tbody。

需要注意的是，虽然这些元素可以省略，但实际上却是隐形存在的。

例如，<body> 标签可以省略，但在 DOM 树上它是存在的，可以永恒访问到 document.body。

2. 取得 boolean 值的属性

取得布尔值（Boolean）的属性，例如 disabled 和 readonly 等，通过默认属性的值来表达“值为 true”。

此外，在写明属性值来表达“值为 true”时，可以将属性值设为属性名称本身，也可以将属性值设为空字符串。

```
<!-- 以下的 checked 属性值皆为 true-->
<input type="checkbox" checked>
<input type="checkbox" checked="checked">
<input type="checkbox" checked="">
```

3. 省略属性的引用符

在 HTML 4 中设置属性值时，可以使用双引号或单引号来引用。

在 HTML 5 中，只要属性值不包含空格、<、>、'、"、`、= 等字符，都可以省略属性的引用符。

实例如下。

```
<input type="text">
<input type='text'>
<input type=text>
```

1.4 新增的主体结构元素

在 HTML 5 中，为了使文档的结构更清晰明确，容易阅读，增加了很多新的结构元素，如页眉、页脚、内容区块等。

1.4.1 article 元素

article 元素可以灵活使用，包含独立的内容项，所以可以包含一个论坛帖子、一篇杂志文章、一篇博客文章、用户评论等。这个元素可以将信息各部分进行任意分组，而不论信息原来的性质。

作为文档的独立部分，每个 article 元素的内容都具有独立的结构。为了定义这个结构，可以利用 <header> 和 <footer> 标签的丰富功能。它们不仅能够用在正文中，也能够用于文档的各个节中。

下面以一篇文章讲述 article 元素的使用方法，具体代码如下。

```
<article>
    <header>
```

```
        <h1> 蝶恋花 · 出塞 </h1>
    </header>
 <p> 今古河山无定据。画角声中，牧马频来去。满目荒凉谁可语？西风吹老丹枫树。
 <br>
 从前幽怨应无数。铁马金戈，青冢黄昏路。一往情深深几许？深山夕照深秋雨。</p>
  <footer>
<p><small> 版权所有 @XXX。</small></p>
  </footer>
</article>
```

在 header 元素中嵌入了文章的标题部分，在 h1 元素中是文章的标题“蝶恋花·出塞”。在标题下的 p 元素中是文章的正文，在结尾处的 footer 元素中是文章的版权声明。对这部分内容使用了 article 元素，在浏览器中的效果如图 1-4 所示。

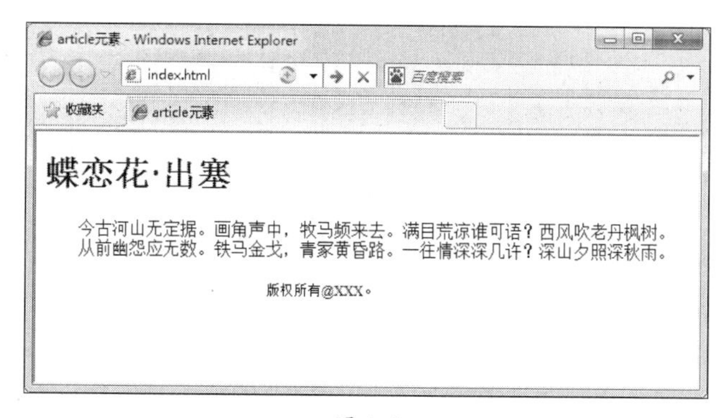

图 1-4

另外，article 元素也可以用来表示插件，它的作用是使插件看起来好像内嵌在页面中。

```
<article>
<h1>article 表示插件 </h1>
<object>
<param name="allowFullScreen" value="true">
<embed src="#" width="600" height="395"></embed>
</object>
</article>
```

一个网页中可能有多个独立的 article 元素，每个 article 元素都允许有自己的标题与脚注等从属元素，并允许对自己的从属元素单独使用样式。如一个网页中的样式可能为如下所示。

```
header{
display:block;
color:green;
text-align:center;
}
article header{
color:red;
text-align:left;
}
```

1.4.2 section 元素

section 元素用于对网站或应用程序中页面上的内容进行分块。一个 section 元素通常由内容及其标题组成。但 section 元素也并非一个普通的容器元素，当一个容器需要被重新定义样式或者定义脚本行为的时候，还是推荐使用 Div 控制。

```
<section>
 <h1> 水果 </h1>
 <p> 水果一般是多汁的植物果实，不但含有丰富的营养且能够帮助消化…</p>
</section>
```

下面是一个带有 section 元素的 article 元素例子。

```
<article>
    <section>
        <h1> 葡萄 </h1>
        <p> 葡萄色彩艳丽、汁多味美、营养丰富。果实含糖量达 10% ～ 30%，含有多种微量元素，
还有增进人体健康的功效。…</p>
    </section>
    <section>
        <h1> 橘子 </h1>
        <p> 橘子色彩鲜艳、酸甜可口，是秋冬季常见的美味佳果。富含丰富的维生素 C，对人
体有很大的好处。…</p>
    </section>
</article>
```

从上面的代码可以看出，首页整体呈现的是一段完整独立的内容，所以要用 article 元素包起来，这其中又可分为两段，每段都有一个独立的标题，使用了两个 section 元素为其分段。这样使文档的结构显得更清晰。在浏览器中预览，效果如图 1-5 所示。

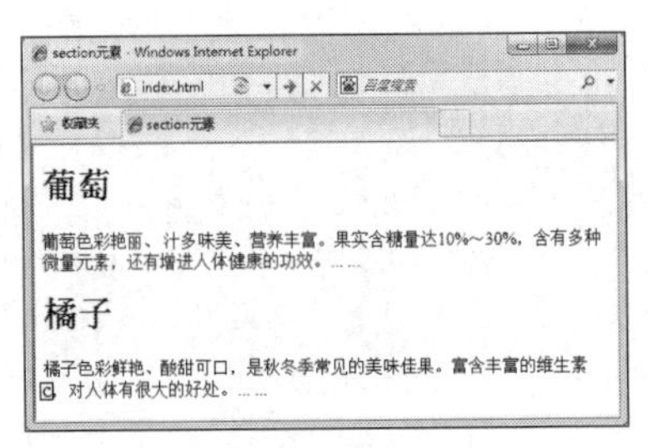

图 1-5

article 元素和 section 元素有什么区别呢？在 HTML 5 中，article 元素可以看成一种特殊种类的 section 元素，它比 section 元素更强调独立性。也就是说，section 元素强调分段或分块，而 article 强调独立性。如果一块内容相对比较独立、完整，应该使用 article 元素，但是如果想将一块内容分成几段，应该使用 section 元素。

提示

使用section元素时，注意如下问题。

（1）不要将section元素用作设置样式的页面容器，选用Div。

（2）如果article元素、aside元素或nav元素更符合使用条件，不要使用section元素。

（3）不要为没有标题的内容区块使用section元素。

1.4.3　nav 元素

nav 元素在 HTML 5 中用于包裹一个导航链接组，用于显式地说明这是一个导航组，在同一个页面中可以同时存在多个 nav。

并不是所有的链接组都要被放进 nav 元素，只需要将主要的、基本的链接组放进 nav 元素即可。例如，在页脚中通常会有一组链接，包括服务条款、首页、版权声明等，这时使用 footer 元素是最恰当的。

一直以来，习惯于使用如 <div id="nav"> 或 <ul id="nav"> 这样的代码来编写页面的导航。在 HTML 5 中，可以直接将导航链接列表放到 <nav> 标签中，具体如下。

```
<nav>
<ul>
<li><a href="index.html">Home</a></li>
<li><a href="#">About</a></li>
<li><a href="#">Blog</a></li>
</ul>
</nav>
```

导航，顾名思义就是引导的路线，那么具有引导功能的都可以认为是导航吗？导航可以是页与页之间的导航，也可以是页内段与段之间的导航，实例如下。

```
<!DOCTYPE HTML>
<title>页面之间导航</title>
<header>
  <h1>网站页面之间导航<h1>
     <nav>
       <ul>
         <li><a href="index.html">公司主页</a></li>
         <li><a href="about.html">公司介绍</a></li>
         <li><a href="bbs.html">公司产品</a></li>
     </ul>
     </nav>
  </h1></h1>
  </header>
```

这个实例是页面之间的导航，nav 元素中包含了 3 个用于导航的超链接，即“公司主页”“公司介绍”和“公司产品”。该导航可用于全局导航，也可放在某个段落，作为区域导航。运行代码后的效果如图 1-6 所示。

下面的实例是页内导航，运行代码后的效果如图 1-7 所示。

```
<!DOCTYPE HTML>
<title>段内导航</title>
<header>
</header>
<article>
       <h2>文章的标题</h2>
       <nav>
           <ul>
               <li><a href="#p1">段一</a></li>
```

```
                <li><a href="#p2">段二</a></li>
                <li><a href="#p3">段三</a></li>
            </ul>
        </nav>
        <p id=p1>段一</p>
        <p id=p2>段二</p>
        <p id=p3>段三</p>
</article>
```

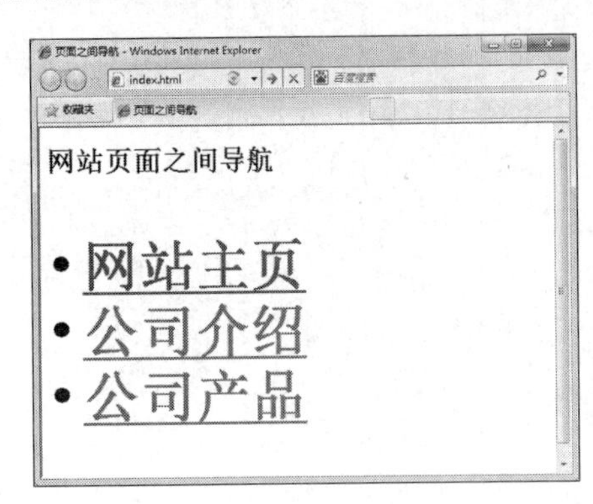

图 1-6

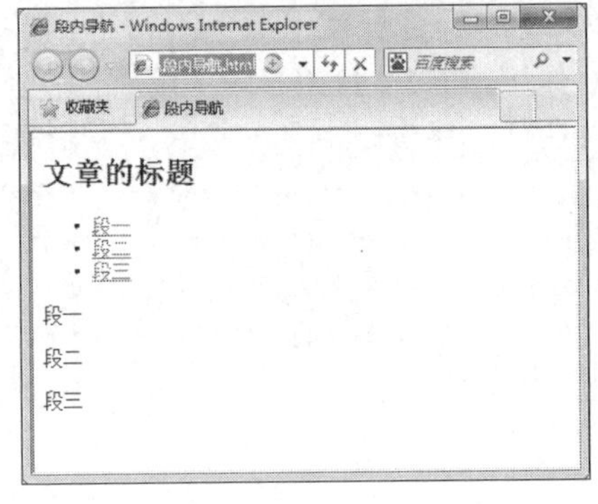

图 1-7

nav 元素使用在哪行位置呢？顶部传统导航条。现在主流网站上都有不同层级的导航条，其作用是将当前画面跳转到网站的其他主要页面上。图 1-8 所示为传统网站顶部导航条。

图 1-8

侧边导航。现在很多企业网站和购物类网站上都有侧边导航，如图 1-9 所示。

图 1-9

在 HTML 5 中不要用 menu 元素代替 nav 元素。过去有很多 Web 应用程序的开发者喜欢用 menu 元素进行导航，menu 元素是用在 Web 应用程序中的。

1.4.4　aside 元素

aside 元素用来表示当前页面或文章的附属信息部分，它可以包含与当前页面或主要内容相关的引用、侧边栏、广告、导航条，以及其他类似的有别于主要内容的部分。

aside 元素主要有以下两种使用方法。

（1）包含在 article 元素中作为主要内容的附属信息部分，其中的内容可以是与当前文章相关的参考资料、名词解释等。

```
<article>
 <h1>…</h1>
<p>…</p>
<aside>…</aside>
</article>
```

（2）在 article 元素之外使用作为页面或站点全局的附属信息部分。最典型的是侧边栏，其中的内容可以是友情链接、文章列表、广告单元等。代码如下所示，运行代码后的效果如图 1-10 所示。

```
<aside>
<h2> 新闻资讯 </h2>
<ul>
<li> 公司新闻 </li>
<li> 业内信息 </li>
</ul>
<h2> 公司产品 </h2>
<ul>
<li> 女装 </li>
<li> 男装 </li>
<li> 鞋帽 </li>
<li> 箱包 </li>
</ul>
</aside>
```

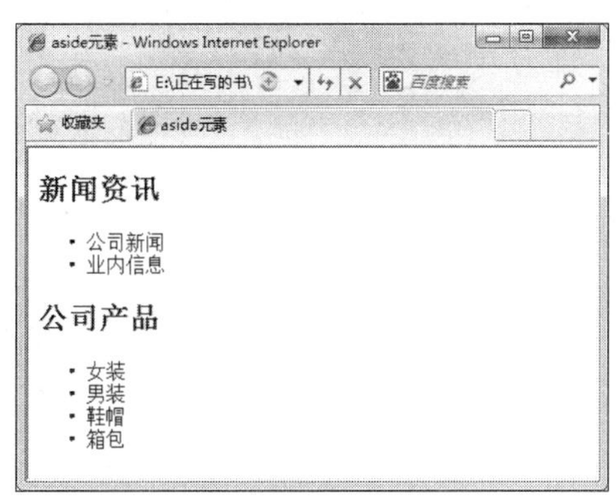

图 1-10

1.5 新增的非主体结构元素

除了以上几个主要的结构元素，HTML 5 内还增加了一些表示逻辑结构或附加信息的非主体结构元素。

1.5.1 header 元素

header 元素是一种具有引导和导航作用的结构元素，通常用来放置整个页面或页面内的一个内容区块的标题，header 内也可以包含其他内容，例如表格、表单或相关的 Logo 图片。

在架构页面时，整个页面的标题常放在页面的开头，header 标签一般都放在页面的顶部。可以用如下所示的形式书写页面的标题。

```
<header>
<h1> 页面标题 </h1>
</header>
```

在一个网页中可以拥有多个 header 元素，可以为每个内容区块加一个 header 元素。

```
<header>
    <h1> 网页标题 </h1>
</header>
<article>
    <header>
        <h1> 文章标题 </h1>
    </header>
    <p> 文章正文 </p>
</article>
```

在 HTML 5 中，一个 header 元素通常包括至少一个 headering 元素（h1 ～ h6），也可以包括 hgroup、nav 等元素。

下面是一个网页中的 header 元素实例，运行代码后的效果如图 1-11 所示。

```
<header>
  <hgroup>
    <h1>HTML+CSS 网站设计与开发从新手到高手 </h1>
    <p> 紧密围绕网页设计师在网站设计与开发过程中的实际需要和应该掌握的技术，全面介绍了使用 HTML 和 CSS 进行网站设计和开发的各方面内容和技巧…</p>
  </hgroup>
  <nav>
    <ul>
      <li> 本书特点 </li>
      <li> 本书内容 </li>
      <li> 读者对象 </li>
    </ul>
  </nav>
</header>
```

图 1-11

1.5.2　hgroup 元素

header 元素位于正文开头，可以在这些元素中添加 <h1> 标签，用于显示标题。基本上，<h1> 标签已经足够用于创建文档各部分的标题行。但是，有时候还需要添加副标题或其他信息，以说明网页或各节的内容。

hgroup 元素是将标题及其子标题进行分组的元素。hgroup 元素通常会将 h1 ～ h6 元素进行分组，一个内容区块的标题及其子标题算一组。

通常，如果文章只有一个主标题，是不需要 hgroup 元素的。但是，如果文章有主标题，主标题下有子标题，就需要使用 hgroup 元素了。hgroup 元素的实例代码如下，运行代码后的效果如图 1-12 所示。

```
<article>
    <header>
        <hgroup>
            <h1> 唐诗三百首 </h1>
            <h2> 回乡偶书 </h2>
        </hgroup>
    <p> 少小离家老大回，<br> <br>
      乡音无改鬓毛衰。 <br> <br>
      儿童相见不相识，<br> <br>
      笑问客从何处来。</p>
    </header>
</article>
```

如果有标题和副标题，或在同一个 <header> 元素中加入多个 H 标题，那么就需要使用 <hgroup> 元素。

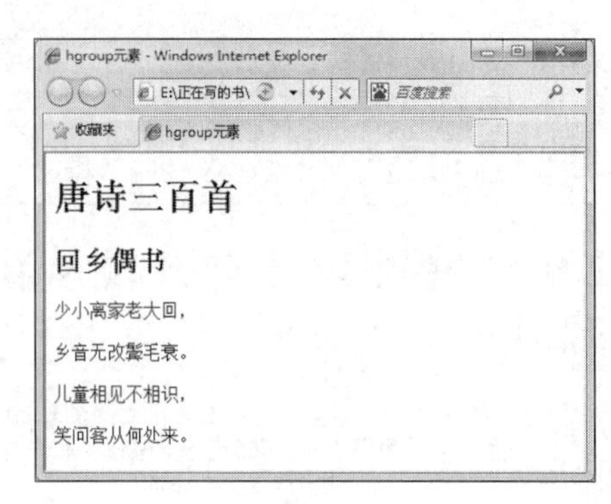

图 1-12

1.5.3 footer 元素

footer 通常包括其相关区块的脚注信息，如作者、相关阅读链接及版权信息等。footer 元素和 header 元素使用方法基本相同，可以在一个页面中使用多次，如果在一个区段后面加入 footer 元素，那么它就相当于该区段的尾部了。

在 HTML 5 出现之前，通常使用类似下面这样的代码来编写页面的页脚。

```
<div id="footer">
    <ul>
        <li>版权信息</li>
        <li>站点地图</li>
        <li>联系方式</li>
    </ul>
<div>
```

在 HTML 5 中，可以不使用 Div，而用更加语义化的 footer 来写。

```
<footer>
    <ul>
        <li>版权信息</li>
        <li>站点地图</li>
        <li>联系方式</li>
    </ul>
</footer>
```

footer 元素既可以用作页面整体的页脚，也可以作为一个内容区块的结尾，例如可以将 <footer> 直接写在 <section> 或者 <article> 中，如下所示。

在 article 元素中添加 footer 元素。

```
<article>
    文章内容
    <footer>
        文章的脚注
    </footer>
</article>
```

在 section 元素中添加 footer 元素。

```
<section>
    分段内容
    <footer>
        分段内容的脚注
    </footer>
</section>
```

1.5.4　address 元素

address 元素通常位于文档的末尾，用来在文档中呈现联系信息，包括文档创建者的名字、站点链接、电子邮箱、真实地址、电话号码等。address 不只是用来呈现电子邮箱或真实地址这样的“地址”概念，而应该包括与文档创建人相关的各类联系方式。

下面是 address 元素实例。

```
<!DOCTYPE HTML>
<html>
<head>
<meta charset="utf-8">
<title>address 元素实例 </title>
</head>
<body>
<address>
<a href="mailto:example@***.com">webmaster</a><br/>
****** 网站建设公司 <br />
*** 区 *** 号 <br />
</address>
</body>
</html>
```

浏览器中显示地址的方式与其周围的文档不同，IE、Firefox 和 Safari 浏览器以斜体显示地址，如图 1-13 所示。

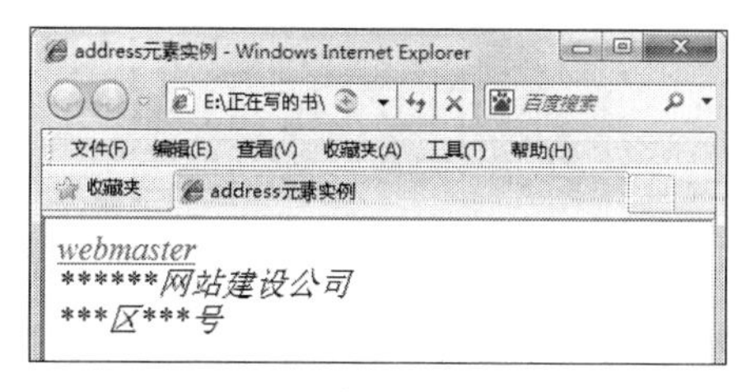

图 1-13

还可以把 footer 元素、time 元素与 address 元素结合起来使用，具体代码如下。

```
<footer>
    <div>
        <address>
            <a title=" 文章作者：李杰 ">
            李杰 </a>
        </address>
        发表于 <time datetime="2014-07-20">2021 年 03 月 20 日 </time>
    </div>
```

```
    </footer>
```

在这个实例中，把文章的作者信息放在了 address 元素中，把文章发表日期放在了 time 元素中，把 address 元素与 time 元素中的总体内容作为脚注信息放在了 footer 元素中，如图 1-14 所示。

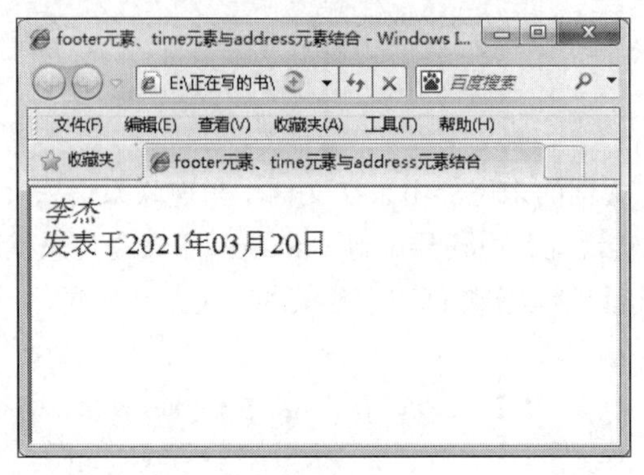

图 1-14

1.6 本章小结

本章主要讲述了 HTML 5 的新特性、HTML 5 与 HTML 4 的区别、HTML 5 新增的主体结构元素和新增的非主体结构元素。

通过对本章的学习，使读者认识了新的结构性的标签标准，让 HTML 文档变得更加清晰，可阅读性更强，更利于搜索引擎优化，也更利于视障人士阅读，它通过一些新标签、新功能的开发，解决了三大问题，即浏览器兼容问题、文档结构不明确的问题和 Web 应用程序功能受限问题。

第 2 章 用 HTML 设置文字与段落格式

本章导读

文字不仅是网页信息传达的一种常用方式，也是视觉传达最直接的方式，运用经过精心处理的文字材料完全可以制作出效果很好的版面。在输入文本内容后，即可对其进行格式化操作，而设置文本样式是实现快速编辑文档的有效方法，让文字看上去编排有序、整齐美观。通过对本章的学习，可以掌握如何在网页中合理地使用文字，如何根据需要选择不同的文字效果。

技术要点

1. HTML 页面主体常用设置
2. 页面头部元素 <head> 和 <!doctype>
3. 页面标题元素 <title>
4. 插入其他标记
5. 设置文字的格式
6. 设置段落的排版与换行
7. 水平线标记

2.1 HTML 页面主体常用设置

在 <body> 和 </body> 之间放置的是页面中所有的内容，如图片、文字、表格、表单、超链接等。<body> 标记有自己的属性，包括网页的背景设置、文字属性设置和链接设置等。设置 <body> 标记内的属性，可以控制整个页面的显示方式。

2.1.1 定义网页背景色：bgcolor

对于大多数浏览器而言，其默认的背景颜色为白色或灰白色。在网页设计中，bgcolor 属性标记整个 HTML 文档的背景颜色。

基本语法

```
<body bgcolor="背景颜色">
```

语法说明

背景颜色有两种表示方法，具体如下。

- 使用颜色名指定，例如红色、绿色分别用 red、green 表示。
- 使用十六进制格式数据值 #RRGGBB 来表示，RR、GG、BB 分别表示颜色中的红、绿、蓝三基色的两位十六进制数据，实例代码如下。

```
<!DOCTYPE HTML>
<html>
<head>
<meta charset="utf-8">
<title> 无标题文档 </title>
</head>
<body bgcolor="#ff4e02">
</body>
</html>
```

加粗部分的代码 <body bgcolor="#ff4e02"> 用于设置页面背景颜色，在浏览器中预览，效果如图 2-1 所示。

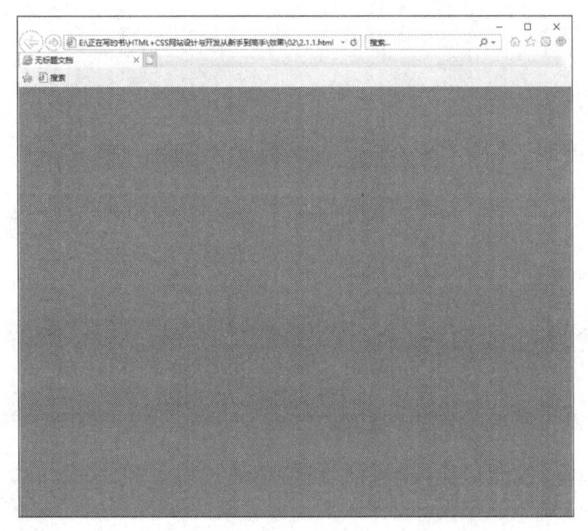

图 2-1

2.1.2 设置背景图片：background

网页的背景图片可以衬托网页的其他内容，从而取得更好的视觉效果。背景图片不仅要好看，而且还要注意不要喧宾夺主，影响网页内容的阅读。通常使用深色的背景图片配合浅色的文本，或者浅色的背景图片配合深色的文本。background 属性用来设置 HTML 网页的背景图片。

基本语法

```
<body background=" 图片的地址 ">
```

语法说明

background 属性值就是背景图片的路径和文件名。图片的地址可以是相对地址，也可以是绝对地址。

实例代码

```
<!DOCTYPE HTML>
<html>
<head>
```

```
<meta charset="utf-8">
<title> 无标题文档 </title>
</head>
<body background="images/bjtp.gif">
</body>
</html>
```

加粗部分的代码 <body background="images/bjtp.gif"> 为设置的网页背景图片，在浏览器中预览，可以看到背景图像，如图 2-2 所示。

图 2-2

说明：

网页中可以使用图片作为背景，但图片一定要与插图及文字的颜色相协调，才能达到美观的效果。如果颜色差异过大，会使网页失去美感。

为保证浏览器载入网页的速度，建议尽量不要使用尺寸过大的图片作为背景图片。

2.1.3　设置文字颜色：text

通过 text 可以设置 body 内所有文本的颜色。在没有对文字的颜色进行单独定义时，该属性可以对页面中的所有文字起作用。

基本语法

```
<body text=" 文字的颜色 ">
```

语法说明

在该语法中，text 属性值的设置与页面背景色的设置方法相同。

实例代码

```
<!DOCTYPE HTML>
<html>
<head>
```

```
<meta charset="utf-8">
<title> 设置文本颜色 </title>
</head>
<body text="#bd29ce">
弘扬民族文化，丰富百姓生活，提供优质产品，奉献满意服务，是我们一贯追求的目标。
</body>
</html>
```

加粗部分的代码 <body text="#bd29ce"> 为设置的文字颜色，在浏览器中预览，可以看到文档中文字的颜色，如图 2-3 所示。

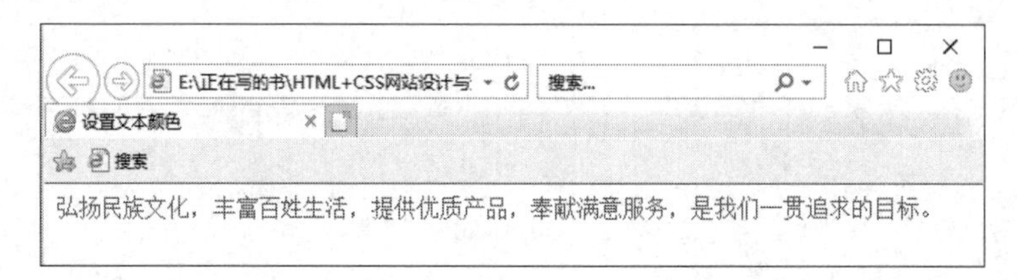

图 2-3

2.1.4 设置链接文字属性

为了突出超链接，超链接文字通常采用与其他文字不同的颜色，超链接文字的底部还会加一条横线。网页的超链接文字有默认的颜色，在默认情况下，浏览器以蓝色作为超链接文字的颜色，访问过的超链接文字颜色则变为暗红色。在 <body> 标记中也可以自定义这些颜色。

基本语法

```
<body link=" 颜色 ">
```

语法说明

该属性的设置与前面几个设置颜色的方法类似，都是与 body 标签放置在一起的，表明它对网页中所有未单独设置的元素起作用。

实例代码

```
<!DOCTYPE HTML>
<html>
<head>
<meta charset="utf-8">
<title> 设置链接文字属性 </title>
</head>
<body link="#966669">
<a href="#"> 链接的文字 </a>
</body>
</html>
```

加粗部分的代码 <body link="#966669"> 是为链接文字设置颜色的，在浏览器中浏览的效果，可以看到链接的文字已经不是默认的颜色了，如图 2-4 所示。

图 2-4

使用 alink 可以设置鼠标单击超链接时的颜色，举例如下。

```
<!DOCTYPE HTML>
<html>
<head>
<meta charset="utf-8">
<title> 设置链接文字属性 </title>
</head>
<body alink="#0066FF">
<a href="#"> 链接的文字 </a>
</body>
</html>
```

加粗部分的代码 <body alink="#0066FF"> 用于设置单击链接的文字时的颜色，在浏览器中浏览，可以看到单击链接的文字时，文字颜色发生了改变，如图 2-5 所示。

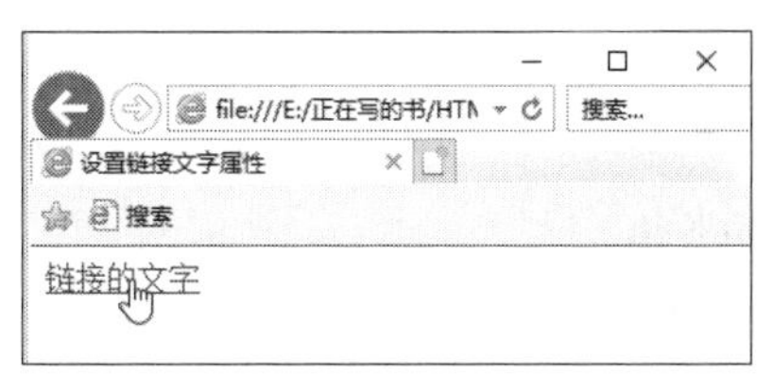

图 2-5

使用 vlink 可以设置已访问过的超链接颜色，举例如下。

```
<!DOCTYPE HTML>
<html>
<head>
<meta charset="utf-8">
<title> 设置链接文字属性 </title>
</head>
<body vlink="#FF0000">
<a href="#"> 链接的文字 </a>
</body>
</html>
```

加粗部分的代码 <body vlink="#FF0000"> 用于为链接的文字设置访问后的颜色，在浏览器中浏览，可以看到单击链接后文字的颜色已经发生了改变，如图 2-6 所示。

在网页中，一般文字上的超链接都是蓝色的（当然，也可以设置成其他颜色），文字下面有一条线。当移动鼠标指针到该超链接上时，鼠标指针就会变成手的形状，此时单击，即可直接跳转到该超链接指向的网页。如果已经浏览过某个超链接，该超链接的文字颜色就会发生改变。

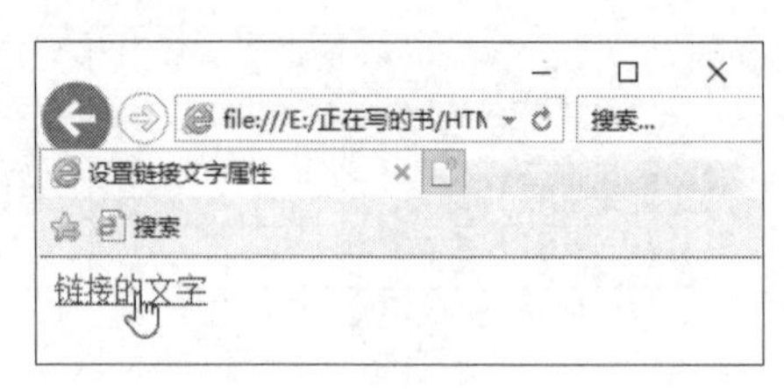

图 2-6

2.1.5 设置页面边距

有人在制作网页的时候，感觉文字或者表格怎么也不能靠在浏览器的顶部和最左侧，这是怎么回事呢？因为一般用的制作软件或 HTML 默认的都是 topmargin、leftmargin 值等于 12，如果把它们的值设为 0，就会看到网页的元素与左侧边缘的距离为 0 了。

基本语法

```
<body topmargin=value leftmargin=value rightmargin=value bottomnargin=
value>
```

语法说明

通过设置 topmargin、leftmargin、rightmargin、bottomnargin 不同的属性值来调整显示内容与浏览器的距离。在默认情况下，边距以像素为单位。

- topmargin 设置到顶边的距离。
- leftmargin 设置到左边的距离。
- rightmargin 设置到右边的距离。
- bottomnargin 设置到底边的距离。

实例代码

```
<!DOCTYPE HTML>
<html>
<head>
<meta charset="utf-8">
<title> 设置页面边距 </title>
</head>
<body topmargin="100" leftmargin="100">
<p> 设置页面的上边距 </p>
<p> 设置页面的左边距 </p>
</body>
</html>
```

加粗部分的代码 topmargin="100" 用于设置上边距，leftmargin="100" 用于设置左边距，在浏览器中预览，可以看到定义的边距效果，如图 2-7 所示。

提示

一般网站的页面左边距和上边距都设置为0，这样看起来页面不会有太多的空白。

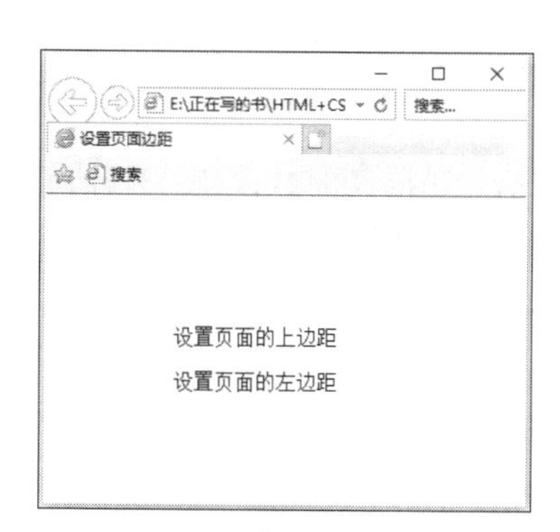

图 2-7

2.2 页面头部元素 <head> 和 <!doctype>

在 HTML 的头部元素中，一般需要包括标题、基础信息和元信息等。HTML 的头部元素以 <head> 为开始标记，以 </head> 为结束标记。

基本语法

```
<head>…</head>
```

语法说明

定义在 HTML 头部的内容都不会在网页上直接显示，而是通过另外的方式起作用。

实例代码

```
<!DOCTYPE HTML>
<html>
<head> 文档头部信息 </head>
<body> 文档正文内容 </body>
</html>
```

HTML 也有多个不同的版本，只有完全明白页面中使用的确切 HTML 版本，浏览器才能完全、正确地显示出 HTML 页面，这就是 <!DOCTYPE> 的用处。

<!DOCTYPE> 不是 HTML 标签，它为浏览器提供一项信息（声明），即 HTML 是用什么版本编写的。

实例代码

```
<!DOCTYPE HTML>
```

<!DOCTYPE> 声明位于文档中的顶部位置，<html> 标签之前。此标签可告知浏览器文档使用哪种 HTML 或 XHTML 规范。

该标签可声明 3 种 DTD 类型，分别表示严格版本、过渡版本，以及基于框架的 HTML 文档。在上面的声明中，声明了文档的根元素是 HTML，它在公共标识符被定义为 "-//W3C//DTD XHTML 1.0 Strict//EN" 的 DTD 中进行了定义。

2.3 页面标题元素 <title>

无论是用户还是搜索引擎，对一个网站的最直观印象往往来自这个网站的标题。用户通过搜索自己感兴趣的关键字，面对众多搜索结果页面，决定用户是否访问的关键往往在于网站的标题。在网页中设置网页的标题，只要在 HTML 文件的头部 <title></title> 中输入标题信息即可在浏览器上显示。标题标记以 <title> 开始，以 </title> 结束。

基本语法

```
<head>
<title>…</title>
…</head>
```

语法说明

页面的标题只有一个，它位于 HTML 文档的头部，即 <head> 和 </head> 之间。

实例代码

```
<!DOCTYPE HTML>
<html>
<head>
<meta charset="utf-8">
<title>XX 科技有限公司 </title>
</head>
<body>
</body>
</html>
```

加粗部分的代码用于设置网页的标题，在浏览器中预览，可以在浏览器标题栏看到网页标题，如图 2-8 所示。

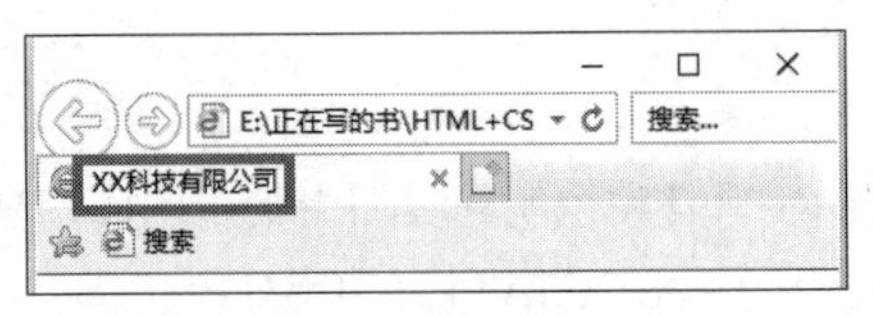

图 2-8

提示

了解了网站标题的重要性后，下面讲述如何设置网站标题。首先应该明确网站的定位，希望对哪类词感兴趣的用户能够通过搜索引擎访问站点，在经过关键字调研后，选择几个能带来大量流量的关键字，然后把最具代表性的关键字放在title（标题）的最前面。

2.4 插入其他标记

在网页中除了可以输入汉字、英文和其他语言，还可以输入一些空格和特殊字符，如￥、$、◎、# 等。

2.4.1　输入空格符号

可以用许多不同的方法来分开文字，包括空格、标签和换行。这些都被称为空格，因为它们都可增加字与字之间的距离。

基本语法

```
 
```

实例代码

```
<!DOCTYPE HTML>
<html>
<meta charset="utf-8">
<head>
<title> 空格符号 </title>
</head>
<body>
          空格
      空格       空格
      空格
</body>
</html>
```

加粗部分的代码   为设置的空格代码。在浏览器中预览，可以看到浏览器完整地保留了输入的空格代码效果，如图 2-9 所示。

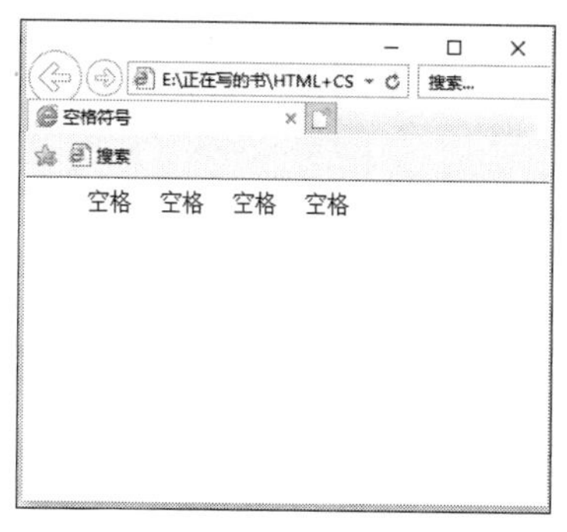

图 2-9

2.4.2　输入特殊符号

除空格外，在网页的制作过程中，还有一些特殊的符号也需要使用代码进行代替。在一般情况下，特殊符号的代码由前缀“&”、字符名称和后缀“;”组成。使用特殊符号可以输入键盘上没有的字符。

基本语法

```
&amp;…&copy;
```

语法说明

在需要添加特殊符号的地方添加相应的符号代码即可。特殊符号及其对应代码如表 2-1 所示。

表 2-1　特殊符号及其代码

特殊符号	符号的代码
“	"
&	&
<	<
>	>
×	×
§	§
©	©
®	®
™	™

2.5 设置文字的格式

<font> 标记用来控制字体、字号和颜色等属性，它是 HTML 中最基本的标记之一，掌握 <font> 标记的使用方法是控制网页文本的基础。<font> 标记可以用来定义文字的字体（face）、大小（size）和颜色（color），也就是它的 3 个参数。

2.5.1 字体：face

face 属性规定的是字体的名称，如中文字体的“宋体”“楷体”“隶书”等，可以通过字体的 face 属性设置不同的字体，设置的字体效果必须在浏览器中安装相应的字体后才可以正确浏览，否则有些特殊字体会被浏览器中的普通字体代替。

基本语法

```
<font face=" 字体样式 ">…</font>
```

语法说明

face 属性用于定义该段文本所采用的字体名称，如果浏览器能够在当前系统中找到该字体，则使用该字体显示。

实例代码

```
<!DOCTYPE HTML>
<html>
<meta charset="utf-8">
<head>
<title> 设置字体 </title>
</head>
<body>
<p> <font face=" 微软雅黑 "> 微软雅黑 </font></p><p><font face=" 楷体 "> 楷体
</font></p><p><font face=" 宋体 "> 宋体 </font></p>
</body>
</html>
```

加粗部分的代码用于设置文字的字体，在浏览器中预览，可以看到不同的字体效果，如图 2-10 所示。

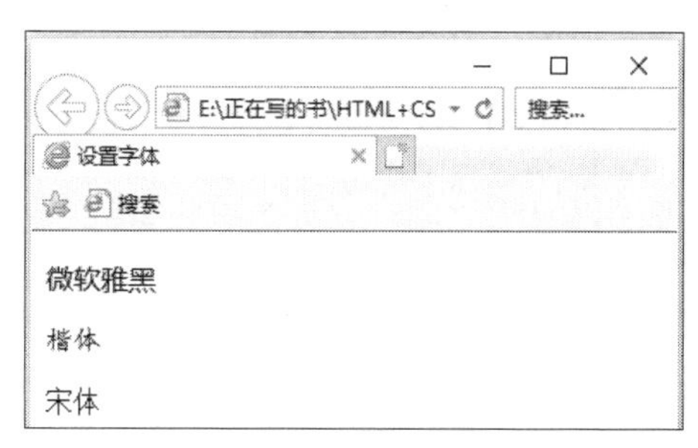

图 2-10

2.5.2　字号：size

文字的大小也是其重要属性之一。除了使用标题文字标记设置固定大小的字号，HTML 语言还提供了 <font> 标记的 size 属性来设置普通文字的字号。

基本语法

```
<font size=" 文字字号 ">…</font>
```

语法说明

size 属性用来设置文字大小，它有绝对和相对两种方式。size 属性的等级为 1 ～ 7，1 级最小，7 级最大，默认的文字大小是 3 号。可以使用 size=? 定义文字的大小。

实例代码

```
<!DOCTYPE HTML>
<html>
<meta charset="utf-8">
<head>
<title> 设置字号 </title>
</head>
<body>
<p><font size="3">3 号字 </font></p><p><font size="5">5 号字 </font>
</p><p><font size="7">7 号字 </font></p>
</body>
</html>
```

加粗部分的代码用于设置文字的字号，在浏览器中预览，效果如图 2-11 所示。

图 2-11

提示

<font>标记和它的属性可影响周围的文字，该标记可应用于文本段落、句子和单词，甚至单个字母。

2.4.3 文字颜色：color

在HTML页面中，还可以通过不同的颜色表现不同的文字属性，同时增加网页的亮丽色彩，吸引浏览者的注意。

基本语法

```
<font color=" 字体颜色 ">…</font>
```

语法说明

color可以用浏览器承认的颜色名称和十六进制数值表示。

实例代码

```
<!DOCTYPE HTML>
<html>
<meta charset="utf-8">
<head>
<title> 设置文字颜色 </title>
</head>
<body>
<p><font color="#FF0000"> 红色 </font></p><p><font color="#3333CC"> 蓝色
</font></p><p><font color="#03F030"> 绿色 </font></p>
</body>
</html>
```

加粗部分的代码用于设置文字的颜色，在浏览器中预览，可以看出文字不同颜色的效果，如图2-12所示。

图 2-12

提示

注意文字的颜色一定鲜明，并且和底色配合，想象一下白色背景配合灰色的字，或者蓝色的背景配合红色的文字，很难达到理想的效果。

2.5.4　粗体、斜体、下画线：b、strong、i、em、cite、u

<b> 和 <strong> 是 HTML 中格式化粗体文本的最基本元素。在 <b> 和 </b> 之间或在 <strong> 和 </strong> 之间的文字，在浏览器中都会以粗体显示。该元素的首尾部分都是必需的，如果没有结尾标记，浏览器会将从 <b> 开始的所有文字都显示为粗体。

基本语法

```
<b> 加粗的文字 </b>
<strong> 加粗的文字 </strong>
```

语法说明

在该语法中，粗体的效果可以通过 <b> 标记来实现，也可以通过 <strong> 标记来实现。<b> 和 <strong> 是行内元素，可以插入一段文本的任何部分。

<i>、<em> 和 <cite> 是 HTML 中格式化斜体文本的最基本元素。在 <i> 和 </i>、<em> 和 </em>，或 <cite> 和 </cite> 之间的文字，在浏览器中都会以斜体字显示。

基本语法

```
<i> 斜体文字 </i>
<em> 斜体文字 </em>
<cite> 斜体文字 </cite>
```

语法说明

斜体的效果可以通过 <i> 标记、<em> 标记和 <cite> 标记来实现。一般在一篇以正体显示的文字中，用斜体文字可以起到醒目、强调或者区别的作用。

<u> 标记的使用方法和粗体及斜体标记类似，用于为文字添加下画线。

基本语法

```
<u> 下画线的内容 </u>
```

语法说明

下画线语法与粗体和斜体的语法基本相同。

实例代码

```
<!DOCTYPE HTML>
<html>
<head>
<meta charset="utf-8">
<title> 设置文字颜色 </title>
</head>
<body>
<p><strong> 粗体 </strong></p>
<p><em> 斜体 </em></p>
<p><u> 下画线 </u></p>
</body
</html>
```

加粗部分的代码 <strong> 用于设置文字的加粗，<em> 用于设置斜体，<u> 用于设置下画线，在浏览器中预览，效果如图 2-13 所示。

图 2-13

2.5.5 上标与下标：sup、sub

sup 上标文本标签、sub 下标文本标签都是 HTML 的标准标签，尽管使用的场合比较少，但是数学等式、科学符号和化学公式经常会用到上标和下标。

基本语法

```
<sup> 上标内容 </sup>
<sub> 下标内容 </sub>
```

语法说明

在 ^和 之间的内容的高度为前后文本流定义的高度的一半，sup 文字的中心线和前面文字的上端对齐，但是与当前文本流中文字的字体和字号相同。

在 _和 之间的内容的高度为前后文本流定义的高度的一半，sub 文字的中心线和前面文字的下端对齐，但是与当前文本流中文字的字体和字号相同。

实例代码

```
<!DOCTYPE HTML>
<html>
<meta charset="utf-8">
<head>
<title> 设置上标与下标 </title>
</head>
<body>
<p>A<sup>2</sup>+B<sup>2</sup>=(A+B)<sup>2</sup>-2AB</p><p>H<sub>2
</sub>SO<sub>4 </sub> 化学方程式硫酸分子 </p>
</body>
</html>
```

加粗部分的代码 <sup> 用于设置上标，<sub> 用于设置下标，在浏览器中预览，效果如图 2-14 所示。

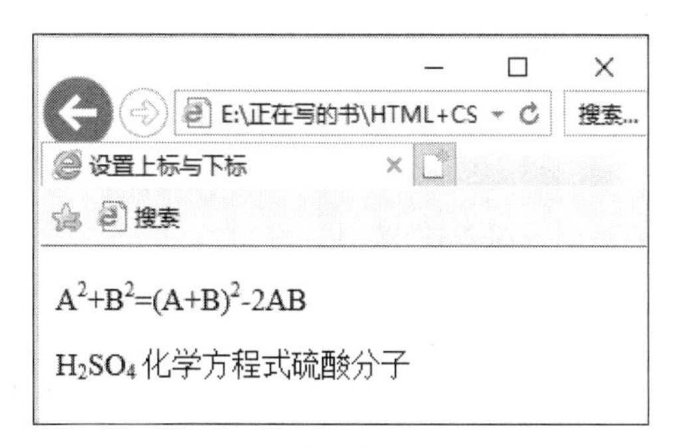

图 2-14

2.5.6　多种标题样式：<h1> ~ <h6>

HTML 文档中可以包含各种级别的标题，由 <h1> ～ <h6> 元素来定义。其中，<h1> 代表最高级别的标题，依次递减，<h6> 标题级别最低。

基本语法

```
<h1>…</h1>
<h2>…</h2>
<h3>…</h3>
<h4>…</h4>
<h5>…</h5>
<h6>…</h6>
```

语法说明

在该语法中，1 级标题使用最大的字号表示，6 级标题使用最小的字号表示。

实例代码

```
<!DOCTYPE HTML>
<html>
<meta charset="utf-8">
<head>
<title> 多种标题样式的使用 </title>
</head>
<body>
<h1>1 级标题 </h1>
<h2>2 级标题 </h2>
<h3>3 级标题 </h3>
<h4>4 级标题 </h4>
<h5>5 级标题 </h5>
<h6>6 级标题 </h6>
</body>
</html>
```

加粗的代码用于设置 6 种不同级别的标题，在浏览器中预览，效果如图 2-15 所示。

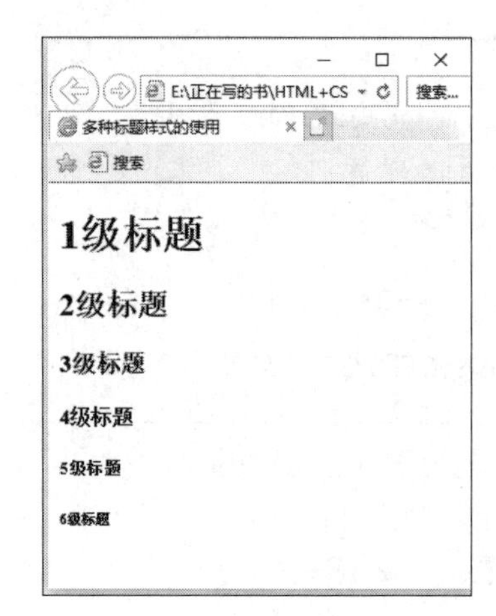

图 2-15

2.6 设置段落的排版与换行

在制作网页的过程中，将一段文字分成相应的段落，不仅可以增强网页的美观性，还可以使网页层次分明，让浏览者感觉不拥挤。在网页中如果要把文字有条理地显示出来，离不开使用段落标记。在 HTML 中可以通过标记实现段落的效果。

2.6.1 为文字分段：p

HTML 标签中最常用，也最简单的标签是段落标签，也就是 <p></p>。说它常用，是因为几乎所有的文档都会用到这个标签；说它简单，从外形上就可以看出来，它只有一个字母。虽说是简单，却也非常重要，因为这是一个用来区别段落的标签。

基本语法

```
<p> 段落文字 </p>
```

语法说明

段落标记可以没有结束标记 </p>，而每个新的段落标记开始的同时也意味着上一个段落的结束。

实例代码

```
<!DOCTYPE HTML>
<html>
<meta charset="utf-8"><head>
<title> 段落标记 </title>
</head>
<body>
<p> 第一段 </p>
<p> 第二段 </p>
<p> 第三段 </p>
</body>
```

```
</html>
```

加粗部分的代码 <p> 为段落标记，<p> 和 </p> 之间的文本是一个段落，效果如图 2-16 所示。

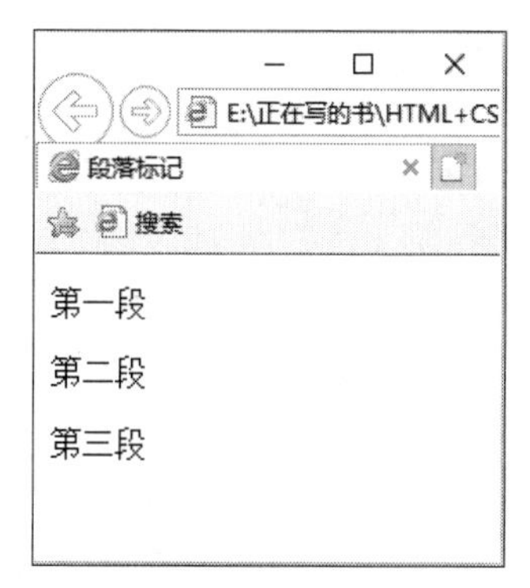

图 2-16

2.6.2　段落的对齐属性：align

在默认情况下，文字是左对齐的。而在制作网页的过程中，经常需要选择其他的对齐方式。关于对齐方式的设置要使用 align 参数进行设置。

基本语法

```
<align= 对齐方式 >
```

语法说明

在该语法中，align 属性需要设置在标题标记的后面，其对齐方式的取值如表 2-2 所示。

表 2-2　对齐方式的取值

属性值	含义
left	左对齐
center	居中对齐
right	右对齐

实例代码

```
<!DOCTYPE HTML>
<html>
<meta charset="utf-8">
<head>
<title> 段落的对齐属性 </title>
</head>
<body>
<p align="left"> 左对齐 </p><p align="center"> 居中对齐 </p><p align="right">
右对齐 <BR></p>
</body>
</html>
```

加粗部分的代码 align="left" 用于设置段落为左对齐；align="center" 用于设置段落为居中对

齐；align="right" 用于设置段落为右对齐。在浏览器中预览，效果如图 2-17 所示。

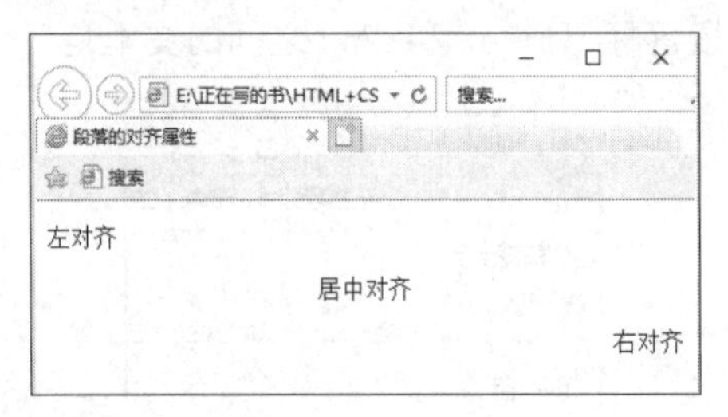

图 2-17

2.6.3 不换行标记：nobr

在网页中如果某一行的文本过长，浏览器会自动对这段文字进行换行处理，但可以使用 nobr 标记来禁止自动换行。

基本语法

```
<nobr> 不换行文字 </nobr>
```

语法说明

nobr 标签用于使指定文本不换行，nobr 标签之间的文本不会自动换行。

实例代码

```
<!DOCTYPE HTML>
<html>
<meta charset="utf-8">
<head>
<title> 不换行标记 </title>
</head>
<body>
<nobr> 1. 我们在梦里走了许多路，醒来后发现自己还在床上； 2. 变老并不等于成熟，真正的成熟在于看透； 3. 我这一生就只有两样不会，那就是这也不会那也不会！ </nobr>
</body>
</html>
```

加粗部分的代码 <nobr> 为不换行标记，在浏览器中预览，可以看到 <nobr> 和 </nobr> 之间的文字不换行一直往后排，如图 2-18 所示。

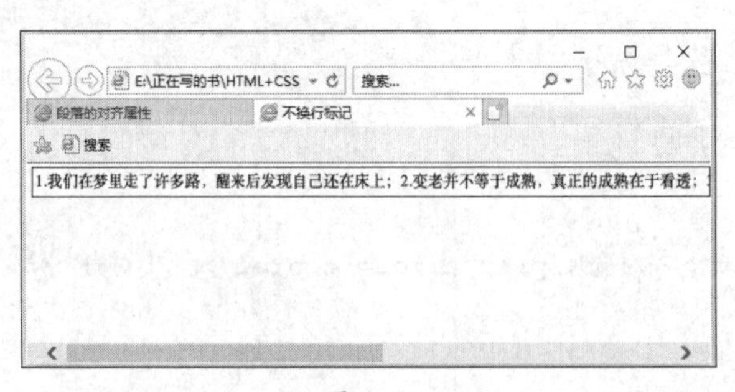

图 2-18

2.6.4　换行标记：br

在 HTML 文本显示中，默认是将一行文字连续地显示出来，如果想把一个句子后面的内容在下一行显示就会用到换行符
。换行符是一个单标签，也叫作空标签，不包含任何内容。在 HTML 文件中的任何位置只要使用了
 标签，当文件显示在浏览器中时，该标签之后的内容将在下一行显示。

基本语法

```
<br>
```

语法说明

一个
 标记代表一次换行，连续的多个标记可以实现多次换行。

实例代码

```
<!DOCTYPE HTML>
<html>
<meta charset="utf-8">
<head>
<title> 换行标记 </title>
</head>
<body>
第一段 <br> 第二段 <br> 第三段
</body>
</html>
```

加粗部分的代码
 用于设置换行，在浏览器中预览，可以看到换行的效果，如图 2-19 所示。

图 2-19

提示

是唯一可以为文字分行的方法。其他标记，如<p>，可以为文字分段。

2.7　水平线标记

水平线对于制作网页的人来说一定不会陌生，它在网页的版式设计中非常重要，可以用来分隔文本和图像。在网页中经常看到一些水平线将段落与段落隔开，这些水平线可以通过插入图片实现，也可以更简单地通过标记来完成。

2.7.1 插入水平线：hr

水平线标记用于在页面中插入一条水平线，使页面看起来整齐明了。

基本语法

```
<hr>
```

语法说明

在网页中输入一个 <hr> 标记，即可添加一条默认样式的水平线。

实例代码

```
<!DOCTYPE HTML>
<html>
<meta charset="utf-8">
<head>
<title> 插入水平线 </title>
</head>
<body>
<p> 下面是水平线 </p><hr><p> 上面是水平线 </p>
</body>
</html>
```

加粗部分的代码为水平线标记，在浏览器中预览，可以看到插入的水平线，如图 2-20 所示。

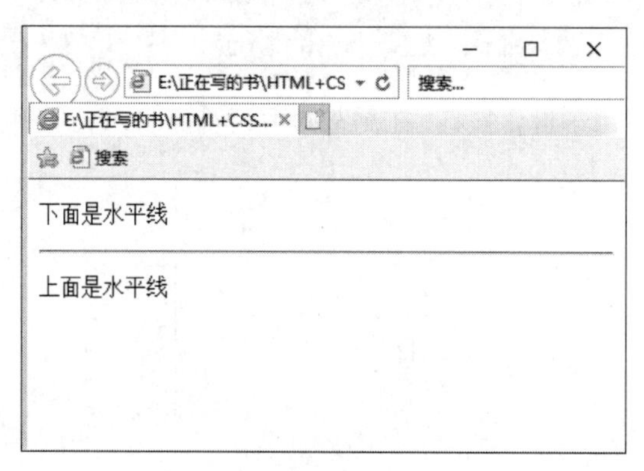

图 2-20

2.7.2 水平线的宽度与高度：width、size

在默认情况下，水平线的宽度为窗口的 100%，可以使用 width 标记手动调整水平线的宽度。size 标记用于改变水平线的高度。

基本语法

```
<hr width=" 宽度 ">
<hr size=" 高度 ">
```

语法说明

在该语法中，水平线的宽度值可以是确定的像素值，也可以是窗口的百分比。水平线的高度只能使用绝对的像素值来定义。

实例代码

```
<!DOCTYPE HTML>
<html>
<meta charset="utf-8">
<head>
<title> 设置水平线宽度与高度属性 </title>
</head>
<body>
<p> 下面是水平线 </p><hr width="600"size="2"><p> 上面是水平线 </p>
</body>
</html>
```

加粗部分的代码用于设置水平线的宽度和高度，在浏览器中预览，可以看到将宽度设置为 600 像素，高度设置为 2 像素的效果，如图 2-21 所示。

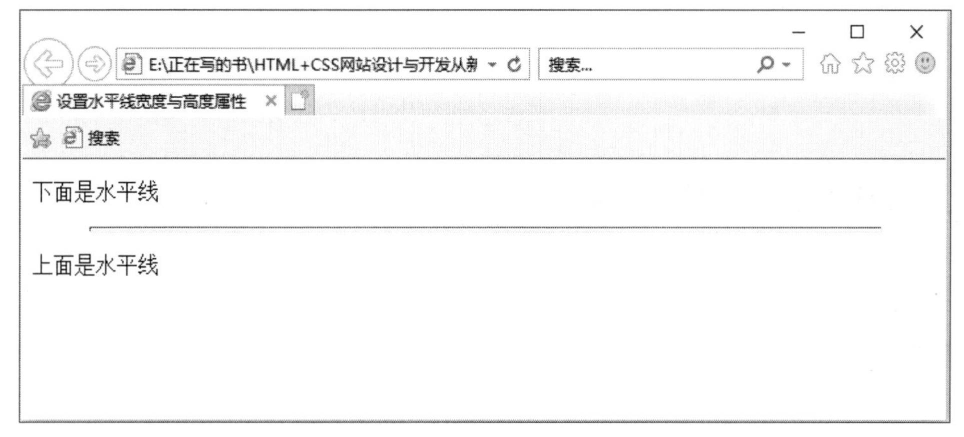

图 2-21

2.7.3　水平线的颜色：color

在设计网页的过程中，如果随意使用默认水平线，经常会出现插入的水平线颜色与整个网页的颜色不协调的情况。设置不同颜色的水平线可以为网页增色不少。

基本语法

```
<hr color=" 颜色 ">
```

语法说明

颜色代码是十六进制的数值或者颜色的英文名称。

实例代码

```
<!DOCTYPE HTML>
<html>
<meta charset="utf-8">
<head>
```

```
<title> 设置水平线的颜色 </title>
</head>
<body>
<p> 水平线 </p><hr width="400"size="2"color="#FF3300"><p> 水平线颜色 </p>
</body>
</html>
```

加粗部分的代码用于设置水平线的颜色，在浏览器中预览，可以看到水平线的颜色效果，如图 2-22 所示。

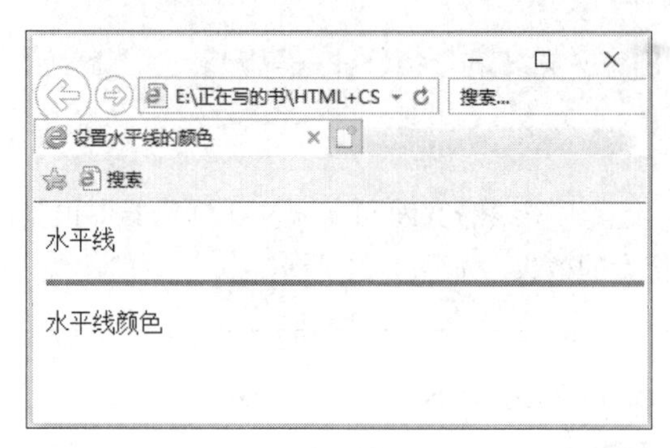

图 2-22

2.7.4 水平线的对齐方式：align

水平线在默认情况下是居中对齐的，如果想让水平线左对齐或右对齐，就需要设置其对齐方式。

基本语法

```
<hr align=" 对齐方式 ">
```

语法说明

水平线的对齐方式有 3 种，分别是 center、left 和 right，其中 center 为默认效果。

实例代码

```
<!DOCTYPE HTML>
<html>
<meta charset="utf-8">
<head>
<title> 设置水平线的对齐方式 </title>
</head>
<body>
<p> 水平线 </p><hr width="400"size="2"color="#FF3300"align="center"><p>
居中对齐 </p><hr width="200"color="#00200"align="left" /><p> 左对齐 </p><hr
width="150"color="#33CC00"align="right" /><p> 右对齐 </p>
</body>
</html>
```

加粗部分的代码用于设置水平线的排列方式，在浏览器中预览，可以看到水平线不同排列方式的效果，如图 2-23 所示。

图 2-23

2.7.5　去掉水平线阴影：noshade

默认的水平线呈现空心立体的效果，也可以将其设置为实心且不带阴影的效果。

基本语法

```
<hr noshade>
```

语法说明

noshade 是布尔值的属性，它没有属性值，如果在 <hr> 元素中写上了这个属性，则浏览器不会显示立体的水平线，反之则无须设置该属性，浏览器默认显示一条立体带有阴影的水平线。

实例代码

```
<!DOCTYPE HTML>
<html>
<meta charset="utf-8">
<head>
<title> 水平线去掉阴影 </title>
</head>
<body>
<p> 水平线 </p><hr width="400" color="#FF3300"noshade>
</body>
</html>
```

加粗部分的代码用于设置无阴影的水平线，在浏览器中预览，可以看到水平线没有了阴影的效果，如图 2-24 所示。

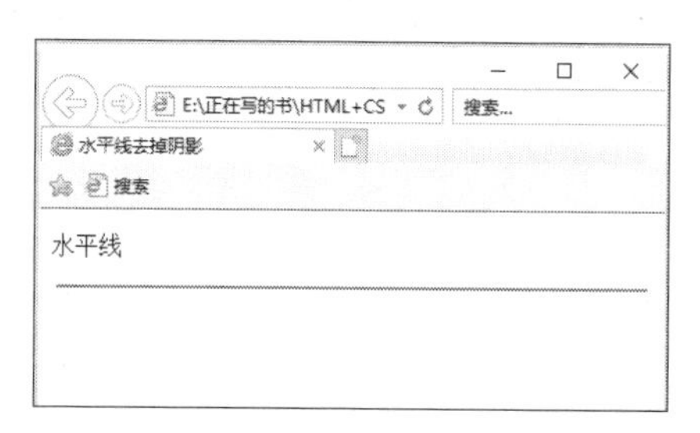

图 2-24

2.8 综合实例——设置页面文本及段落

文本是人类语言最基本的表达方式，所以文本的控制与布局在网页设计中占了很大比例。下面通过实例练习网页文本与段落的设置方法。

01 启动 Dreamweaver，新建空白文档，切换到拆分视图，输入文字，如图 2-25 所示。

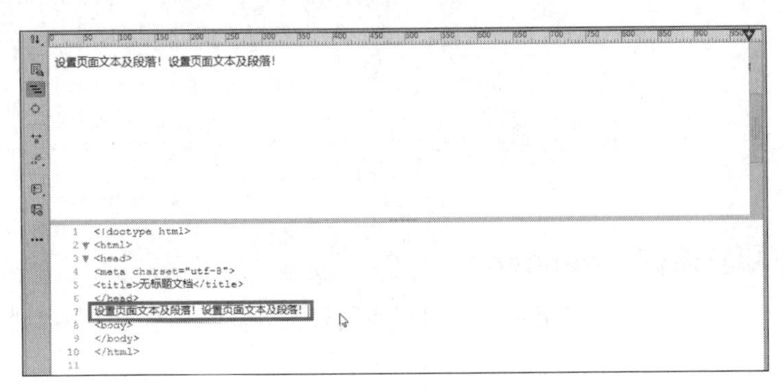

图 2-25

02 在文字的前面输入代码 <font color="#608801" face=" 宋体 "size="6">，设置文字的字体、大小、颜色，如图 2-26 所示。

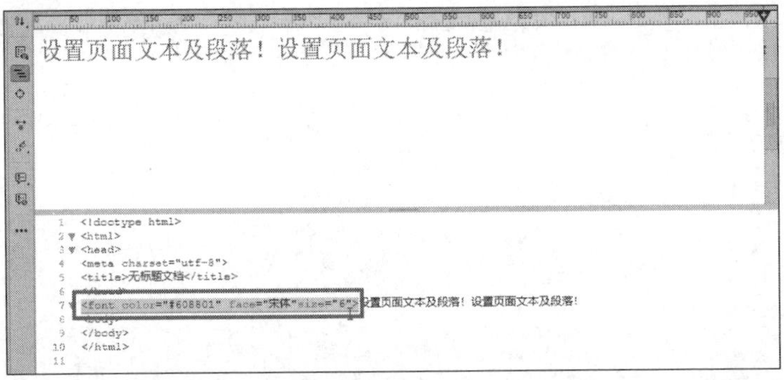

图 2-26

03 在代码视图中，在文字的后面输入代码 </font>，如图 2-27 所示。

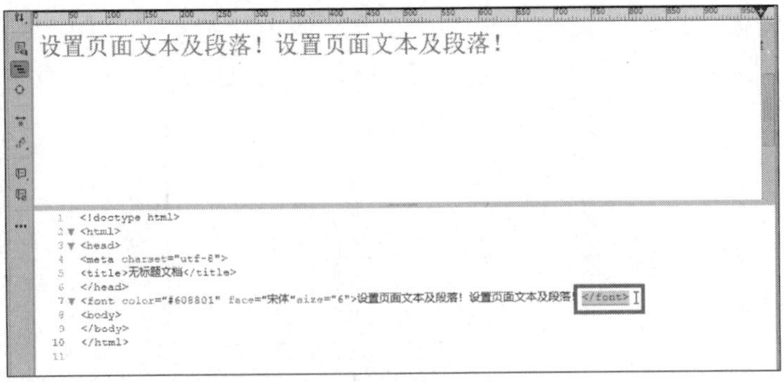

图 2-27

04 在代码视图中，在文本中输入代码 <p> 设置页面文本及段落！ </p>，即可将文字分成相应的段落，如图 2-28 所示。

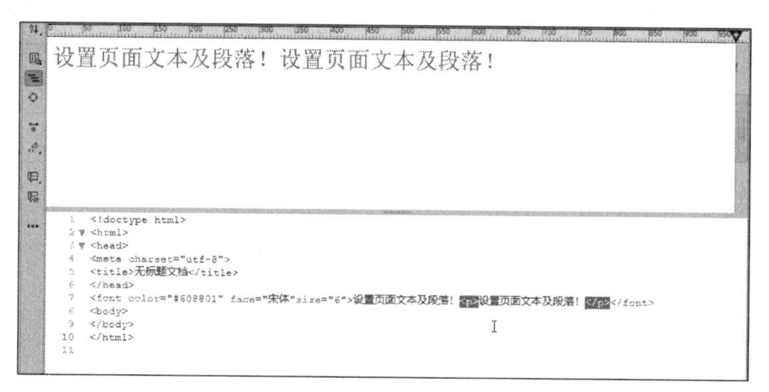

图 2-28

05 在拆分视图中，在第 2 段文字的前面输入代码 <p align="center">，设置文本为居中对齐，如图 2-29 所示。

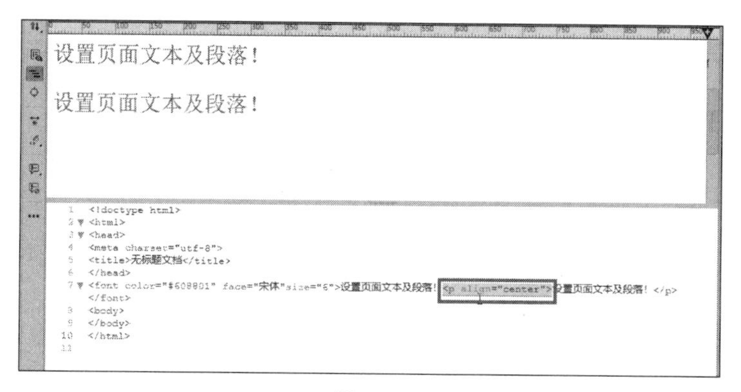

图 2-29

06 保存网页，在浏览器中预览，效果如图 2-30 所示。

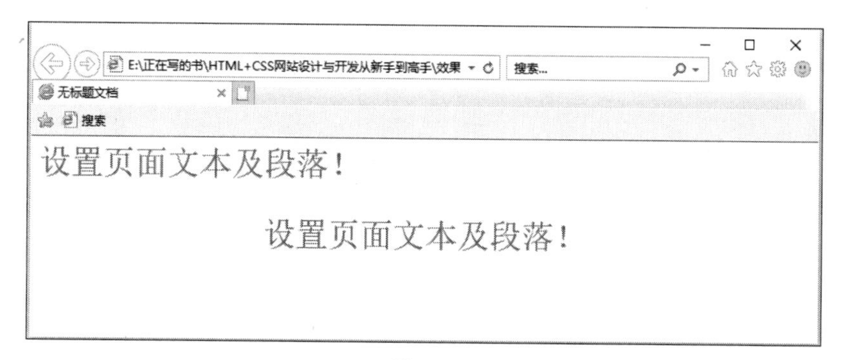

图 2-30

2.9 本章小结

在各种各样的网页中，极少看到没有文字的网页，文字在网页中可以起到传递信息、导航及交互的作用。在网页中添加文字并不困难，但主要问题是如何编排这些文字，以及控制这些文字的显示方式，让文字看上去编排有序、整齐美观。本章主要讲述了HTML页面主体常用设置、设置文字格式、设置段落格式、设置水平线的方法。通过对本章内容的学习，读者应对网页中文字格式和段落格式的应用方法有一个深刻的了解。

第 3 章　用 HTML 创建精彩的图像和多媒体页面

本章导读

图像是网页中不可缺少的元素，巧妙地在网页中使用图像可以为网页增色不少。网页美化最简单、最直接的方法就是在网页上添加图像，图像不但可以使网页更加美观、形象和生动，还可以使网页中的内容更加丰富多彩。利用图像创建精美的网页，能够给网页增加生机，从而吸引更多的浏览者。在网页中，除了可以插入文本和图像，还可以插入动画、声音、视频等媒体元素，如滚动效果、Flash、Applet、ActiveX 及 Midi 声音文件等。通过对本章内容的学习，读者可以了解多媒体文件的使用方法，从而丰富网页的效果，吸引浏览者的注意。

技术要点

1. 网页中常见的图像格式
2. 插入图像并设置图像属性
3. 音频和视频

3.1 网页中常见的图像格式

当前互联网上流行的图像格式以 GIF、JPEG 和 PNG 为主，下面就对这 3 种图像格式的特点进行介绍。

1. GIF 格式

GIF（Graphic Interchange Format）即图像交换格式，文件最多可使用 256 种颜色，最适合显示色调不连续或具有大面积单一颜色的图像，例如导航条、按钮、图标、徽标或其他具有统一色彩和色调的图像。

GIF 的最大优点就是可制作动态图像，可以将数张静态文件作为动画帧串联起来，转换成一个动画文件。

GIF 的另一优点就是可以将图像以交错的方式在网页中呈现。所谓“交错”，就是当图像尚未下载完成时，浏览器会先以马赛克的形式将图像先显示出来，让浏览者可以大略看出下载图像的雏形。

2. JPEG 格式

JPEG（Joint Photographic Experts Group）是一种图像压缩格式。此文件格式是用于摄影或连续色调图像的高级格式，这是因为 JPEG 文件可以包含数百万种颜色。随着 JPEG 文件品质的提高，文件的大小和下载时间也会随之增加。通常可以通过压缩 JPEG 文件在图像品质和文件大小之间找到良好的平衡。

JPEG 格式是一种压缩得非常紧凑的格式，专门用于不含大色块的图像。JPEG 图像有一定的失真度，但是在正常的损失下肉眼分辨不出 JPEG 和 GIF 图像的区别，而 JPEG 文件只有 GIF 文件的 1/4。JPEG 格式对图标之类的含大色块的图像不是很适用，不支持透明图和动态图，但它能够保留全真的色调。如果图像需要全彩模式才能表现效果，JPEG 格式就是最佳的选择。

3. PNG 格式

PNG（Portable Network Graphics）图像格式是一种非破坏性的网页图像文件格式，它提供了将图像文件以最小的方式压缩却又不造成图像失真的技术。它不仅具备了 GIF 图像格式的大部分优点，而且支持 48-bit 的色彩，可以更快地交错显示、跨平台的图像亮度控制及更多层的透明度设置。

3.2 插入图像并设置图像属性

现在我们看到的丰富多彩的网页，都是因为有了图像的作用。想一想过去，网络中全部都是纯文本的网页，非常枯燥，就知道图像在网页设计中的重要性了。在 HTML 页面中可以插入图像，并设置图像属性。

3.2.1 图像标记：img

有了图像文件后，就可以使用 img 标记将图像插入网页，从而达到美化网页的目的。img 元素的相关属性如表 3-1 所示。

表 3-1　img 元素的相关属性

属性	描述
src	图像的源文件
alt	提示文字
width，height	宽度和高度
border	边框
vspace	垂直间距
hspace	水平间距
align	排列
dynsrc	设定 avi 文件的播放
loop	设定 avi 文件循环播放次数
loopdelay	设定 avi 文件循环播放延迟
start	设定 avi 文件播放方式
lowsrc	设定低分辨率图片
usemap	映像地图

基本语法

```
<img src=" 图像文件的地址 ">
```

语法说明

在语法中，src 参数用来设置图像文件所在的路径，该路径可以是相对路径，也可以是绝对路径。

3.2.2　图像高度：height

height 属性用来定义图片的高度，如果 <img> 元素不定义高度，图片就会按照其原始尺寸显示。

基本语法

```
<img src=" 图像文件的地址 " height=" 图像的高度 ">
```

语法说明

在该语法中，height 用于设置图像的高度。

实例代码

```
<!DOCTYPE HTML>
<html>
<meta charset="utf-8">
<head>
<title> 设置图像高度 </title>
</head>
<body>
<img src="01.jpg" width="500" height="334" />
<img src="01.jpg" width="300" height="234"/>
</body>
</html>
```

加粗部分的第 1 行代码 height="334" 用于设置图像的高度为 334，而第 2 行代码 height="234" 用于调整图像的高度为 234，在浏览器中预览，可以看到调整图像高度后的效果，如图 3-1 所示。

图 3-1

提示

尽量不要通过height和width属性来缩放图像。如果通过height和width属性来缩小图像，那么用户就必须下载大容量的图像（即使图像在页面上看上去很小）。正确的做法是，在网页上使用图像之前，应该通过图像软件将图像处理为合适的尺寸。

3.2.3 图像宽度：width

width 属性用来定义图片的宽度，如果<img>元素不定义宽度，图片就会按照其原始尺寸显示。

基本语法

```
<img src=" 图像文件的地址 " width=" 图像的宽度 >
```

语法说明

在该语法中，width 用于设置图像的宽度。

实例代码

```
<!DOCTYPE HTML>
<html>
<meta charset="utf-8">
<head>
<title> 设置图像宽度 </title>
</head>
<body>
<img src="01.jpg" width="500" height="334" />
<img src="01.jpg" width="300" height="234"/>
</body>
</html>
```

加粗部分的第 1 行代码 width="500" 用于设置图像的宽度为 500，而第 2 行代码 width="300" 用于调整图像的宽度为 300，在浏览器中预览，可以看到调整图像宽度后的效果，如图 3-2 所示。

图 3-2

提示

在指定图像尺寸时，如果只给出宽度或高度中的一项，则图像将按原始比例进行缩放；否则，图像将按指定的宽度和高度显示。

3.2.4 图像的边框：border

在默认情况下，图像是没有边框的，使用 img 标记符的 border 属性，可以定义图像周围的边框。

基本语法

```
<img src=" 图像文件的地址 " border=" 图像边框的宽度 ">
```

语法说明

在该语法中，border 的单位是像素，值越大边框越宽。HTML 4.01 不推荐使用图像的 border 属性，但是所有主流浏览器均支持该属性。

实例代码

```
<!DOCTYPE HTML>
<html>
<meta charset="utf-8">
<head>
<title> 设置图像的边框 </title>
</head>
<body>
<img src="pic4.jpg" width="340" height="319"/>
<img src="pic4.jpg" width="340" height="319" border="5"/>
</body>
</html>
```

加粗部分的第 1 行代码没有为图像添加边框，第 2 行代码使用 border="5" 为图像添加边框，在浏览器中预览，可以看到添加的边框宽度为 5 像素，如图 3-3 所示。

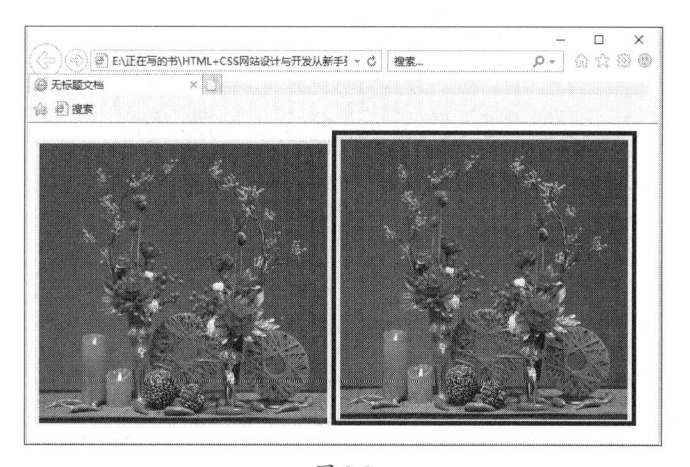

图 3-3

3.2.5　图像水平间距：hspace

通常浏览器不会在图像和其周围的文字之间留出很多空间，除非创建一个透明的图像边框来扩大这些间距，否则图像与其周围文字之间默认只有两个像素的距离，对于大多数设计效果来说都太近了。可以在 img 标记符内使用属性 hspace 设置图像周围的空白，通过调整图像的边距，可以使文字和图像的排列显得紧凑，看上去更加协调。

基本语法

```
<img src=" 图像文件的地址 " hspace=" 水平边距 ">
```

语法说明

通过 hspace，可以以像素为单位，指定图像左侧和右侧的文字与图像之间的间距。hspace 属性的单位是像素。

实例代码

```
<!DOCTYPE HTML>
<html>
<meta charset="utf-8">
<head>
<title> 设置图像水平间距 </title>
</head>
<body>
<img src="images/tu.jpg" width="320" height="425" hspace="100">
</body>
</html>
```

加粗部分的代码 hspace="100" 用于为图像添加水平边距，在浏览器中预览，可以看到设置的水平边距为 100 像素，如图 3-4 所示。

图 3-4

3.2.6 图像垂直间距：vspace

vspace 用于控制上面或下面的文字与图像之间的距离。

基本语法

```
<img src=" 图像文件的地址 " vspace=" 垂直边距 ">
```

语法说明

在该语法中，vspace 属性的单位是像素。

实例代码

```
<!DOCTYPE HTML>
<html>
```

```
<meta charset="utf-8">
<head>
<title> 设置图像垂直间距 </title>
</head>
<body>
<img src="tuu.jpg" width="500" height="306" vspace="50"/>
</body>
</html>
```

加粗部分的代码 vspace="50" 用于为图像添加垂直边距，在浏览器中预览，可以看到设置的垂直边距为 50 像素，如图 3-5 所示。

图 3-5

3.2.7　图像相对于文字的对齐方式：align

<img> 标签的 align 属性定义了图像相对于周围元素的水平和垂直对齐方式。

基本语法

```
<img src=" 图像文件的地址 " align=" 对齐方式 ">
```

语法说明

可以通过 <img> 标签的 align 属性来控制带有文字包围的图像的对齐方式。HTML 和 XHTML 标准指定了 5 个图像对齐属性值：left、right、top、middle 和 bottom。align 的取值见表 3-2。

表 3-2　align 的取值

属性值	描述
bottom	将图像与底部对齐
top	将图像与顶部对齐
middle	将图像与中央对齐
left	将图像对齐到左边
right	将图像对齐到右边

实例代码

```
<!DOCTYPE HTML>
<html>
<meta charset="utf-8">
<head>
<title> 图像的对齐方式 </title>
</head>
<body>
图像的对齐方式 <img src="tuu.jpg" width="489" height="306" align="right"/>
</body>
</html>
```

加粗部分的代码 align="right" 用于设置图像的对齐方式，在浏览器中预览，可以看出图像是右对齐的，如图 3-6 所示。

图 3-6

3.2.8 图像的替代文字：alt

<img> 标签的 alt 属性指定了替代文本，用于在图像无法显示或者用户禁用图像显示时，代替图像显示在浏览器中的内容。强烈推荐在文档的每个图像中都使用这个属性，这样即使图像无法显示，用户也可以了解到相关的信息。

基本语法

```
<img src=" 图像文件的地址 " alt=" 提示文字的内容 " >
```

语法说明

alt 属性值是一个最多可以包含 1024 个字符的字符串，其中包括空格和标点。这个字符串必须包含在引号中。alt 文本中可以包含对特殊字符的实体引用，但不允许包含其他类别的标记，尤其不允许有任何样式标签。

实例代码

```
<!DOCTYPE HTML>
```

```
<html>
<meta charset="utf-8">
<head>
<title> 设置图像的替代文字 </title>
</head>
<body>
风味多样 <img src="images/tu1.jpg" width="300" height="380" align="right"
alt=" 美食 "/>
</body>
</html>
```

加粗部分的代码 alt=" 美食 " 用于添加图像的提示文字，在浏览器中预览，可以看到添加的提示文字，如图 3-7 所示。

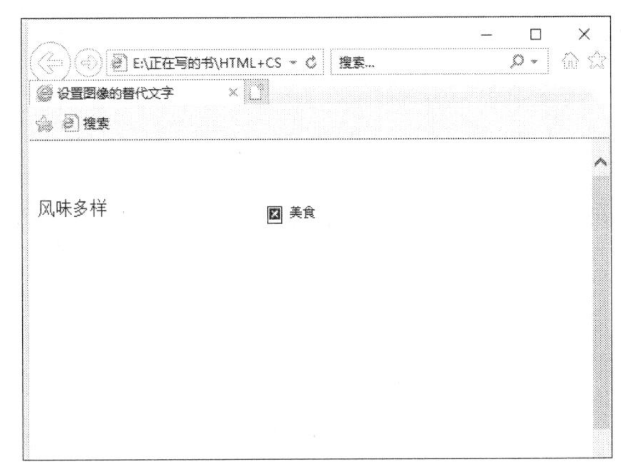

图 3-7

3.3 音频和视频

如果能在网页中添加音频或视频文件，可以使单调的网页变得更加生动，但是如果要正确浏览嵌入这些文件的网页，就需要在客户端的计算机中安装相应的播放软件，网页中常见的多媒体文件包括音频文件和视频文件。

3.3.1 使用 embed

基本语法

```
<embed src=" 多媒体文件地址 " width=" 多媒体的宽度 " height=" 多媒体的高度 " >
</embed>
```

语法说明

在语法中，width 和 height 一定要设置，单位是像素，否则无法正确显示播放的多媒体文件。

实例代码

```
<!DOCTYPE HTML>
<html>
```

```
<meta charset="utf-8">
<head>
<title>添加多媒体文件标记</title>
</head>
<body>
<embed src="1b.swf" width="112" height="33"></embed>
</body>
</html>
```

加粗部分的代码用于插入多媒体，在浏览器中预览插入的 Flash 动画效果，如图 3-8 所示。

图 3-8

3.3.2　使用 video

HTML 5 中增加的 video 标签改变了浏览器必须加载插件的情况，进一步改善了用户的 Web 体验，让用户在轻松愉快的情况下观看视频。HTML 5 可以使用 video 标签控制视频的播放与停止、循环播放、视频尺寸等。video 标签含有 src、poster、preload、autoplay、loop、controls、width、height 等属性。

1．src 和 poster 属性

src 属性指定要播放的视频的 URL；poster 属性规定视频下载时显示的图像，或者在用户单击播放按钮前显示的图像。

2．preload 属性

preload 属性用于定义视频是否预加载，该属性有 3 个可选择的值：none、metadata、auto，默认为 auto。如果使用 autoplay，则忽略该属性。

实例代码

```
<video src="xxxx.mp4" preload="none"></video>
```

- none：当页面加载后不载入视频。
- metadata：当页面加载后只载入元数据。
- auto：当页面加载后载入整个视频。

3．autoplay 属性

autoplay 属性用于设置视频是否自动播放。当出现 autoplay 时，表示自动播放。

实例代码

```
<video src="xxxx.mp4" autoplay="autoplay" ></video>
```

4. loop 属性

loop 属性规定当视频结束后将重新开始播放。如果设置该属性，视频将循环播放。

实例代码

```
<video width="658" height="444" src="xxxx.mp4" autoplay="autoplay"
loop="loop">
</video>
```

5. controls 属性

如果出现 control 属性，则显示播放控件，控制栏中包括播放暂停控制、播放进度控制、音量控制等。

带有浏览器默认控件的 video 元素的实例代码如下。

实例代码

```
<video width="658" height="444"  autoplay="autoplay"  controls="con-
trols">
    <source src="movie.ogg" type="video/ogg" />
    <source src="movie.mp4" type="video/mp4" />
</video>
```

6. width 和 height 属性

这两个属性用于设置视频播放器的宽度和高度。

实例代码

```
<!DOCTYPE HTML>
<html>
<body>
<video width="500" height="240"
controls>
    <source src="1.3gp" type=
"video/3gp">
    <source src="2.mp4" type=
"video/mp4">
    </video>
</body>
</html>
```

在搜狗浏览器中不支持 3GP 格式，所以就使用第二个可以识别的格式，在浏览器中预览，效果如图 3-9 所示。

图 3-9

3.4 综合实例——创建多媒体网页

下面将通过具体的实例来讲述创建多媒体网页的方法，具体的操作步骤如下。

01 使用 Dreamweaver 打开网页文档，如图 3-10 所示。

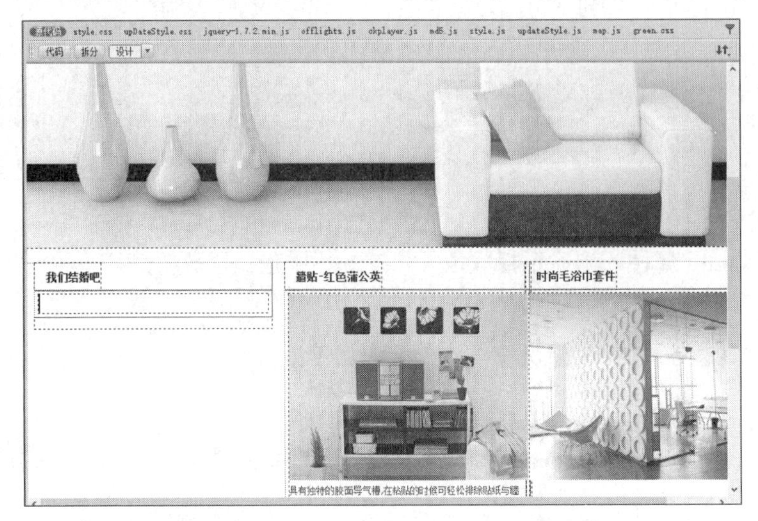

图 3-10

02 打开拆分视图，在相应的位置输入代码 <embed src="images/top.swf" width="278" height="238"></embed>，如图 3-11 所示。

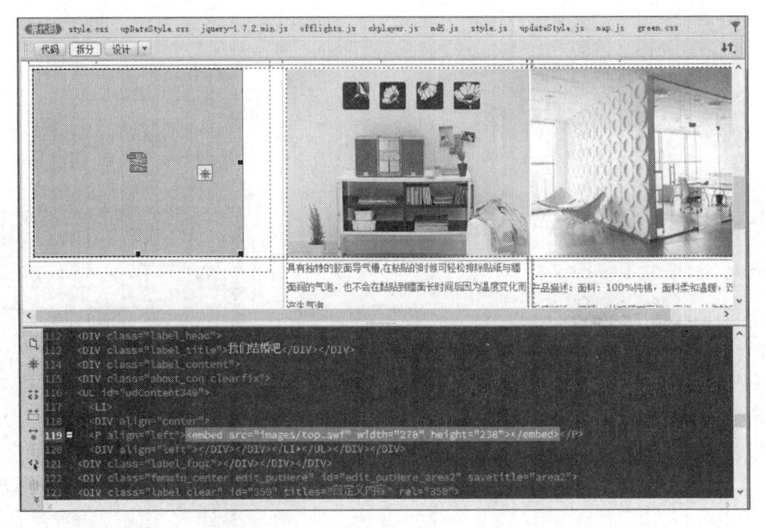

图 3-11

03 将光标置于 head 后面，输入背景音乐代码 <embed src="images/yinyue.mp3" hidden="true" autostart="true" loop="-1">，在代码中输入播放的次数，如图 3-12 所示。

```
<!doctype html>
<html>
<head>
<meta charset="utf-8">
<TITLE></TITLE>
<embed src="images/yinyue.mp3" hidden="true" autostart="true" loop="-1">
<LINK href="/upfile/files/favicon.ico"
rel="icon" type="image/x-icon"> <LINK href="/upfile/files/favicon.ico" rel="shortcut icon"
type="image/x-icon"> <LINK href="images/style.css" rel="stylesheet" type="text/css">
<LINK href="images/upDateStyle.css" rel="stylesheet" type="text/css">
<SCRIPT type="text/javascript">
window.top["BNPage"]=0;
</SCRIPT>

<SCRIPT src="images/jquery-1.7.2.min.js" type="text/javascript"></SCRIPT>

<SCRIPT src="images/offlights.js" type="text/javascript"></SCRIPT>

<SCRIPT src="images/ckplayer.js" type="text/javascript" charset="utf-8"></SCRIPT>

<SCRIPT src="images/md5.js" type="text/javascript"></SCRIPT>

<SCRIPT src="images/style.js" type="text/javascript"></SCRIPT>

<SCRIPT src="images/updateStyle.js" type="text/javascript"></SCRIPT>

<SCRIPT src="images/map.js" type="text/javascript"></SCRIPT>

<STYLE type="text/css">
body{
background-image:url(/upfile/files/webbg_ekCp.gif);background-repeat:repeat;
```

图 3-12

04 保存文档，按 F12 键在浏览器中预览，如图 3-13 所示。

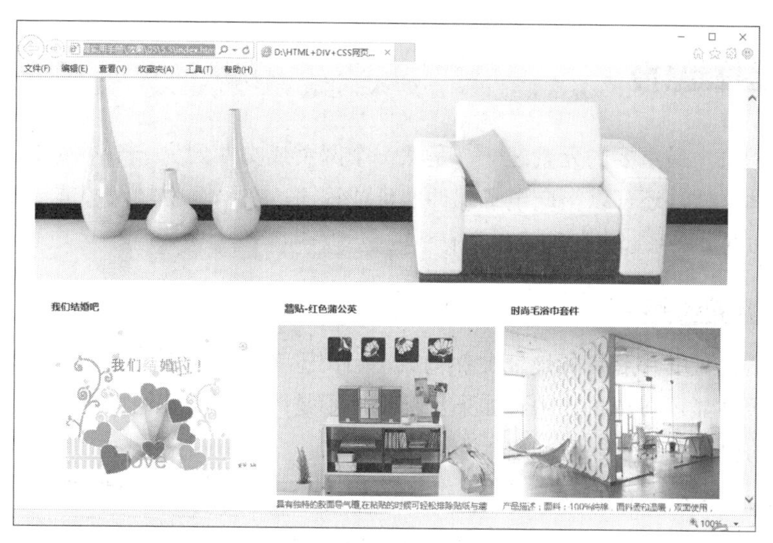

图 3-13

3.5 本章小结

在网页中使用图像，可以使网页更加生动和美观，现在几乎在所有的网页中都可以看到大量的图像。本章介绍了在网页中插入多媒体的方法，以及在 HTML 代码中插入声音、视频等。通过对本章内容的学习，读者可以了解网页图像支持的 3 种图像格式（GIF、JPEG 和 PNG），以及插入图像和设置图像的属性，读者应对网页中多媒体的应用有一个深刻的了解，并能完成简单的运用，以便在制作网页时可以利用这些元素为网页生香添色。

第 4 章　用 HTML 创建超链接

本章导读

超链接是 HTML 文档的基本特征之一。超链接的英文名是 hyperlink，它能够让浏览者在各个独立的页面之间自由跳转。每个网站都是由众多的网页组成的，网页之间通常都通过链接方式相互关联，各个网页链接在一起后，才能真正构成一个网站。

技术要点

1. 超链接和路径
2. 链接元素 <a>
3. 创建图像的超链接
4. 创建锚点链接

4.1 超链接和路径

超链接是网页中最重要的元素之一，是从一个网页或文件到另一个网页或文件的链接，包括图像或多媒体文件，还可以指向电子邮件地址或程序。在网页中加入超链接，即可把互联网上众多的网站和网页联系起来，构成一个有机的整体。

4.1.1 超链接的概念

超链接由源地址文件和目标地址文件构成，当浏览者单击超链接时，浏览器会从相应的目标地址检索网页并显示在浏览器中。如果目标地址不是网页而是其他类型的文件，浏览器会自动调用本机上的相关程序打开所访问的文件。

超链接由以下 3 个部分组成。

- 位置点标记 <a>，将文本或图片标识为超链接。
- 属性 href="..."，放在位置点起始标记中。
- 地址（称为 URL），浏览器要链接的文件。URL 用于标识网络或本地磁盘上的文件位置，这些链接可以指向某个 HTML 文档，也可以指向文档引用的其他元素，如图形、脚本或其他文件。

4.1.2 路径 URL

如果在引用超链接文件时，使用了错误的文件路径，就会导致引用失效，无法浏览链接文件。为了避免这些错误，正确地引用文件，需要了解 HTML 路径。

路径 URL 用来定义一个文件、内容或者媒体等的所在的地址，这个地址可以是相对地址，也可以是一个网站中的绝对地址。关于路径的写法，因其所用的方式不同有相应的变化。

HTML 有两种路径：相对路径和绝对路径。

1. 相对路径

相对路径就是指由这个文件所在的路径引起的与其他文件（或文件夹）的路径关系。使用相对路径可以带来非常多的便利。

（1）同一个目录的文件引用

如果源文件和引用文件在同一个目录中，直接写引用文件名即可。

现在创建一个源文件 about.html，在 about.html 中要引用 index.html 文件作为超链接。

假设 about.html 路径是：c:\Inetpub\wwwroot\sites\news\about.html。

假设 index.html 路径是：c:\Inetpub\wwwroot\sites\news\index.html。

在 about.html 加入 index.html 超链接的代码应该书写如下。

```
<a href = "index.html">index.html</a>
```

（2）引用上级目录

../ 表示源文件所在目录的上一级目录，../../ 表示源文件所在目录的上上级目录，以此类推。

假设 about.html 路径是：c:\Inetpub\wwwroot\sites\news\about.html。

假设 index.html 路径是：c:\Inetpub\wwwroot\sites\index.html。

在 about.html 加入 index.html 超链接的代码应该书写如下。

```
<a href = "../index.html">index.html</a>
```

（3）引用下级目录

引用下级目录的文件，直接写下级目录文件的路径即可。

假设 about.html 路径是：c:\Inetpub\wwwroot\sites\news\about.html。

假设 index.html 路径是：c:\Inetpub\wwwroot\sites\news\html\index.html。

在 about.html 加入 index.html 超链接的代码应该书写如下。

```
<a href = "html/index.html">index.html</a>
```

2. 绝对路径

绝对路径是指带域名文件的完整路径。

例如网站域名是 www.baidu.com，如果在根目录下放了一个文件 index.html，这个文件的绝对路径就是 http://www.baidu.com/index.html。

假设在根目录下创建了一个目录为 news，然后在该目录下放了一个文件 index.html，这个文件的绝对路径就是 http://www.baidu.com/news/index.html。

4.1.3 HTTP 路径

链接到外部网站就是跳转到当前网站以外，这种链接在一般情况下需要使用绝对的链接地址，经常使用 HTTP 进行外部链接。HTTP 路径用来链接 Web 服务器中的文档。

基本语法

```
<a href="http:// 网站地址 "> 链接内容 </a>
```

语法说明

在该语法中，http:// 表明这是关于 HTTP 的外部链接，在其后输入网站的网址即可。

实例代码

```
<table width="85%" align="center" cellpadding="5" cellspacing="3">
 <tr>
 <td> 友情链接 </td>
 </tr>
 <tr>
<td><a href="http://www.baidu.com"> 百度 </a></td>
 </tr>
</table>
```

加粗的部分代码将文字“百度”的链接设置为 http://www.baidu.com，在浏览器中预览，效果如图 4-1 所示，当单击链接文字“百度”时，就会打开它所链接的百度网站首页，如图 4-2 所示。

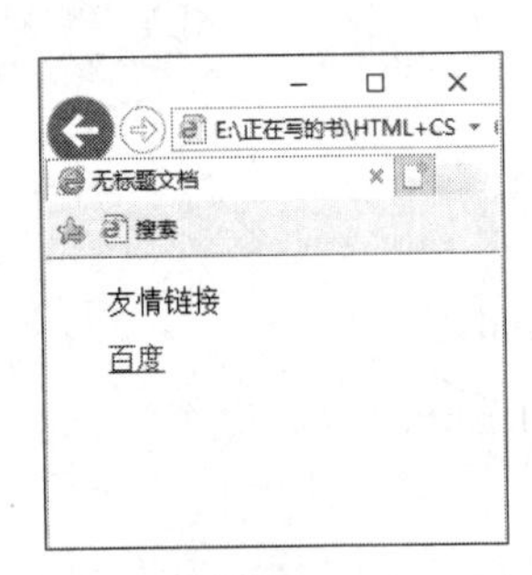

图 4-1

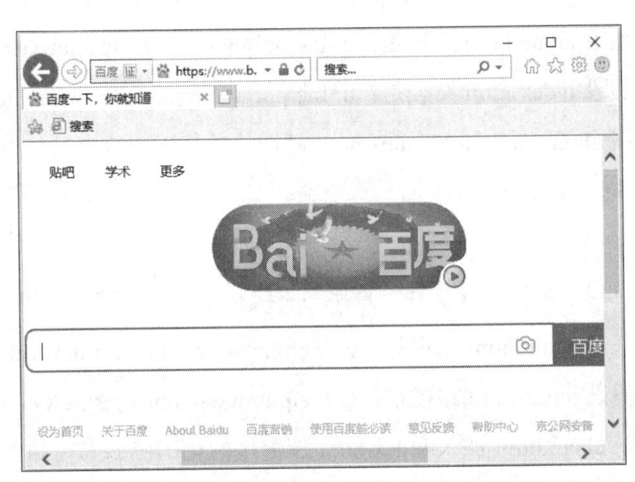

图 4-2

4.1.4 FTP 路径

FTP 是一种文件传输协议，它是多台计算机之间能够相互通信的语言，通过 FTP 可以获得互联网上丰富的资源。

FTP 路径用来链接 FTP 服务器中的文档。使用 FTP 路径时，可以在浏览器中直接输入相应的 FTP 地址，打开相应的目录或下载相关的内容；也可以使用相关的软件，打开 FTP 地址中相应的目录或下载相关的内容。

基本语法

```
<a href="ftp://…/"> 链接内容 </a>
```

实例代码

```
<!DOCTYPE HTML>
<html>
<meta charset="utf-8">
<head>
<title>ftp 链接 </title>
</head>
<body>
<body>
<p>
这是一个 FTP 链接: <a href= "ftp://ftp.xxx.edu.cn/" >xxxFTP 服务器 </a>
</p>
</body>
</html>
```

加粗部分的代码 <a href= "ftp://ftp.xxx.edu.cn/" > 是 FTP 链接，在浏览器中预览，效果如图 4-3 所示，单击超链接可以链接到 xxx 网站的 FTP 服务器。

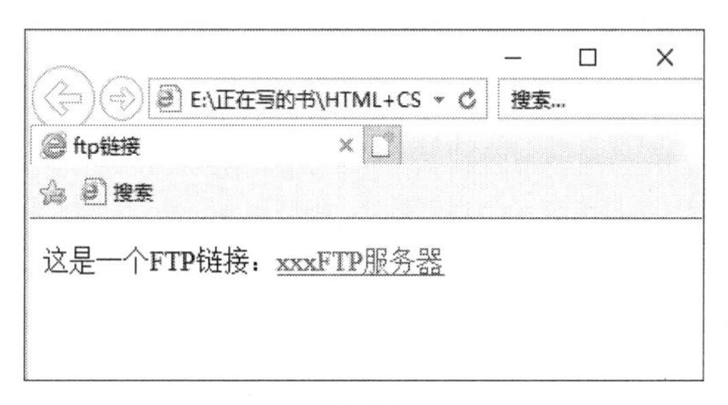

图 4-3

4.1.5　邮件路径

在网页上创建 E-mail 链接，可以使浏览者能够快速联系网站作者或反馈自己的意见。当浏览者单击 E-mail 链接时，可以立即打开浏览器默认的 E-mail 处理程序，收件人邮件地址被 E-mail 超链接中指定的地址自动更新，无须浏览者输入。

基本语法

```
<a href="mailto: 电子邮件地址 "> 链接内容 </a>
```

语法说明

在该语法中，电子邮件地址后面还可以增加一些参数，见表 4-1。

表 4-1　邮件的参数

属性值	说明	语法
cc	抄送收件人	<a href="mailto: 电子邮件地址 ?cc= 电子邮件地址 "> 链接内容 </a>
subject	电子邮件主题	<a href="mailto: 电子邮件地址 ?subject= 主题文字 "> 链接内容 </a>
bcc	暗送收件人	<a href="mailto: 电子邮件地址 ?bcc= 电子邮件地址 "> 链接内容 </a>
body	电子邮件内容	<a href="mailto: 电子邮件地址 ?body= 邮件内容 "> 链接内容 </a>

实例代码

```
<tr>
<td valign=bottom height=35>
<a href="mailto: xxx@163.com">联系我们</a>
</td>
</tr>
```

加粗的代码 <a href="mailto: xxx@163.com"> 用于创建 E-mail 链接，在浏览器中预览，效果如图 4-4 所示，当单击链接文字“联系我们”时，会打开默认的电子邮件软件，如图 4-5 所示。

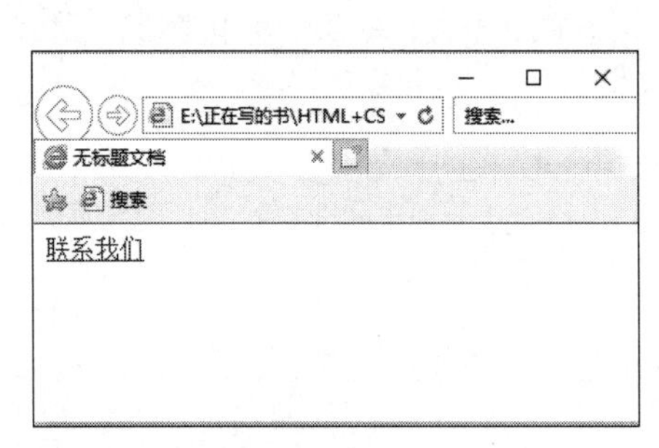

图 4-4

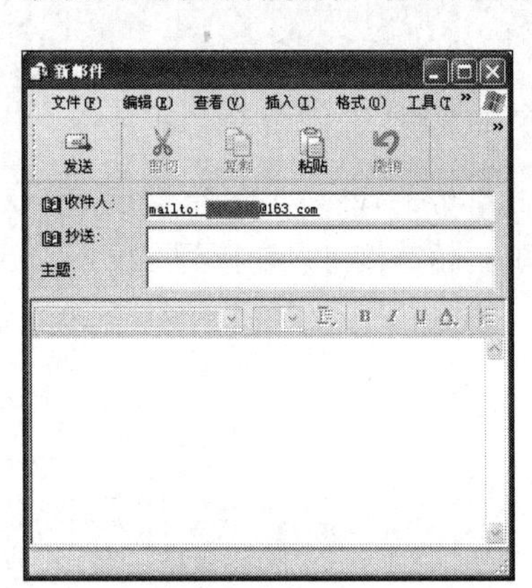

图 4-5

4.2 链接元素 <a>

超链接的范围很广泛，利用它不仅可以进行网页之间的相互链接，还可以使网页链接到相关的图像文件、多媒体文件及下载程序等。

4.2.1 指定路径属性 href

链接标记 <a> 在 HTML 中既可以作为一个跳转到其他页面的链接，也可以作为“埋设”在文档中某处的一个“锚定位”。<a> 也是一个行内元素，它可以成对出现在一段文档的任何位置。

基本语法

```
<a href="链接目标">链接显示文本</a>
```

语法说明

在该语法中，<a> 标记的属性值如表 4-2 所示。

表 4-2　<a> 标记的属性值

属性值	说明
href	指定链接地址
name	为链接命名
title	给链接添加提示文字
target	指定链接的目标窗口

实例代码

```
<!DOCTYPE HTML>
<html>
<meta charset="utf-8"><head><title> 指定路径属性 </title>
</head>
<body>
<p><a href="1">1、北京 </a></p>
<p><a href="2">2、上海
</a></p>
<p><a href="3">3、广州 </a></p>
<p><a href="4">4、深圳 </a></p>
<p><a href="5">5、南京 </a></p>
<p><a href="6">6、天津 </a></p>
</body>
</html>
```

加粗部分的代码用于设置文档中的超链接，在浏览器中预览，可以看到链接效果，如图 4-6 所示。

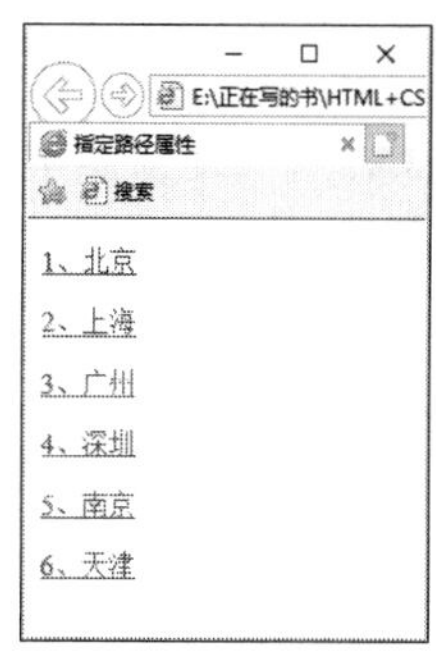

图 4-6

4.2.2　显示链接目标属性 target

在创建网页的过程中，默认情况下超链接在原来的浏览器窗口中打开，可以使用 target 属性来控制打开的目标窗口。

基本语法

```
<a href=" 链接目标 " target=" 目标窗口的打开方式 ">
```

语法说明

在该语法中，target 参数的取值有 4 种，如表 4-3 所示。

表 4-3　target 参数的取值

属性值	含义
self	在当前页面中打开链接
blank	在一个空白窗口中打开链接
top	在顶层框架中打开链接，也可以理解为在根框架中打开链接
parent	在当前框架的上一层打开链接

实例代码

```
<!DOCTYPE HTML>
<html>
<meta charset="utf-8">
<head>
<title>显示链接目标属性</title>
</head>
<body>
<p><a href="1.html">1、北京</a></p>
<p><a href="2">2、上海</a></p>
<p><a href="3">3、广州</a></p>
<p><a href="4">4、深圳</a></p>
<p><a href="5">5、南京</a></p>
<p><a href="6">6、天津</a></p>
</body>
</html>
```

加粗部分的代码用于设置内部链接的目标窗口，在浏览器中单击设置链接的对象，可以打开一个新的窗口，如图 4-7 和图 4-8 所示。

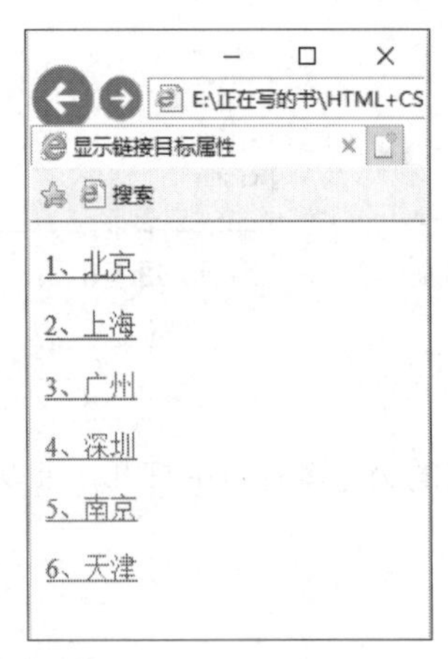

图 4-7

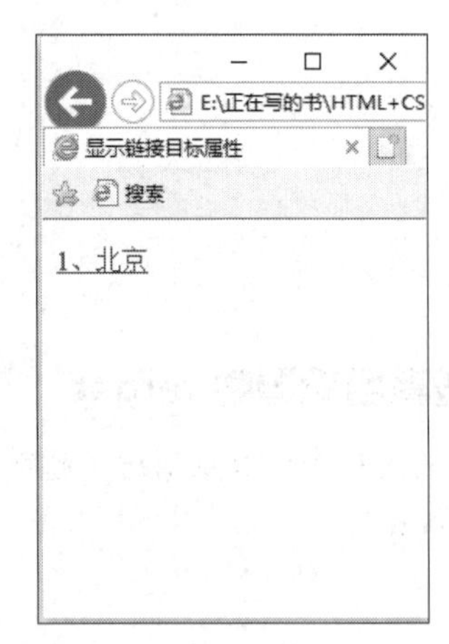

图 4-8

4.2.3　链接的热键属性 accesskey

HTML 标签中的 accesskey 属性相当于 Windows 应用程序中的 Alt 键。该属性可以设置某个 HTML 元素的快捷键，这样就可以不用鼠标，而只用 Alt 键和某个字母键，即可快速切换定位到页面的某个对象上。

基本语法

```
<a href="http://www.xxxx.com/xhtml/" accesskey="h">按住 Alt 键和 h 键，再按
Enter 键 (IE) 即可直接链接到 HTML 教程 .</a>
```

语法说明

定义了 accesskey 的链接可以使用快捷键（Alt+ 字母）访问，主菜单与导航菜单使用 accesskey，通常是不错的选择。

实例代码

```
<!DOCTYPE HTML>
<html>
<meta charset="utf-8">
<head>
<title>链接的热键属性 accesskey</title>
</head>
<body>
<p><a href="http://www.xxxx.com/xhtml/" accesskey="h">(按住 Alt 键)和 h 键,
再按 Enter 键 (IE) 就可以直接链接到 HTML 教程。</a></p>
<h2>各种浏览器下 accesskey 快捷键的使用方法。</h2>
<p><strong>IE 浏览器 </strong></p>
<p>按住 Alt 键，按 accesskey 定义的快捷键，再按 Enter 键。</p>
<p><strong>FireFox 浏览器 </strong></p>
<p>按住 Alt+Shift 键，按 accesskey 定义的快捷键。</p>
<p><strong>Chrome 浏览器 </strong></p>
<p>按住 Alt 键，按 accesskey 定义的快捷键。</p>
<p><strong>Opera 浏览器 </strong></p>
<p>按住 Shift 键，按 Esc 键，出现本页定义的 accesskey 快捷键列表可供选择。</p>
<p><strong>Safari 浏览器 </strong></p>
<p>按住 Alt 键，按 accesskey 定义的快捷键。</p>
</body>
</html>
```

加粗的部分代码用于设置链接的热键属性，在浏览器中预览，效果如图 4-9 所示。

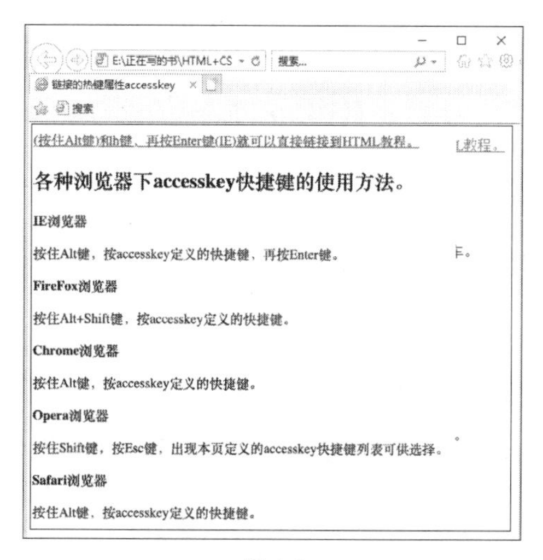

图 4-9

4.3 创建图像的超链接

图像的超链接包括为图像元素制作超链接和在图像的局部制作超链接，其中在图像的局部制作超链接比较复杂，将会用到 <map> 和 <area> 等元素及相关属性。

4.3.1 创建链接区域元素 <map>

基本语法

```
<map>
…
</map>
```

语法说明

创建链接区域元素 <map>，用来在图像元素中定义一个链接区域，<map> 元素本身并不能指定链接区域的大小和链接目标，其主要作用是用来标记链接区域，页面中的图像元素可以使用 <map> 元素标记连接区域。

实例代码

```
<td>
<img src="Snap8.jpg" width="500" height="314" alt=""usemap="#Map"/>
</td>
</tr>
</table>
<map >
</map>
```

加粗部分的代码为使用 <map> 元素标记的区域，如图 4-10 所示。

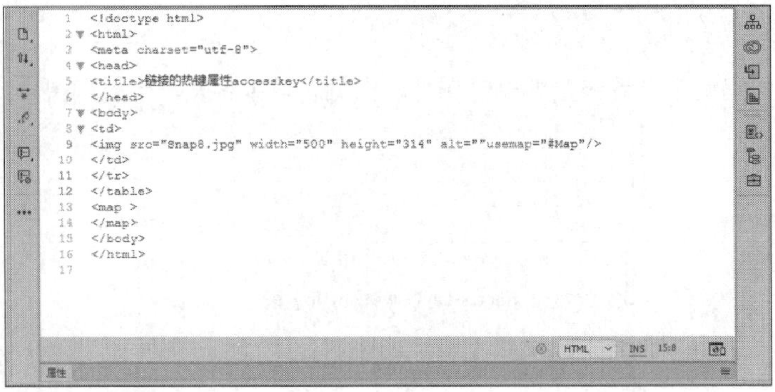

图 4-10

4.3.2 链接区域的名称属性 name

链接区域的名称属性 name，用来定义链接区域的名称，方便图像元素调用。

基本语法

```
<map name=" 热区名称 ">
```

```
…
</map>
```

语法说明

name 属性的取值必须是唯一的。

实例代码

```
<td>
<img src="Snap8.jpg" width="585" height="314" usemap="#Map"/>
</td>
</tr>
</table>
<map name="zhongwen">
</map>
```

加粗部分的代码用于设置链接区域的名称，如图 4-11 所示。

```
1  <!doctype html>
2  <html>
3  <meta charset="utf-8">
4  <head>
5  <title>链接区域的名称属性</title>
6  </head>
7  <body>
8  <td>
9  <img src="Snap8.jpg" width="585" height="314" usemap="#Map"/>
10 </td>
11 </tr>
12 </table>
13 <map name="zhongwen">
14 </map>
15 </body>
16 </html>
17
```

图 4-11

4.3.3　定义鼠标敏感区元素 <area>

定义鼠标敏感区元素 <area>，用来定义链接区域的大小和坐标，同时可以指定每个敏感区域的链接目标。

基本语法

```
<map name=" 热区名称 ">
<area shape=" 热点形状 " >
…
</map>
```

语法说明

在 <area> 标记中定义了热区的位置和链接，其中 shape 参数用来定义热区形状，热点的形状包括 rect（矩形区域）、circle（椭圆形区域）和 poly（多边形区域）3 种，对于复杂的热点图像可以选择多边形工具进行绘制。

实例代码

```
<td>
<img src="Snap8.jpg" width="585" height="314" usemap="#zhongwen"/>
</td>
</tr>
</table>
<map name="zhongwen">
<area shape="rect" coords="338,468,402,515" href="#">
<area shape="circle" coords="455,505,30" href="#">
<area shape="poly" coords="537,477,569,495,539,503" href="#">
</map>
```

该实例中，加粗部分的代码用于在图片中定义 3 个链接区域，如图 4-12 所示。运行代码后，显示效果如图 4-13 所示。

```
1  <!doctype html>
2  <html>
3  <meta charset="utf-8">
4  <head>
5  <title>定义鼠标敏感区元素</title>
6  </head>
7  <body>
8  <td>
9  <img src="Snap8.jpg" width="585" height="314"
   usemap="#zhongwen"/>
10 </td>
11 </tr>
12 </table>
13 <map name="zhongwen">
14 <area shape="rect" coords="338,468,402,515" href="#">
15 <area shape="circle" coords="455,505,30" href="#">
16 <area shape="poly" coords="537,477,569,495,539,503" href="#">
17 </map>
18 </body>
19 </html>
20
```

图 4-12

图 4-13

4.3.4 链接的路径属性 href、nohref

基本语法

```
<map name=" 热区名称 ">
```

```
<area shape="rect" coords="338,468,402,515"href="#" >
…
</map>
```

语法说明

在 <area> 标记中定义了热区的位置和链接，其中 href 属性设置了链接。

实例代码

```
<td>
<img src="afgh15.jpg" width="712" height="450" usemap="#zhongwen"/>
</td>
</tr>
</table>
<map name="zhongwen">
<area shape="rect" coords="338,468,402,515" href="zhongwen">
<area shape="circle" coords="455,505,30" href="yingwen">
<area shape="poly" coords="537,477,569,495,539,503" href="riyu">
</map>
```

该实例中，加粗部分的代码用于在图片中定义 3 个链接区域，分别链接到中文版、英文版和日语版的网站首页。在图片的局部制作链接后，对图片的显示效果并没有影响。运行代码后，显示效果如图 4-14 所示。

图 4-14

4.3.5 鼠标敏感区坐标属性 coords

鼠标敏感区坐标属性 coords 用来定义鼠标敏感区域的大小和位置。根据敏感区域的形状不同，所使用的坐标数目也会有所变化。

基本语法

```
<map name=" 名称
"<area coords=" 区域坐标组 " />
…
</map>
```

语法说明

对应不同形状的敏感区域，其坐标的具体定义方法如下。

（1）定义一个矩形区域要使用 4 个坐标来实现，其形式如下。

coords="x1,y1,x2,y2"

每个坐标之间用英文的逗号分隔，其中 x1、y1 表示矩形区域左上角的坐标，x2、y2 表示矩形区域右下角的坐标。图片的左上角是坐标的原点，其坐标为 0,0。

（2）定义一个圆形区域要使用 3 个坐标来实现，其形式如下。

coords="x,y,r"

每个坐标之间用英文的逗号分隔，其中 x、y 表示圆形区域圆心的坐标，r 表示圆形区域的半径。

（3）定义一个多边形区域要使用和顶点数目相同的坐标组来实现，其形式如下。

coords="x1,y1, x2,y2,…"

每个坐标之间用英文的逗号分隔，其中每组 x、y 表示多边形区域的一个顶点。

实例代码

```
<td>
<img src="16.JPG" width="934" height="554" usemap="#zhongwen"/>
</td>
</tr>
</table>
<map name="zhongwen">
<area shape="rect" coords="338,468,402,515" href="zhongwen" alt="XX 酒店 ">
<area shape="circle" coords="455,505,30" href="yingwen"alt="XX 酒店 ">
<area shape="poly" coords="537,477,569,495,539,503" href="riyu"alt="XX 酒店 ">
</map>
```

运行代码后，按 Tab 键，可以激活链接区域，其中第一个矩形区域的显示效果如图 4-15 所示。按照同样的方法，激活后的圆形区域的显示效果如图 4-16 所示。

图 4-15

图 4-16

4.4 创建锚点链接

网站中经常会有一些文档页面由于文本或者图像内容过多，导致页面过长。浏览者需要不停地拖曳浏览器上的滚动条来查看文档中的内容。为了方便查看文档中的内容，在文档中需要添加锚点链接。

锚点是指，在给定名称的一个网页中的某一个位置，在创建锚点链接前，首先要建立锚点。

基本语法

```
<a name=" 锚点的名称 "></a>
```

语法说明

利用锚点名称可以链接到相应的位置。这个名称只能包含小写的字母和数字，且不能以数字开头，同一个网页中可以有无数个锚点，但是不能有相同名称的锚点。

实例代码

```
<!DOCTYPE HTML>
<html>
<head>
<meta charset="utf-8">
<title> 创建锚点 </title>
</head>
<body>
<p>    公司介绍        公司新闻            招聘中心 </p>
<p><a name="a"></a> 公司简介 </p>
<p> 公司集产品开发、工程设计、生产制作、后期服务于一体，专业生产各种品牌服装展架、鞋柜、酒店用品系列展示架、货架等五金配件，并可接受客户的特殊设计和订货，拥有生产、装配流水线和完善的售后服务。<br>
多年来，公司以追求完美品质为宗旨，专业从事卖场展示道具，为诸多客户提供了规划设计、制造、运输、安装、维修、咨询等全方位服务。<br>
我们的理念：诚信经营、用心做事。
欢迎新老顾客光临！！！ </p>
<p><a name="b"></a> 新闻中心 </p>
<p> 五金行业悲与喜。<br>
服装店装修需要掌控四个关键区域。<br>
 卖场货柜陈列。<br>
商务休闲装的由来。<br>
男人的别样生活，从穿衣服开始。<br>
天阔服装道具网站开通了。<br>
怎样学习服装设计？ </p>
<p><a name="c"></a> 人才招聘 </p>
<p> 招聘人数     10 <br>
  招聘职位       网络销售 <br>
  工作地点       长沙 <br>
在线应聘       查看详细 </p>
<p> </p>
<p> </p>
</body>
</html>
```

加粗部分的代码 <a name="x"></a> 是创建的锚点，在浏览器中预览，效果如图 4-17 所示。

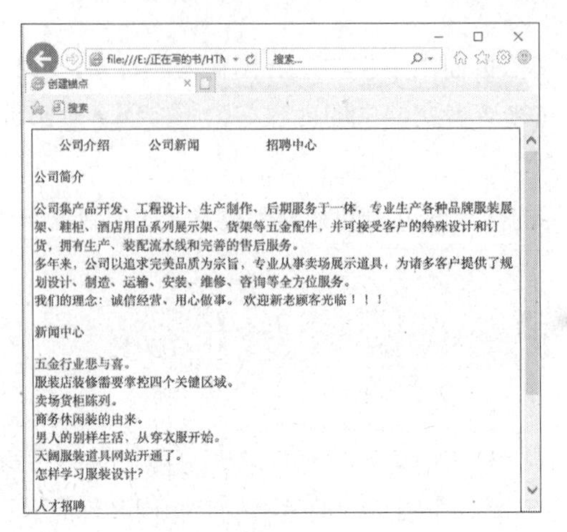

图 4-17

4.5 综合实例——为网页添加链接

通过超链接可以将众多的网页链接在一起，形成一个有机整体，实现方便、快捷地访问，本节主要讲述了各种超链接的创建方法，下面就用所学的知识为页面添加各种链接。

01 使用 Dreamweaver 打开网页文档，如图 4-18 所示。

图 4-18

02 打开代码视图，在 <body> 和 </body> 之间相应的位置输入如下代码，设置图像链接，如图 4-19 所示。

```
	<a href="index1"><img src="images/p2.jpg" width="200" height="150"
alt=""/></a>
```

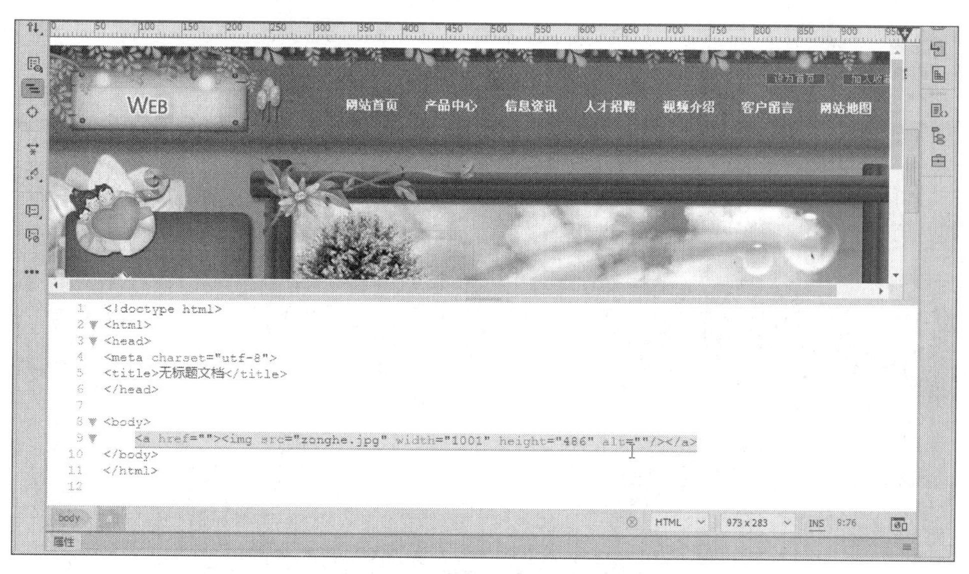

图 4-19

03 在 <body> 和 </body> 之间相应的位置输入如下代码，设置图像的热区链接，如图 4-20 所示。

```
<area shape="rect" coords="160,90,252,117" href="#">
<area shape="rect" coords="299,84,393,121" href="#">
<area shape="rect" coords="443,85,526,122" href="#">
<area shape="rect" coords="595,84,669,122" href="#">
<area shape="rect" coords="721,82,804,122" href="#">
<area shape="rect" coords="874,78,947,122" href="#"></map>
```

图 4-20

04 保存网页，在浏览器中预览，效果如图 4-21 所示。

图 4-21

4.6 本章小结

为了把互联网上众多的网站和网页联系起来，构成一个整体，就要在网页中加入链接，通过单击网页上的链接才能找到自己所需的信息。正是因为有了网页之间的链接才形成了这纷繁复杂的网络世界。本章的重点是掌握超链接标记、链接元素 <a>、创建图像的超链接、创建锚点链接等，最后通过典型实例讲述了常用超链接的创建方法。

第 5 章　使用 HTML 创建表格

本章导读

表格是网页制作中使用最多的工具之一，在制作网页时，使用表格可以更清晰地排列数据。但在实际制作过程中，表格更多地用在网页布局定位上。很多网页都是以表格布局的，这是因为表格在文本和图像的位置控制方面功能强大。灵活、熟练地使用表格，在网页制作时会有如虎添翼的感觉。

技术要点

1. 创建并设置表格属性
2. 表格的结构标记

5.1　创建并设置表格属性

表格由行、列和单元格 3 部分组成。使用表格可以排列页面中的文本、图像及各种对象。行贯穿表格的左右，列则是上下方式的，单元格是行和列交汇的部分，也是输入信息的地方。

5.1.1　表格的基本标记：table、tr、td

表格一般通过 3 个标记来创建，分别是表格标记 table、行标记 tr 和单元格标记 td。表格的各种属性都要在表格的开始标记 <table> 和表格的结束标记 </table> 之间才有效。

- 行：表格中的水平间隔。
- 列：表格中的垂直间隔。
- 单元格：表格中行与列相交所产生的区域。

基本语法

```
<table>
<tr>
<td> 单元格内的文字 </td>
<td> 单元格内的文字 </td>
</tr>
<tr>
<td> 单元格内的文字 </td>
<td> 单元格内的文字 </td>
</tr>
</table>
```

语法说明

<table> 和 </table> 分别表示表格的开始和结束，而 <tr> 和 </tr> 则分别表示行的开始和结束，在表格中包含几组 <tr>…</tr> 就表示该表格为几行，<td> 和 </td> 表示单元格的起始和结束。

实例代码

```
<!DOCTYPE HTML>
<html>
<meta charset="utf-8">
<head>
<title> 表格的基本标记 </title>
</head>
<body>
<table border="1">
<tr>
<td> 第 1 行第 1 列单元格 </td><td> 第 1 行第 2 列单元格 </td>
</tr>
<tr>
<td> 第 2 行第 1 列单元格 </td><td> 第 2 行第 2 列单元格 </td>
</tr>
</table>
</body>
</html>
```

加粗部分为表格的基本构成代码，在浏览器中预览，可以看到在网页中添加了一个 2 行 2 列的表格，如图 5-1 所示。

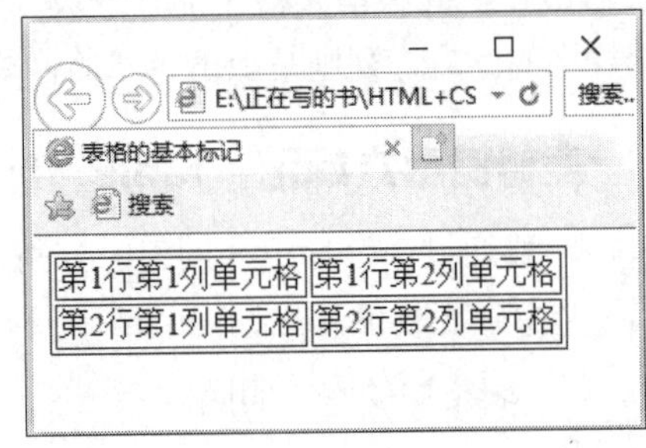

图 5-1

5.1.2 表格宽度和高度：width、height

width 标签用来设置表格的宽度，height 标签用来设置表格的高度，以像素或百分比为单位。

基本语法

```
<table width=" 表格宽度 " height=" 表格高度 ">
```

语法说明

表格高度和表格宽度单位可以是像素，也可以为百分比，如果设计者不指定，则默认宽度自适应。

实例代码

```
<!DOCTYPE HTML>
<html>
```

```
<meta charset="utf-8">
<head>
<title> 表格宽度和高度 </title>
</head>
<body>
<table width="650" height="240" >
<tr>
<td> 第 1 行第 1 列单元格 </td><td> 第 1 行第 2 列单元格 </td>
</tr>
<tr>
<td> 第 2 行第 1 列单元格 </td><td> 第 2 行第 2 列单元格 </td>
</tr>
</table>
</body>
</html>
```

加粗部分的代码 width="650" height="240" 用于设置表格的宽度为 650 像素，高度为 240 像素，在浏览器中预览，可以看到如图 5-2 所示的效果。

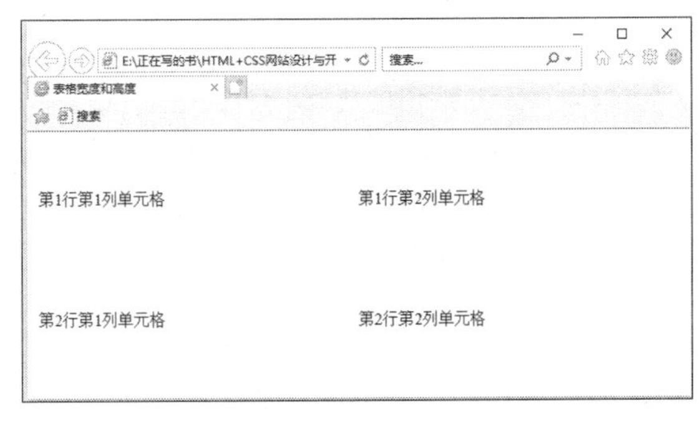

图 5-2

5.1.3　表格的标题：caption

<caption> 标签可以为表格提供一个简短的说明，与图像的说明类似。在默认情况下，大部分可视化浏览器都将表格标题显示在表格的上方中央。

基本语法

```
<caption> 表格的标题 </caption>
```

实例代码

```
<!DOCTYPE HTML>
<html>
<meta charset="utf-8">
<head>
<title> 表格的标题 </title>
</head>
<body>
<table width="700" height="150">
<caption>
```

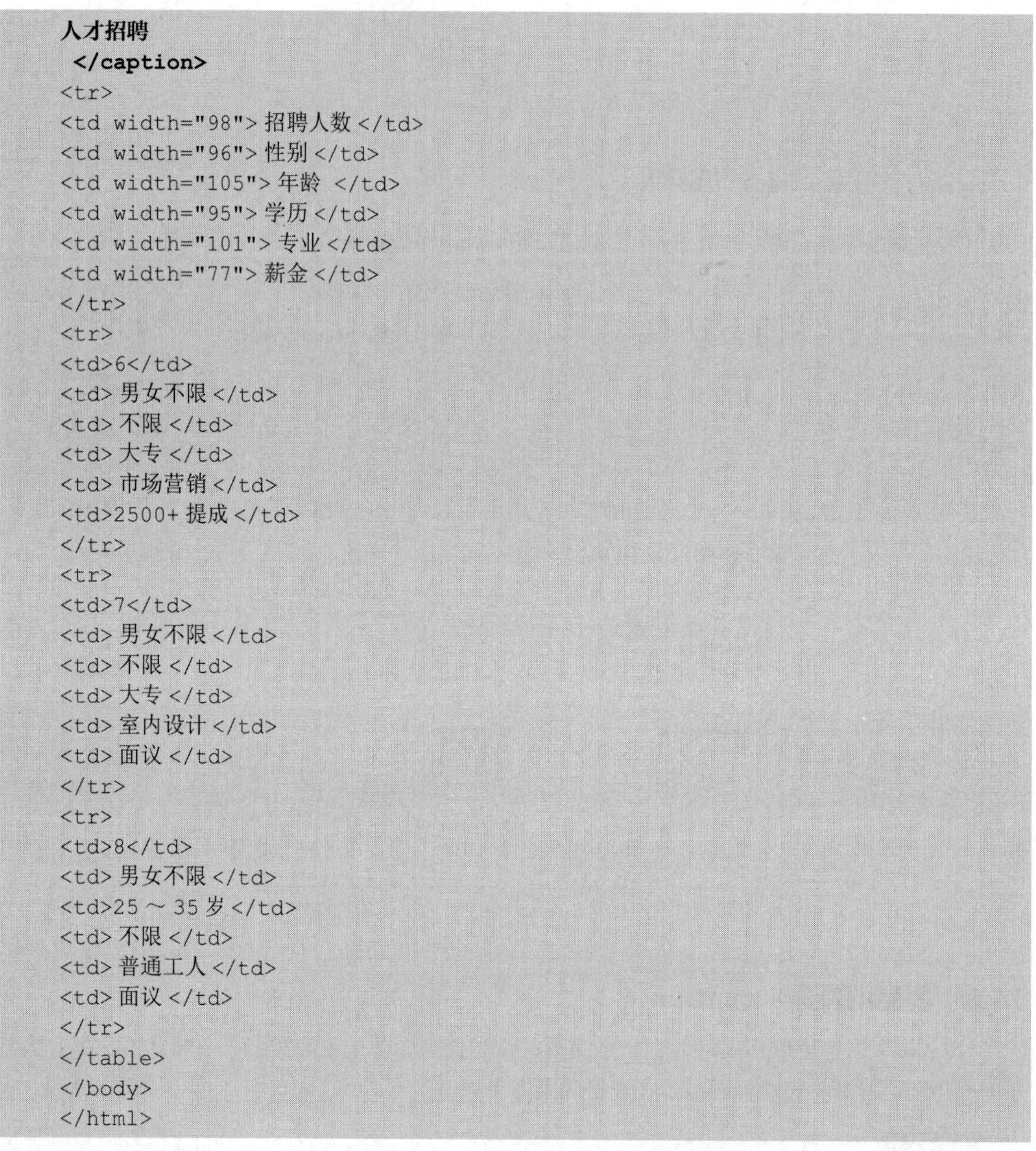

```
人才招聘
 </caption>
<tr>
<td width="98"> 招聘人数 </td>
<td width="96"> 性别 </td>
<td width="105"> 年龄  </td>
<td width="95"> 学历 </td>
<td width="101"> 专业 </td>
<td width="77"> 薪金 </td>
</tr>
<tr>
<td>6</td>
<td> 男女不限 </td>
<td> 不限 </td>
<td> 大专 </td>
<td> 市场营销 </td>
<td>2500+ 提成 </td>
</tr>
<tr>
<td>7</td>
<td> 男女不限 </td>
<td> 不限 </td>
<td> 大专 </td>
<td> 室内设计 </td>
<td> 面议 </td>
</tr>
<tr>
<td>8</td>
<td> 男女不限 </td>
<td>25 ~ 35 岁 </td>
<td> 不限 </td>
<td> 普通工人 </td>
<td> 面议 </td>
</tr>
</table>
</body>
</html>
```

加粗部分的代码用于设置表格的标题为“人才招聘”，在浏览器中预览，可以看到表格的标题，如图 5-3 所示。

人才招聘

招聘人数	性别	年龄	学历	专业	薪金
6	男女不限	不限	大专	市场营销	2500+提成
7	男女不限	不限	大专	室内设计	面议
8	男女不限	25~35岁	不限	普通工人	面议

图 5-3

提示

使用<caption>标记创建表格标题的好处是标题定义包含在表格内。如果表格移动或在HTML文件中重定位，标题会随着表格进行相应移动。

5.1.4　表格的表头：th

表头是指表格的第一行或第一列等对表格内容的说明，文字样式居中、加粗显示，通过 <th> 标记实现。

基本语法

```
<table >
<tr>
<th>…</th>
…
</tr>
</table>
```

语法说明

- <th>：表示头标记，包含在 <tr> 标记中。
- 在表格中，只要把标记 <td> 改为 <th> 即可实现表格的表头。

实例代码

```
<!DOCTYPE HTML>
<html>
<meta charset="utf-8">
<head>
<title> 表格的表头 </title>
</head>
<body>
<table width="700" height="150">
<caption> 人才招聘 </caption>
<tr>
<th> 招聘人数 </th>
<th> 性别 </th>
<th> 年龄 </th>
<th> 学历 </th>
<th> 专业 </th>
<th> 薪金 </th>
</tr>
<tr>
<td>6</td>
<td> 男女不限 </td>
<td> 不限 </td>
<td> 大专 </td>
<td> 市场营销 </td>
<td>2500+ 提成 </td>
</tr>
<tr>
```

```
<td>7</td>
<td> 男女不限 </td>
<td> 不限 </td>
<td> 大专 </td>
<td> 室内设计 </td>
<td> 面议 </td>
</tr>
<tr>
<td>8</td>
<td> 男女不限 </td>
<td>25 ～ 35 岁 </td>
<td> 不限 </td>
<td> 普通工人 </td>
<td> 面议 </td>
</tr>
</table>
</body>
</html>
```

加粗部分的代码用于设置表格的表头，在浏览器中预览，可以看到表格的表头效果，如图 5-4 所示。

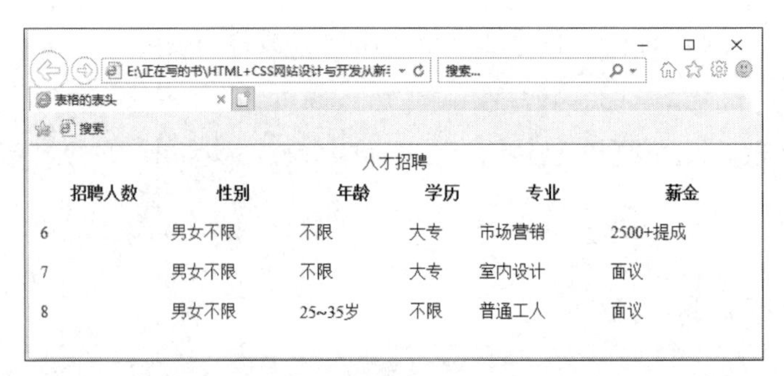

图 5-4

5.1.5　表格对齐方式：align

可以使用表格的 align 属性来设置表格的对齐方式。

基本语法

```
<table align=" 对齐方式 " >
```

语法说明

align 的参数取值如表 5-1 所示。

表 5-1　align 的参数取值

属性值	说明
left	整个表格在浏览器页面中左对齐
center	整个表格在浏览器页面中居中对齐
right	整个表格在浏览器页面中右对齐

实例代码

```
<!DOCTYPE HTML>
<html>
<meta charset="utf-8">
<head>
<title>表格对齐方式</title>
</head>
<body>
<table width="700"  height="150" align="center">
<caption> 人才招聘 </caption>
<tr>
<th>招聘人数</th>
<th>性别</th>
<th>年龄</th>
<th>学历</th>
<th>专业</th>
<th>薪金</th>
</tr>
<tr>
<td>6</td>
<td>男女不限</td>
<td>不限</td>
<td>大专</td>
<td>市场营销</td>
<td>2500+提成</td>
</tr>
<tr>
<td>7</td>
<td>男女不限</td>
<td>不限</td>
<td>大专</td>
<td>室内设计</td>
<td>面议</td>
</tr>
<tr>
<td>8</td>
<td>男女不限</td>
<td>25～35岁</td>
<td>不限</td>
<td>普通工人</td>
<td>面议</td>
</tr>
</table>
</body>
</html>
```

加粗部分的代码 align="center" 用于设置表格的对齐方式，在浏览器中预览，可以看到表格为居中对齐，如图 5-5 所示。

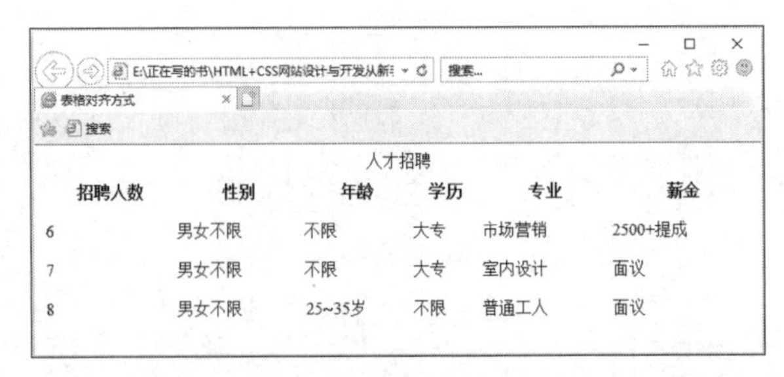

图 5-5

提示

虽然整个表格在浏览器页面范围内居中对齐，但是表格中单元格的对齐方式并不会因此而改变。如果要改变单元格的对齐方式，就需要在行、列或单元格内另行定义。

5.1.6 表格的边框宽度：border

可以通过为表格添加 border 属性，来实现为表格设置边框线及美化表格的目的。在默认情况下，如果不指定 border 属性，表格的边框为 0，则浏览器将不显示表格边框。

基本语法

```
<table border=" 边框宽度 ">
```

语法说明

通过 border 属性定义边框线的宽度，单位为像素。

实例代码

```
<!DOCTYPE HTML>
<html>
<meta charset="utf-8">
<head>
<title> 表格的边框宽度 </title>
</head>
<body>
<table width="700" height="150" align="center" border="2">
<caption>
人才招聘
</caption>
<tr>
<th> 招聘人数 </th>
<th> 性别 </th>
<th> 年龄 </th>
<th> 学历 </th>
<th> 专业 </th>
<th> 薪金 </th>
</tr>
<tr>
<td>6</td>
```

```
<td> 男女不限 </td>
<td> 不限 </td>
<td> 大专 </td>
<td> 市场营销 </td>
<td>2500+ 提成 </td>
</tr>
<tr>
<td>7</td>
<td> 男女不限 </td>
<td> 不限 </td>
<td> 大专 </td>
<td> 室内设计 </td>
<td> 面议 </td>
</tr>
<tr>
<td>8</td>
<td> 男女不限 </td>
<td>25 ～ 35 岁 </td>
<td> 不限 </td>
<td> 普通工人 </td>
<td> 面议 </td>
</tr>
</table>
</body>
</html>
```

加粗部分的代码 border="2" 用于设置表格的边框宽度，在浏览器中预览，可以看到将表格边框宽度设置为 2 像素的效果，如图 5-6 所示。

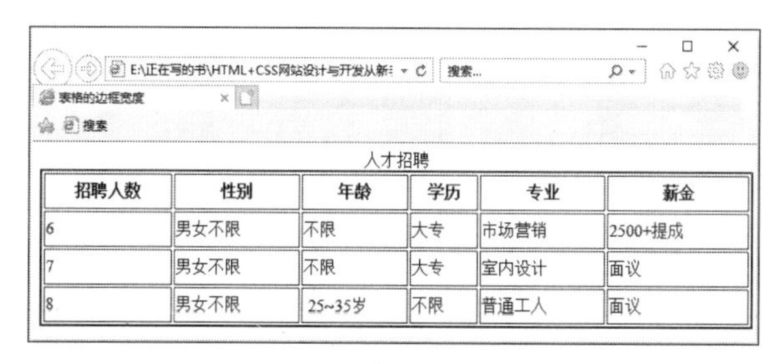

招聘人数	性别	年龄	学历	专业	薪金
6	男女不限	不限	大专	市场营销	2500+提成
7	男女不限	不限	大专	室内设计	面议
8	男女不限	25~35岁	不限	普通工人	面议

图 5-6

提示

border属性设置的表格边框只能影响表格四周的边框宽度，并不能影响单元格之间的边框。虽然设置边框宽度没有限制，但是一般边框设置不应超过5像素，过于宽大的边框会影响表格的整体效果。

5.1.7　表格的边框颜色：bordercolor

为了美化表格，可以为表格设定不同的边框颜色。在默认情况下，边框的颜色为灰色，可以使用 bordercolor 设置边框颜色，但是设置边框颜色的前提是边框的宽度不能为 0，否则无法显示出边框的颜色。

基本语法

```
<table border=" 边框宽度 " bordercolor=" 边框颜色 ">
```

语法说明

在定义颜色时，可以使用英文颜色名称或十六进制颜色值。

实例代码

```
<!DOCTYPE HTML>
<html>
<meta charset="utf-8">
<head>
<title> 表格边框颜色 </title>
</head>
<body>
<table width="500" border="1" bordercolor="#e8272a">
<tr>
<td> 单元格 1</td>
<td> 单元格 2</td>
</tr>
<tr>
<td> 单元格 3</td>
<td> 单元格 4</td>
</tr>
</table>
</body>
</html>
```

加粗部分的代码 bordercolor="#e8272a" 用于设置表格边框的颜色，在浏览器中预览，可以看到边框颜色的效果，如图 5-7 所示。

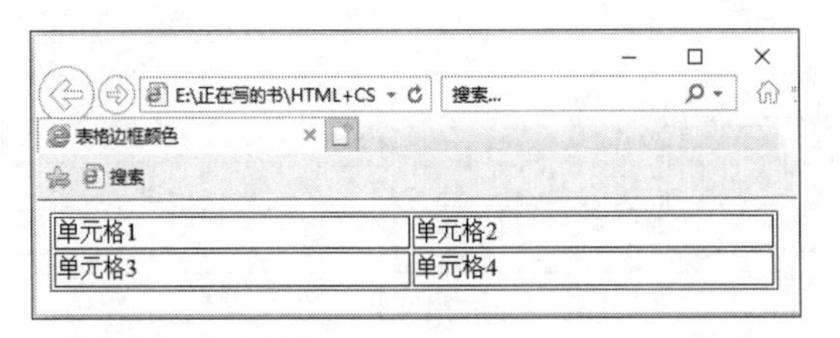

图 5-7

5.1.8 单元格间距：cellspacing

表格的单元格和单元格之间可以设置一定的距离，这样可以使表格显得不会过于紧凑。

基本语法

```
<table cellspacing=" 间距值 ">
```

语法说明

单元格的间距以像素为单位，默认值是 2。

实例代码

```
<!DOCTYPE HTML>
<html>
<meta charset="utf-8">
<head>
<title> 单元格间距 </title>
</head>
<body>
<table width="500" border="1" bordercolor="#ff0000" cellspacing="10">
<tr>
<td> 单元格 1</td>
<td> 单元格 2</td>
</tr>
<tr>
<td> 单元格 3</td>
<td> 单元格 4</td>
</tr>
</table>
</body>
</html>
```

加粗部分的代码 cellspacing="10" 用于设置单元格的间距，在浏览器中预览，可以看到单元格的间距为 10 像素的效果，如图 5-8 所示。

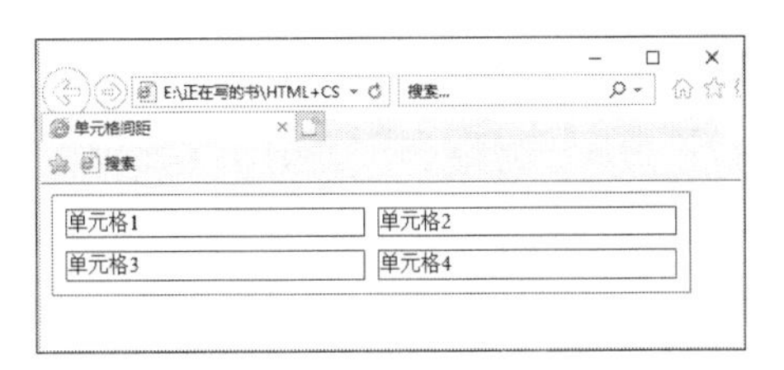

图 5-8

5.1.9　单元格边距：cellpadding

在默认情况下，单元格中的内容会紧贴着表格的边框，这样看上去非常拥挤。可以使用 cellpadding 来设置单元格边框与单元格中的内容之间的距离。

基本语法

```
<table cellpadding=" 文字与边框距离值 ">
```

语法说明

单元格中的内容与边框的距离以像素为单位，一般可以根据需要进行设置，但是不能过大。

实例代码

```
<!DOCTYPE HTML>
<html>
<meta charset="utf-8">
<head>
```

```
<title> 单元格边距 </title>
</head>
<body>
<table width="500" border="1" bordercolor="#ff0000" cellpadding="10">
<tr>
<td> 单元格 1</td><td> 单元格 2</td>
</tr>
<tr>
<td> 单元格 3</td><td> 单元格 4</td>
</tr>
</table>
</body>
</html>
```

加粗部分的代码 cellpadding="10" 用于设置单元格边距，在浏览器中预览，可以看到文字与边框的距离效果，如图 5-9 所示。

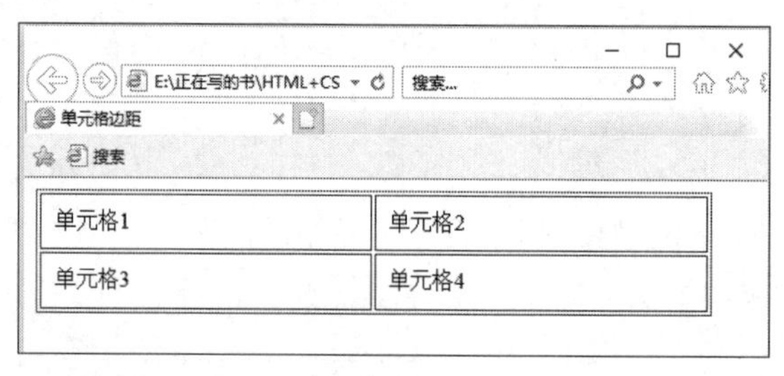

图 5-9

5.1.10　表格的背景色：bgcolor

表格的背景颜色属性 bgcolor 是针对整个表格的，bgcolor 定义的颜色可以被行、列或单元格定义的背景颜色所覆盖。

基本语法

```
<table bgcolor=" 背景颜色 ">
```

语法说明

在定义颜色时，可以使用英文颜色名称或十六进制颜色值指定。

实例代码

```
<!DOCTYPE HTML>
<html>
<meta charset="utf-8">
<head>
<title> 表格的背景色 </title>
</head>
<body>
<table width="500" border="1"cellpadding="10" cellspacing="10"
bordercolor="#ff0000" bgcolor="#ffff00">
<tr>
```

```
<td> 单元格 1</td>
<td> 单元格 2</td>
</tr>
<tr>
<td> 单元格 3</td>
<td> 单元格 4</td>
</tr>
</table>
</body>
</html>
```

加粗部分的代码 bgcolor="#ffff00" 用于设置表格的背景颜色，在浏览器中预览，可以看到表格设置了黄色的背景，如图 5-10 所示。

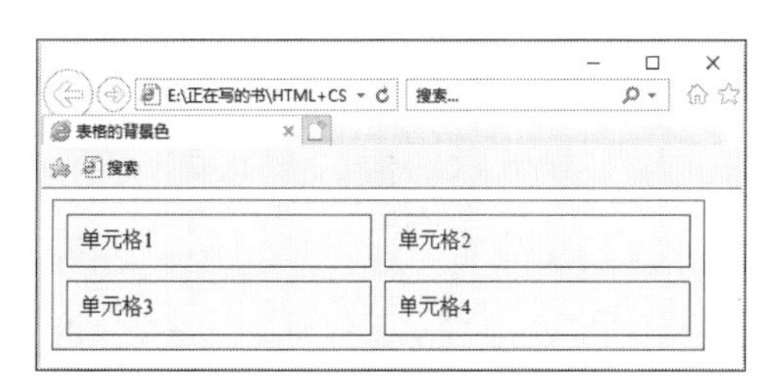

图 5-10

5.1.11　表格的背景图像：background

除了可以为表格设置背景颜色，还可以为表格设置更加美观的背景图像。

基本语法

```
<table background=" 背景图像地址 " >
```

语法说明

背景图像的地址可以为相对地址，也可以为绝对地址。

实例代码

```
<!DOCTYPE HTML>
<html>
<meta charset="utf-8">
<head>
<title> 表格的背景图像 </title>
</head>
<body>
<table width ="500" border="1"cellpadding="10" cellspacing="10"
bordercolor="#ff0000" background="images/bg4.gif">
 <tr>
<td> 单元格 1</td>
<td> 单元格 2</td>
</tr>
<tr>
<td> 单元格 3</td>
```

```
<td> 单元格 4</td>
</tr>
</table>
</body>
</html>
```

加粗部分的代码 background="images/bg4.gif" 用于设置表格的背景图像，在浏览器中预览，可以看到表格设置了背景图像的效果，如图 5-11 所示。

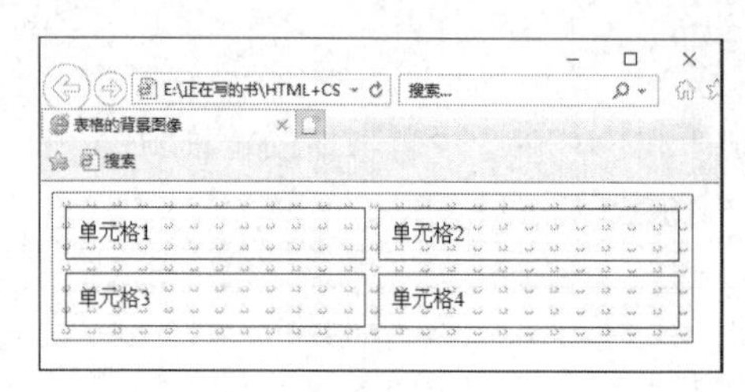

图 5-11

5.2 表格的结构标记

为了在源代码中清楚地区分表格的结构，HTML 中规定了 <thead>、<tbody> 和 <tfoot> 标记，分别对应于表格的表头、表主体和表尾。

5.2.1 设计表头样式：thead

表头样式的开始标记是 <thead>，结束标记是 </thead>，用于定义表格最上端表头的样式，可以设置背景颜色、文字对齐方式、文字的垂直对齐方式等。

基本语法

```
<thead>
…
</thead>
```

语法说明

在该语法中，bgcolor、align、valign 的取值范围与单元格中的设置方法相同。在 <thead> 标记内还可以包含 <td>、<th> 和 <tr> 标记，而一个表元素中只能有一个 <thead> 标记。

实例代码

```
<!DOCTYPE HTML>
<html>
<meta charset="utf-8">
<head>
<title> 设计表头样式 </title>
</head>
<body>
<table width="600" height="138" border="1">
<caption> 商品价格报表 </caption>
```

```
<thead bgcolor="#ff00ff" align="left">
<tr>
<td width="98" height="26">品种</td>
<td width="96">价格</td>
<td width="105">单位</td>
</tr>
</thead>
<tr>
<td>白菜</td>
<td>1.40</td>
<td>元/千克</td>
</tr>
<tr>
<td>土豆<br></td>
<td>2.00</td>
<td>元/千克</td>
</tr>
<tr>
<td> 豆角<br>
</td>
<td>3.70</td>
<td>元/千克</td>
</tr>
<tr>
<td>茄子</td>
<td>1.8</td>
<td>元/千克</td>
</tr>
<tr>
<td>黄瓜</td>
<td>3.40</td>
<td>元/千克</td>
</tr>
<tr>
<td colspan="3">注：此表价格由批发菜市场提供。</td></tr>
</table>
</body>
</html>
```

加粗部分的 <thead></thead> 之间的代码用于设置表格的表头，在浏览器中预览，效果如图 5-12 所示。

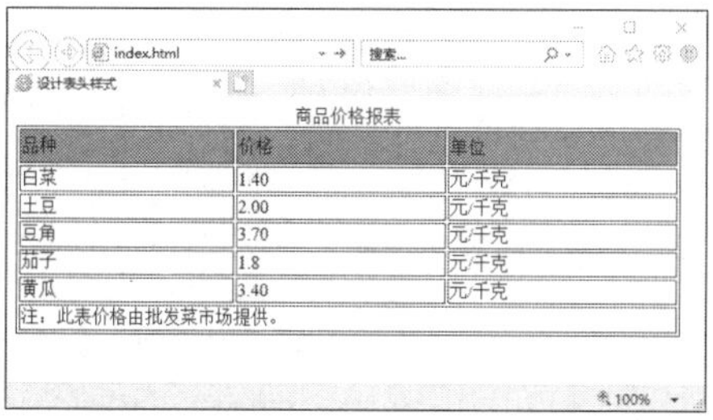

图 5-12

5.2.2 设计表主体样式：tbody

与表头样式的标记功能类似，表主体样式用于设计统一的表主体部分的样式，标记为<tbody>。

基本语法

```
<tbody bgcolor=" 背景颜色 " align=" 对齐方式 ">
…
</tbody>
```

语法说明

在该语法中，bgcolor、align、valign 的取值范围与 <thead> 标记中的相同，一个表元素中只能有一个 <tbody> 标记。

实例代码

```
<!DOCTYPE HTML>
<html>
<meta charset="utf-8">
<head>
<title> 设计表主体样式 </title>
</head>
<body>
<table width="600" height="150" border="1">
<caption>  商品价格报表 </caption>
<thead bgcolor="#FF00FF">
<tr>
<td width="98"> 品种 </td>
<td width="96"> 价格 </td>
<td width="105"> 单位 </td>
</tr></thead>
<tbody bgcolor="#e808a8" align="center">
<tr>
<td> 白菜 </td>
<td>1.40</td>
<td> 元 / 千克 </td>
</tr>
<tr>
<td> 土豆 <br>
</td>
<td>4.00</td>
<td> 元 / 千克 </td>
</tr>
<tr>
<td> 豆角 </td>
<td>3.70</td>
<td> 元 / 千克 </td>
</tr>
<tr>
<td> 茄子 </td>
```

```
<td>1.8</td>
<td> 元 / 千克 </td>
</tr>
<tr>
<td> 黄瓜 </td>
<td>3.40</td>
<td> 元 / 千克 </td>
</tr></tbody>
<tr>
<td colspan="3"> 注：此表价格由批发菜市场提供。</td></tr>
</table>
</body>
</html>
```

加粗部分的代码用于设置表格的表主体，在浏览器中预览，效果如图 5-13 所示。

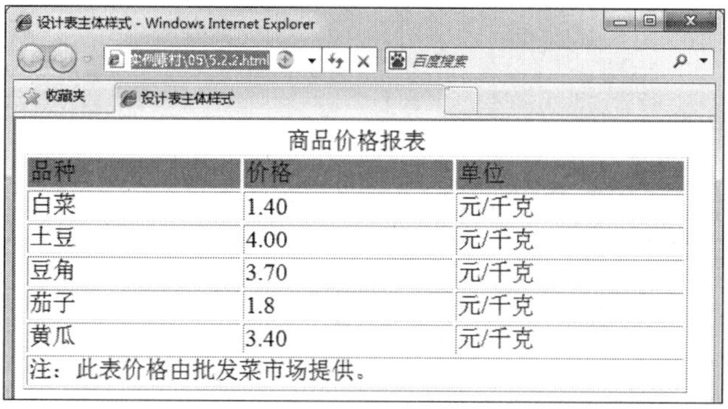

商品价格报表

品种	价格	单位
白菜	1.40	元/千克
土豆	4.00	元/千克
豆角	3.70	元/千克
茄子	1.8	元/千克
黄瓜	3.40	元/千克
注：此表价格由批发菜市场提供。		

图 5-13

5.2.3 设计表尾样式：tfoot

<tfoot> 标签用于定义表尾样式。

基本语法

```
<tfoot bgcolor=" 背景颜色 "align=" 对齐方式
 "valign=" 垂直对齐方式 ">
…
</tfoot>
```

语法说明

在该语法中，bgcolor、align、valign 的取值范围与 <thead> 标签中的相同，一个表元素中只能有一个 <tfoot> 标签。

实例代码

```
<!DOCTYPE HTML>
<html>
<meta charset="utf-8">
<head>
<title> 设计表尾样式 </title>
```

```
</head>
<body>
<table width="600" height="150" border="1">
<caption>
商品价格报表
</caption>
<thead bgcolor="#ff00ff">
<tr>
<td width="98">品种</td>
<td width="96">价格</td>
<td width="105">单位</td>
</tr></thead>
<tbody bgcolor="#e808a8" align="center">
<tr>
<td>白菜</td>
<td>1.40</td>
<td>元/千克</td>
</tr>
<tr>
<td>土豆<br/>
</td>
<td>4.00</td>
<td>元/千克</td>
</tr>
<tr>
<td>豆角</td>
<td>3.70</td>
<td>元/千克</td>
</tr>
<tr>
<td>茄子</td>
<td>1.8</td>
<td>元/千克</td>
</tr>
<tr>
<td>黄瓜</td>
<td>3.40</td>
<td>元/千克</td>
</tr>
</tbody>
<tr>
<tfoot align="right" bgcolor="#00ff00">
<td colspan="3">注：此表价格由批发菜市场提供。</td>
</tfoot>
</tr>
</table>
</body>
</html>
```

加粗部分的代码用于设置表尾样式，在浏览器中预览，效果如图5-14所示。

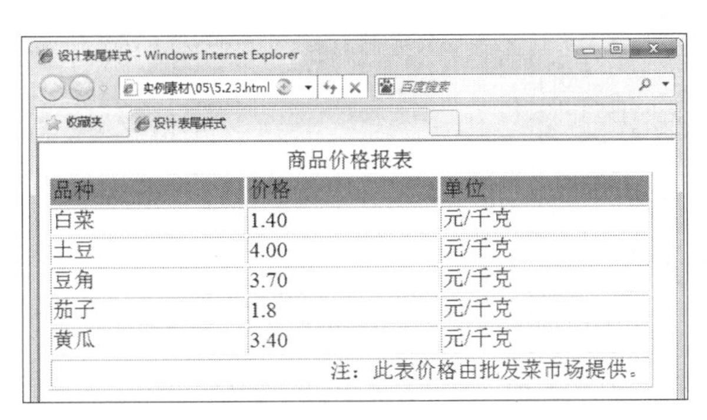

商品价格报表

品种	价格	单位
白菜	1.40	元/千克
土豆	4.00	元/千克
豆角	3.70	元/千克
茄子	1.8	元/千克
黄瓜	3.40	元/千克
注：此表价格由批发菜市场提供。		

图 5-14

5.3　综合实例——使用表格排版网页

表格在网页版面布局中发挥着非常重要的作用，网页中的很多元素都需要用表格来排列。本章主要讲述了表格的常用方法，下面通过实例讲述表格在整个网页排版布局方面的综合运用。

01 打开 Dreamweaver，新建一个空白文档，如图 5-15 所示。

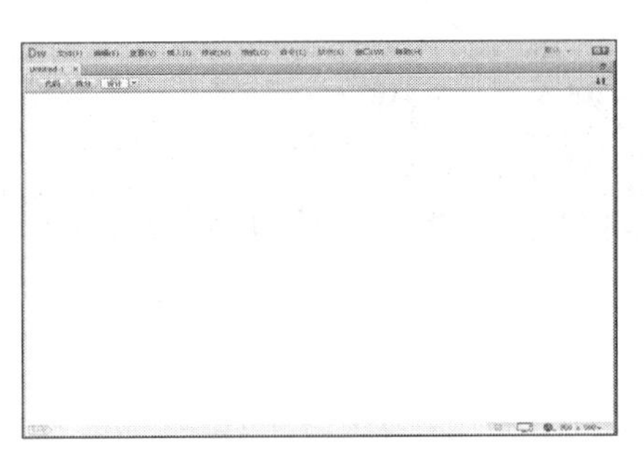

图 5-15

02 打开代码视图，将光标置于相应的位置，输入如下代码，插入 2 行 1 列的表格，此表格记为表格 1，如图 5-16 所示。

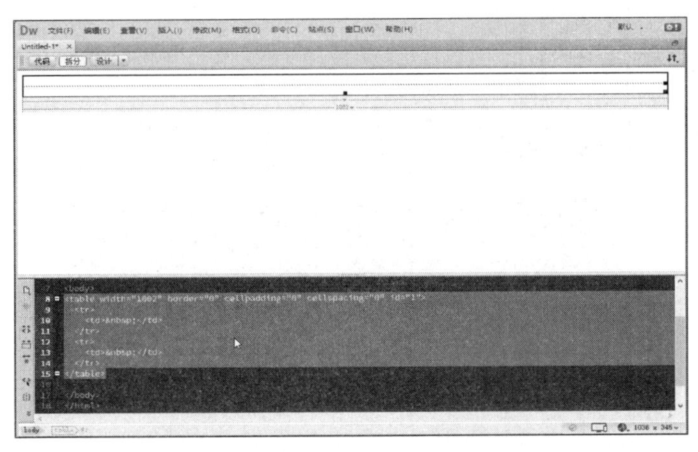

图 5-16

```
<table width="1002" border="0" cellpadding="0" cellspacing="0">
  <tr>
    <td> </td>
    <td> </td>
  </tr>
  <tr>
    <td> </td>
    <td> </td>
  </tr>
</table>
```

03 在表格 1 的第 1 行单元格中输入以下代码，插入图像文件，如图 5-17 所示。

```
<img src="images/2.jpg" width="1003" height="245" alt=""/>
```

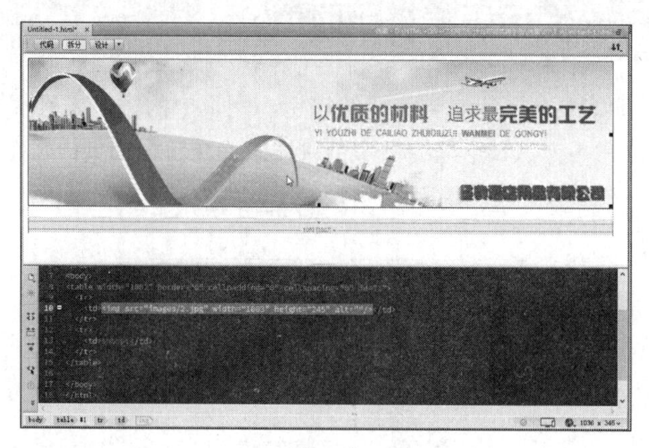

图 5-17

04 将光标置于表格 1 的第 2 行单元格中，输入以下代码，设置图像高度和背景颜色，如图 5-18 所示。

```
<td height="50" bgcolor="#018f60"></td>
```

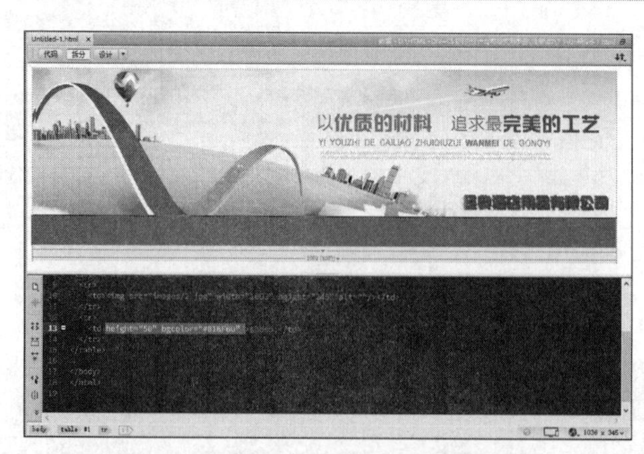

图 5-18

05 将光标置于表格 1 的第 2 行单元格中，输入以下代码，插入 1 行 6 列的表格，并在表格中输入导航文本，如图 5-19 所示。

```
<table width="95%" border="0" align="center">
      <tbody>
        <tr>
          <td style="font-size: 16px; color: #FFFFFF;"> 首页 </td>
          <td style="font-size: 16px; color: #FFFFFF;"> 公司简介 </td>
          <td style="font-size: 16px; color: #FFFFFF;"> 主营产品 </td>
          <td style="font-size: 16px; color: #FFFFFF;"> 新闻中心 </td>
          <td style="font-size: 16px; color: #FFFFFF;"> 人力资源 </td>
          <td style="font-size: 16px; color: #FFFFFF;"> 在线加盟 </td>
        </tr>
      </tbody>
</table>
```

图 5-19

06 将光标置于表格 1 的右侧，输入代码，插入 1 行 2 列的表格，此表格记为表格 2，如图 5-20 所示。

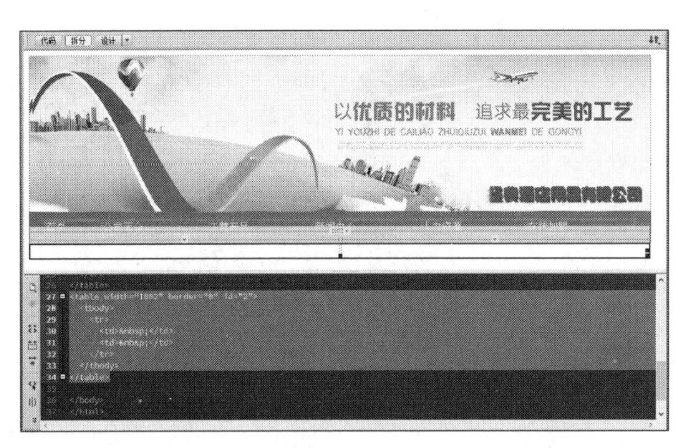

图 5-20

```
<table width="1002" border="0" id="2">
  <tbody>
    <tr>
      <td> </td>
      <td> </td>
```

```
      </tr>
    </tbody>
  </table>
```

07 将光标置于表格2的第1行单元格中，输入代码，插入2行1列的表格，此表格记为表格3，在第1行单元格中插入图像，在第2行单元格中输入导航文本，如图5-21所示。

```
  <table width="98%" border="0" cellpadding="5" cellspacing="5" id="3">
    <tbody>
    <tr>
     <td bgcolor="#C0FFE8"><img src="images/pic_list.jpg" width="229"
height="41" alt=""/></td>
            </tr>
            <tr>
              <td bgcolor="#c0ffe8"><dl>
                <dt> <strong> 酒店布草 </strong></dt>
                <dd> 客房布草 </dd>
                <dd> 高档台布 </dd>
                <dd> 客房布草 </dd>
                <dd> 酒店浴袍 </dd>
                <dd> 开苑经典 1.5 床酒店布草   床品 </dd>
                <dt><strong> 酒店床上用品 </strong></dt>
                <dd> 宾馆床品床尾巾 </dd>
                <dd> 宾馆被罩 </dd>
                <dd> 高档床上用品 </dd>
                <dd> 床上用品 </dd>
                <dd> 酒店布草 </dd>
                <dt><strong> 桌布椅套 </strong></dt>
                <dd> 台布口布 </dd>
                <dd> 餐厅椅套 </dd>
                <dd> 圆酒店台布 </dd>
                <dd> 高档椅套 </dd>
                <dd> 餐厅椅套 </dd>
                <dt><strong> 品牌家纺 </strong></dt>
                <dd> 品牌家纺 </dd>
                <dt><strong> 床单被罩 </strong></dt>
                <dd> 床单、被罩 </dd>
                <dd> 床单   被罩 </dd>
                <dd> 供应床单被罩 </dd>
                <dt><strong> 客房用品 </strong></dt>
                <dd> 客房用品电水壶 </dd>
                <dt><strong> 宾馆被子 </strong></dt>
                <dd> 酒店床上用品【酒店被子】 </dd>
                <dd> 宾馆床上用品 </dd>
                <dd> 宾馆被子 </dd>
              </dl></td>
            </tr>
          </tbody>
        </table>
```

图 5-21

08 使用同样的方法制作正文部分，保存文档，按 F12 键在浏览器中预览，效果如图 5-22 所示。

图 5-22

5.4 本章小结

表格是网页设计制作中不可缺少的重要元素，无论用于排列数据，还是在页面上对文本进行排版，表格都表现出了强大的功能。本章主要介绍创建并设置表格属性、表格的结构标记和使用表格排版网页的方法。通过对本章内容的学习，读者应能够合理地利用表格来排列数据，从而设计出版式漂亮的网页。

第 6 章　创建交互式表单

本章导读

在制作网页时，表单的用途很多，特别是制作动态网页时经常会用到。表单的作用就是收集用户的信息，并将其提交到服务器，从而实现与客户的交互，它是 HTML 页面与浏览器端实现交互的重要手段。

技术要点

1. 表单元素 <form>
2. 表单控件 <input>

6.1 表单元素 <form>

在网页中 <form></form> 标记对用来创建一个表单，即定义表单的开始和结束位置，在标记对之间的一切都属于表单的内容。在表单的 <form> 标记中，可以设置表单的基本属性，包括表单的名称、处理程序和传送方法等。在一般情况下，表单的处理程序 action 和传送方法 method 是必不可少的参数。

6.1.1 动作属性 action

action 用于指定表单数据提交到哪个地址进行处理。

基本语法

```
<form action=" 表单的处理程序 ">
…
</form>
```

语法说明

“表单的处理程序”是表单要提交的地址，这一地址可以是绝对地址，也可以是相对地址，还可以是一些其他形式的地址。

实例代码

```
<!DOCTYPE HTML>
<html>
<meta charset="utf-8">
<head>
<title> 程序提交 </title>
</head>
<body>
```

```
欢迎您预订本店的房间，您填写的预订表将被发送到酒店客房预订处，我们会在最短的时间内给您回复。
<form action="mailto:jiudian@.com">
</form>
</body>
</html>
```

加粗部分的代码为程序提交标记，这里将表单提交到电子邮件地址。

6.1.2　发送数据方式属性 method

表单的 method 属性用于指定在数据提交到服务器时使用哪种 HTTP 提交方法，可取值为 get 或 post。

基本语法

```
<form method=" 传送方法 ">
…
</form>
```

语法说明

“传送方法”的值只有两种，即 get 和 post。get：表单数据被传送到 action 属性指定的 URL，然后这个新 URL 被送到处理程序上；post：表单数据被包含在表单主体中，然后被送到处理程序上。

实例代码

```
<!DOCTYPE HTML>
<html>
<meta charset="utf-8">
<head>
<title> 传送方法 </title>
</head>
<body>
欢迎您预订本店的房间，您填写的预订表将被发送到酒店客房预订处，我们会在最短的时间内给您回复。
<form action="mailto:jiudian@.com" method="post" name="form1">
</form>
</body>
</html>
```

加粗部分的代码 method="post" 是传送方法。

6.1.3　名称属性 name

name 用于为表单命名，该属性不是表单的必要属性，但是为了防止表单提交到后台处理程序时出现混乱，一般需要为表单命名。

基本语法

```
<form name=" 表单名称 ">
```

```
…
</form>
```

语法说明

“表单名称”中不能包含特殊字符和空格。

实例代码

```
<!DOCTYPE HTML>
<html>
<meta charset="utf-8">
<head>
<title>表单名称</title>
</head>
<body>
欢迎您预订本店的房间，您填写的预订表将被发送到酒店客房预订处，我们会在最短的时间内给您回复。
<form action="mailto:jiudian@.com" name="form1">
</form>
</body>
</html>
```

加粗部分的代码 name="form1" 是表单名称标记。

6.2 表单对象 <input>

在网页中插入的表单对象包括文本域、复选框、单选按钮、提交按钮、复位按钮和图像域等。在 HTML 表单中，input 标记是最常用的表单标记，常见的文本字段和按钮都采用这个标记。

基本语法

```
<form>
<input type="表单对象" name="表单对象的名称">
</form>
```

在该语法中，name 是为了便于程序对不同表单对象进行区分，type 则是确定了这个表单对象的类型。type 所包含的属性值如表 6-1 所示。

表 6-1 type 所包含的属性值

属性值	说明
text	文本域
password	密码域
radio	单选按钮
checkbox	复选框
button	普通按钮
submit	提交按钮
reset	复位按钮
image	图像域

续表

属性值	说明
hidden	隐藏域
file	文件域

6.2.1　文本域 text

text 标记用来设置表单中的单行文本框，在其中可输入任何类型的文本，输入的内容以单行显示。

基本语法

```
<input name=" 文本字段的名称 " type="text" value=" 文本字段的默认取值 " size=
" 文本字段的长度 " maxlength=" 最多字符数 "/>
```

语法说明

在该语法中包含了很多参数，它们的含义和取值方法如表 6-2 所示。

表 6-2　文本字段 text 的参数值

属性值	说明
name	文本字段的名称，用于和页面中其他控件相区别。名称由英文或数字以及下画线组成，但有大小写之分
type	指定插入哪种表单对象，如 type = "text"，即为文本字段
value	设置文本字段的默认值
size	确定文本字段在页面中显示的长度，以字符为单位
maxlength	设置文本字段中最多可以输入的字符数

实例代码

```
<tr>
<td width="80">
<span class="style4">联系人：</span>
</td><td width="296">
<input name="textfield" type="text" size="20" maxlength="25">
</td>
</tr>
```

加粗的代码 <input name="textfield" type="text" size="20" maxlength="25"> 将文本域的名称设置为 textfield，长度设置为 20，最多可输入字符数设置为 25，在浏览器中预览，效果如图 6-1 所示。

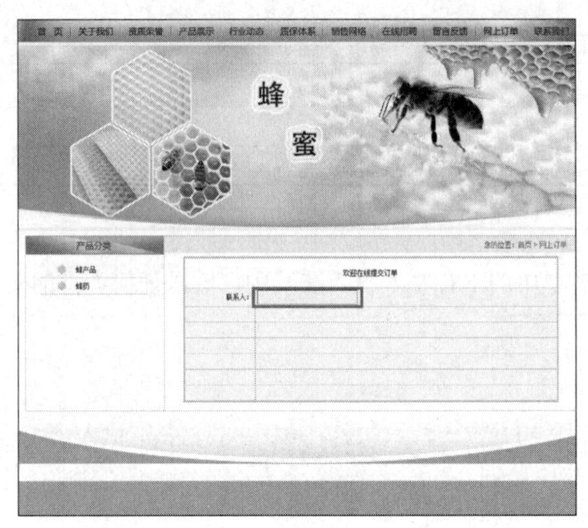

图 6-1

6.2.2 密码域 password

在表单中还有一种特殊的文本字段形式——密码域，输入到其中的文字均以星号“*”或圆点“●”显示。

基本语法

```
<input name=" 密码域的名称 " type="password" value=" 密码域的默认取值 "size=
" 密码域的长度 " maxlength=" 最多字符数 "/>
```

语法说明

在该语法中包含了很多参数，它们的含义和取值方法如表 6-3 所示。

表 6-3　密码域 password 的参数值

属性值	说明
name	密码域的名称，用于和页面中其他控件相区别。名称由英文、数字或下画线组成，有大小写之分
type	指定插入哪种表单对象
value	用来定义密码域的默认值，以“*”或“●”显示
size	确定密码域在页面中显示的长度，以字符为单位
maxlength	设置密码域中最多可以输入的字符数

实例代码

```
<td>
<input name="password" type="password" size="18" maxlength="20"
</td>
```

加粗的代码 <input name="password" type="password" size="18" maxlength="20"> 将密码域的名称设置为 password，长度设置为 18，最多字符数设置为 20，在浏览器中预览，效果如图 6-2 所示，当在密码域中输入内容时，将以“●”显示。

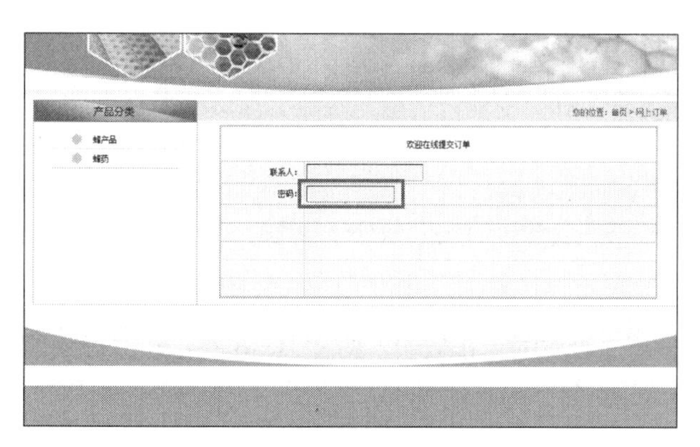

图 6-2

6.2.3　提交按钮 submit

提交按钮是一种特殊的按钮，单击该类按钮，可以实现表单内容的提交。

基本语法

```
<input type="submit" name=" 按钮的名称 " value=" 显示在按钮上的文字 " />
```

语法说明

在该语法中，value 用来设置显示在按钮上的文字。type="submit" 表示提交按钮。

实例代码

```
<td><input type="submit" name="button" value=" 提交 "></td>
```

<input type="submit" name="button" value=" 提交 "> 代码将按钮的名称设置为 button，取值设置为“提交”，在浏览器中预览，效果如图 6-3 所示。

图 6-3

6.2.4 复位按钮 reset

复位按钮可以清除用户在页面中输入的信息，将其恢复为默认的状态。

基本语法

```
<input type="reset" name=" 按钮的名称 " value=" 显示在按钮上的文字 " />
```

语法说明

在该语法中，value 用来设置显示在按钮上的文字，type="reset" 表示复位按钮。

实例代码

```
<tr>
<td> </td>
<td><input type="submit" name="button" value=" 提交 ">
<input type="reset" name="button2" value=" 复位 "></td>
</tr>
```

加粗的代码 <input type="reset" name="button2" value=" 复位 "> 将按钮的类型设置为 reset，取值设置为“复位”，在浏览器中预览，效果如图 6-4 所示。

图 6-4

6.2.5 图像域 image

图像域是指可以用在按钮位置的图像，使这幅图像具有按钮的功能。一般来说，使用默认的按钮形式往往会让人觉得单调，若网页使用了较为丰富的色彩，或者稍微复杂的设计，再使用表单默认的按钮形式甚至会破坏整体的美感。此时，可以使用图像域，从而创建和网页整体效果一致的图像按钮。

基本语法

```
<input name=" 图像域的名称 " type="image" src=" 图像域的地址 " />
```

语法说明

在语法中，“图像域的地址”可以是绝对的路径，也可以是相对的路径。

实例代码

```
<tr>
<td> </td>
<td><input type="submit" name="button" value="提交">
<input type="reset" name="button2" value="复位">
<input type="image" name="imageField" src="images/no.jpg"></td>
</tr>
```

加粗的代码 <input type="image" name="imageField" src="images/no.jpg"> 将图像域的名称设置为 imageField，地址设置为 images/no.jpg，在浏览器中预览，效果如图 6-5 所示。

图 6-5

6.2.6　普通按钮 button

表单中的按钮起着至关重要的作用，它可以完成提交表单的动作，也可以在用户需要修改表单时，将表单恢复到初始的状态，还可以依照程序的需要，发挥其他作用。普通按钮主要是配合 JavaScript 脚本来进行表单处理的。

基本语法

```
<input type="submit" name="按钮的名称" value="显示在按钮上的文字" onclick="
处理程序"/>
```

语法说明

在该语法中，value 的取值就是显示在按钮上的文字，在按钮中可以添加 onclick 来实现一些特殊的功能，onclick 是设置当鼠标按下按钮时所进行的处理。

实例代码

```
<tr>
<td> </td>
<td><input type="submit" name="button" value="提交">
<input type="reset" name="button2" value="复位">
<input type="submit" name="button" value="关闭窗口"onclick="window.close()"></td>
</tr>
```

加粗的代码 <input type="submit" name="button" value="关闭窗口"onclick="window.close()">将按钮的显示文字设置为“关闭窗口”，处理程序设置为 window.close()，在浏览器中预览，效果如图 6-6 所示，当单击“关闭窗口”按钮时会弹出一个关闭窗口提示框。

图 6-6

6.2.7 复选框 checkbox

在浏览者填写表单时，有一些内容可以通过选择的形式来实现。例如，常见的网上调查，表现形式为首先提出调查的问题，然后让浏览者在若干个选项中做出选择。复选框能够实现项目的多项选择功能，以一个方框表示。

基本语法

```
<input name="复选框的名称" type="checkbox" value="复选框的取值" checked/>
```

语法说明

在该语法中，checked 表示复选框在默认情况下已经被选中，一个选项中可以有多个复选框被选中。

实例代码

```
<tr class="systr">
<td align="right">订购规格：</td>
```

```
<td><input type="checkbox" name="checkbox" value="1"checked>
规格: 420g/ 瓶
<input type="checkbox" name="checkbox2" value="2">
规格: 250g/ 瓶
<input type="checkbox" name="checkbox3" value="3">
规格: 320g/ 瓶
<input type="checkbox" name="checkbox4"value="4">
规格: 500g/ 瓶 </td>
 </tr>
```

加粗的代码 <input name="checkbox"type="checkbox" value="1" checked> 将复选框的名称设置为 checkbox，取值设置为 1，并设置为已选中；<input name="checkbox2" type="checkbox" value="2"> 代码将复选框的名称设置为 checkbox2，取值设置为 2；<input name="checkbox3" type="checkbox" value="3"> 代码将复选框的名称设置为 checkbox3，取值设置为 3；<input name="checkbox4" type="checkbox" value="4"> 代码将复选框的名称设置为 checkbox4，取值设置为 4，在浏览器中预览，效果如图 6-7 所示。

图 6-7

6.2.8　单选按钮 radio

在网页中，单选按钮用来让浏览者进行单一选择，在页面中以圆框显示。

基本语法

```
<input name=" 单选按钮的名称 " type="radio" value=" 单选按钮的取值 " checked/>
```

语法说明

在该语法中，value 用于用户选中单选按钮后，传送到处理程序中的值，checked 表示这一单选按钮被选中，而在一个单选按钮组中只有一个单选按钮可以设置为 checked。

实例代码

```
<tr> <td class="style4">性别：</td>
 <td><input type="radio" name="radio" value=" 龙眼蜂蜜 " checked>
<span class="style4">龙眼蜂蜜 <input type="radio" name="radio" value=" 雪脂莲蜂蜜 "> 雪脂莲蜂蜜 </span>
</td>
</tr>
```

加粗的代码 <input type="radio" name="radio" value=" 龙眼蜂蜜 " checked> 将单选按钮的名称设置为 radio，取值设置为“龙眼蜂蜜”，并设置为已选中；<input type="radio" name="radio" value=" 雪脂莲蜂蜜 "> 代码将单选按钮的名称设置为 radio，取值设置为“雪脂莲蜂蜜”。在浏览器中预览，效果如图 6-8 所示。

图 6-8

6.2.9 隐藏域 hidden

隐藏域在页面中对于用户来说是看不见的。在表单中插入隐藏域的目的在于收集和发送信息，以便于被处理表单的程序所使用。发送表单时，隐藏域的信息也被一起发送到服务器。

基本语法

```
<input name=" 隐藏域的名称 " type="hidden" value=" 隐藏域的取值 " />
```

语法说明

通过将 type 属性设置为 hidden，可以根据需要在表单中使用任意多的隐藏域。

实例代码

```
<td class="style4">密码：</td>
<td><input name="password" type="password" size="18" maxlength="20" id="password">
<input type="hidden" name="hiddenField" value="1">
```

```
    </td>
    </tr>
```

加粗的代码 <input type="hidden" name="hiddenField" value="1"> 将隐藏域的名称设置为 hiddenField，取值设置为 1，在浏览器中预览，效果如图 6-9 所示。

图 6-9

6.3 综合实例——用户注册表单页面

本章前面所讲解的只是表单的基本构成标记，而表单的 <form> 标记只有和它所包含的具体控件相结合才能真正实现表单收集信息的功能。下面就以一个完整的表单提交案例，对表单中各种功能的控件的添加方法加以说明，具体操作步骤如下。

01 使用 Dreamweaver 打开网页文档，如图 6-10 所示。

图 6-10

02 打开拆分视图，在 <body> 和 </body> 之间相应的位置输入代码 <form ></form>，插入表单，如图 6-11 所示。

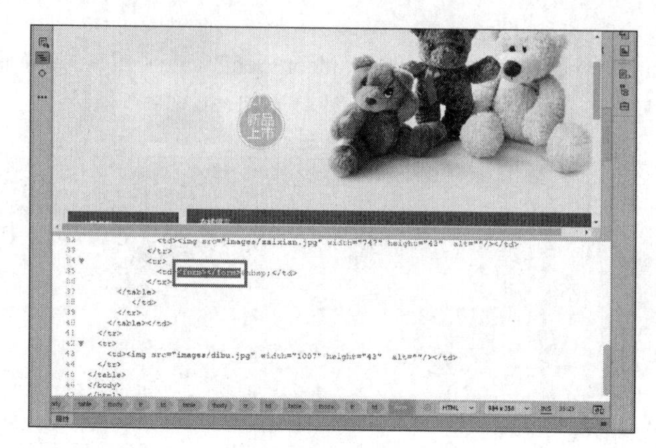

图 6-11

03 打开拆分视图，在代码中输入代码“<form action=" mailto:xx163@.126.com" ></form>”，将表单中收集到的内容以电子邮件的形式发送出去，如图 6-12 所示。

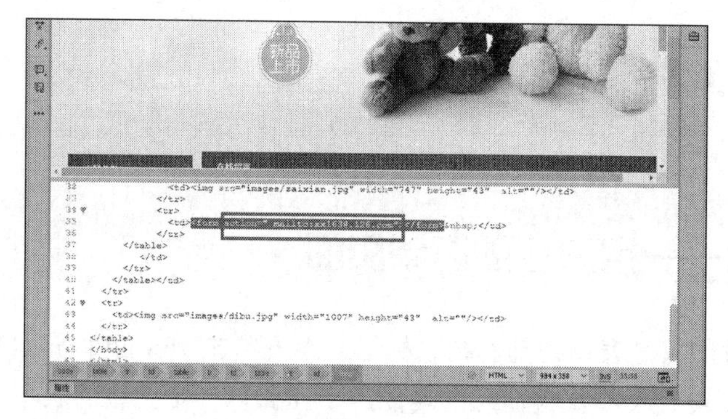

图 6-12

04 在代码视图中输入代码，在 <form> 标记中输入 method="post" id="form1" 代码，将表单的传送方式设置为 post，名称设置为 form1，此时的代码如下，如图 6-13 所示。

```
<form action=" mailto:xx163@.126.com" method="post" id="form1"></form>.
```

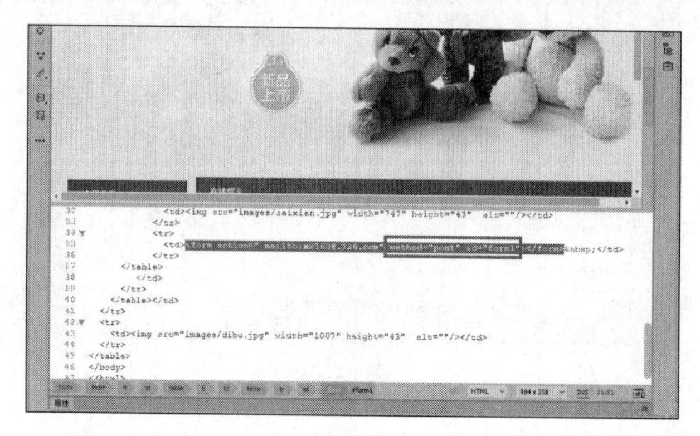

图 6-13

05 在 <form> 和 </form> 标记之间输入代码 <table>......</table>，插入 6 行 2 列的表格，将表格宽度设置为 85%，单元格边距设置为 5，如图 6-14 所示。

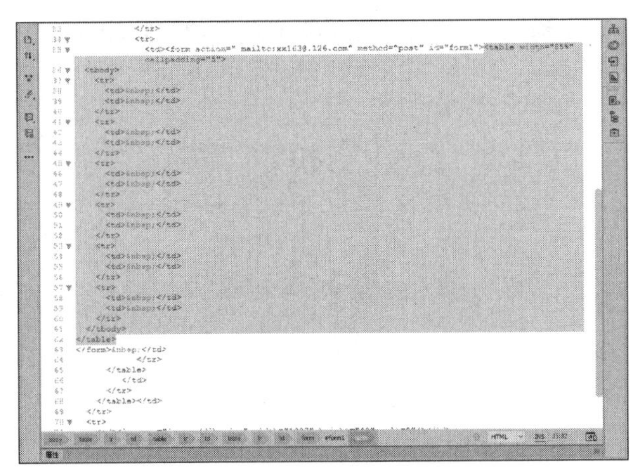

图 6-14

06 打开拆分视图，将光标置于表格的第 1 行第 1 列单元格中，在 <form> 和 </form> 之间相应的位置输入代码“<td > 姓名：</td>”，如图 6-15 所示。

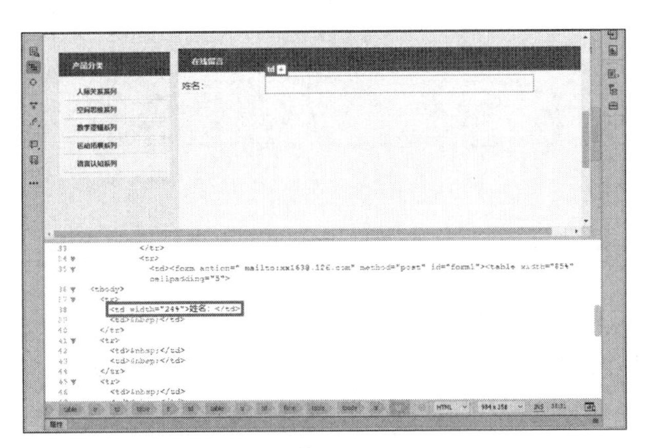

图 6-15

07 打开拆分视图，将光标置于表格的第 1 行第 2 列单元格中，输入文本域代码 <input name="textfield" type="text" id="textfield" size="30" maxlength="25">，插入文本域，如图 6-16 所示。

08 同样，在其他表格的第 1 列单元格中输入相应的文字，在第 2 列单元格中输入文本域代码，如图 6-17 所示。

```
    <td> 联系电话：</td>
    <td><input name="textfield2" type="text" id="textfield2" size="20" max-
length="25"></td> <tr>
    <td>Email：</td>
    <td><input name="textfield3" type="text" id="textfield3" size="40" max-
```

```
length="25">
    </td>
```

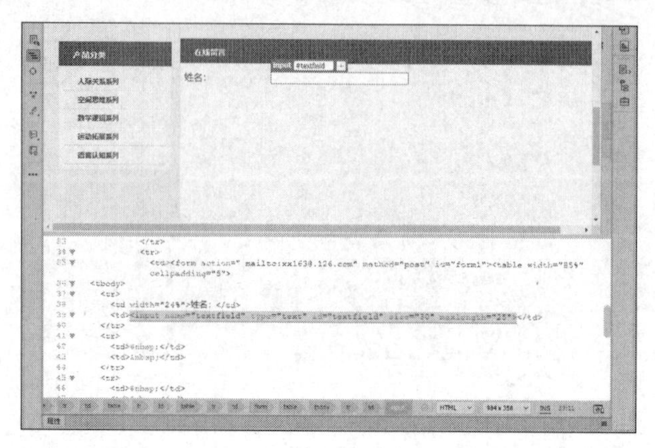

图 6-16

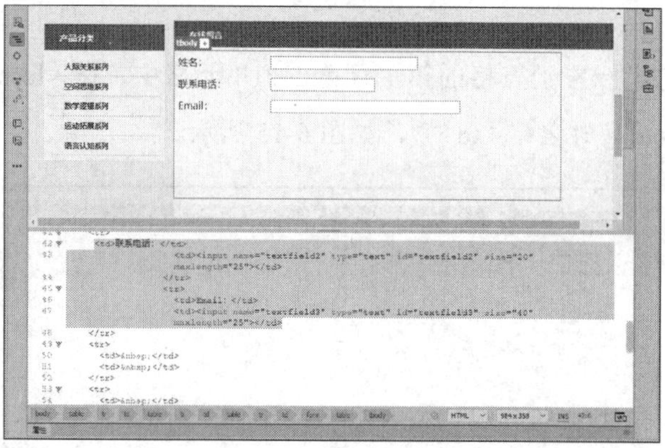

图 6-17

09 打开拆分视图，将光标置于表格的第 4 行第 1 列单元格中，输入“<td> 性别：</td>”，在第 2 列单元格中输入单选按钮代码，如图 6-18 所示。

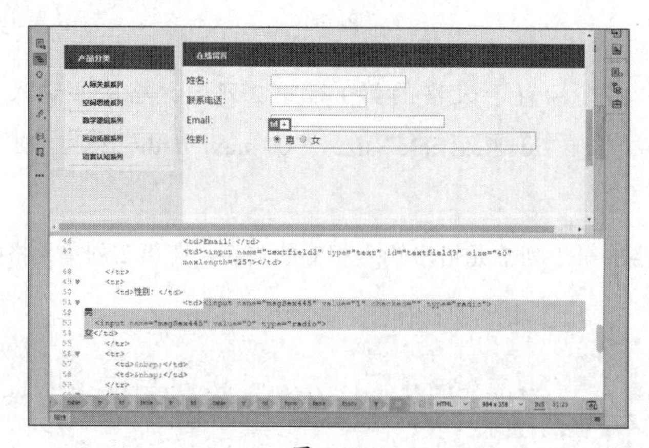

图 6-18

```
    <input name="msgSex445" value="1" checked="" type="radio">男<input
name="msgSex445" value="0" type="radio">女
```

10 打开拆分视图，将光标置于表格的第 5 行第 1 列单元格中，输入文字“留言内容：”，在第 2 列单元格中输入列表 / 菜单代码，如图 6-19 所示。

```
    <td>留言内容：</td>
    <td><textarea name="textarea"cols="45"rows="5"id="textarea"></textarea>
    </td>
```

产品分类
在线留言
人际关系系列
空间思维系列
数学逻辑系列
运动拓展系列
语言认知系列
姓名:
联系电话:
Email:
男 女
留言内容:

```
51                    <td><input name="msgSex445" value="1" checked="" type="radio">
52  男
53    <input name="msgSex445" value="0" type="radio">
54  女</td>
55      </tr>
56      <tr>
57        <td>留言内容: </td>
58                    <td><textarea name="textarea" cols="45" rows="5" id="textarea"></textarea></td>
59      </tr>
60      <tr>
61        <td> </td>
62        <td> </td>
63      </tr>
64      <tr>
65        <td> </td>
```

body table tr td table tr td table tr td form table tbody HTML 984 x 358 INS 58:100
属性

图 6-19

11 打开拆分视图，将光标置于表格的第 6 行单元格中，输入按钮代码，如图 6-20 所示。

```
    <td><input type="submit" name="submit" id="submit" value="提交">
    <input type="reset" name="reset" id="reset" value="重置"></td>
```

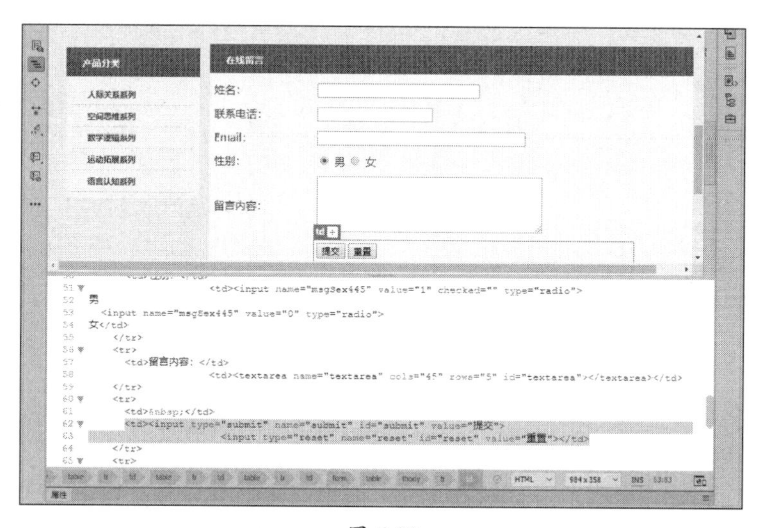

图 6-20

12 保存文档，按 F12 键预览表单，效果如图 6-21 所示。

图 6-21

6.4 本章小结

本章主要讲述了表单元素和表单控件的使用方法。通过对本章内容的学习，使读者能够更深刻地了解到它在实际操作中的应用。表单是浏览者与网站之间实现交互的工具，几乎所有的网站都离不开表单。表单可以把用户的信息提交给服务器，服务器根据表单处理程序再将这些数据进行处理，并反馈给用户，从而实现用户与网站之间的交互。

第7章　HTML 5 绘图 Canvas 和 SVG

本章导读

Canvas 和 SVG 可以绘制图形，但本质上是不同的，它们虽然都用于绘制 2D 图像，但 Canvas 元素用于图形的绘制，通过脚本（通常是 JavaScript）来完成，Canvas 标签只是图形容器，必须使用脚本来绘制图形。可以通过多种方法使用 Canvas 绘制路径、矩形、圆形、字符以及添加图像，SVG 使用 XML 绘制图形，可以为 SVG 添加 JavaScript 的事件处理器，所有的 DOM 都可以用，属性发生变化，浏览器会自动重新绘制图形。

技术要点

1. Canvas 绘制基本图形
2. 颜色和样式选项
3. 变换
4. SVG 的使用

7.1　Canvas 绘制基本图形

在 HTML 5 中 Canvas 元素用于在网页上绘制图形，该元素标签的强大之处在于可以直接在 HTML 上进行图形操作，具有极大的应用价值。

7.1.1　Canvas 元素

Canvas 元素可以说是 HTML 5 元素中功能最强大的一个。Canvas 元素本身是没有绘图能力的，所有的绘制工作必须在 JavaScript 内部完成。画布是一个矩形区域，可以控制每个像素。Canvas 拥有多种绘制路径、矩形、圆形、字符以及添加图像的方法。

基本语法

```
<canvas id="myCanvas" width="100" height="50"></canvas>
```

语法说明

Canvas 元素要求至少设置 width 和 height 特性，以指定要创建的绘图区域大小。任何在起始和结束标签之间的内容都是候选内容，它们当浏览器不支持 Canvas 元素时便会显示。

实例代码

```
<!DOCTYPE HTML>
<html>
<head>
<meta charset="utf-8">
```

```
<title>canvas 元素 </title>
        <style>
            body { background:#ffffff; }
            #canvas {margin:20px;
                padding:20px;
                background:#fc0;
                border: medium inset #02bd9d; }
        </style>
    </head>
<body>
<canvas id='canvas' width='400' height='300'>
        Canvas not supported
    </canvas>
</body>
</html>
```

本例使用了 Canvas 元素，为其指定了一个标识符，并设置了该元素的宽度与高度，使用了 CSS 来设置应用程序的背景色，以及 Canvas 元素自身的某些属性，预览效果如图 7-1 所示。

图 7-1

7.1.2 绘制直线

在 Canvas 中，基本图形有两种，一种是直线，另一种是曲线。Canvas 中绘制直线可以使用 moveTo 和 lineTo 两个方法，变量为（x 坐标 , y 坐标），strokeStyle、stroke 分别为路径绘制样式和绘制路径。

基本语法

```
moveTo(x,y): 定义线条开始坐标
lineTo(x,y): 定义线条结束坐标
stroke(): 通过线条来绘制图形轮廓
```

下面绘制一条起点是 (30,50)，终点是 (350,200) 的直线线条，使用 lineWidth、strokeStyle 属性分别设置线条的宽度为 8，颜色为 red。

实例代码

```
<!DOCTYPE HTML>
<html>
    <head>
        <meta charset="utf-8"/>
```

```
        </head>
        <style type="text/css">
            canvas{border:dashed 2px #ccc}
        </style>
        <script type="text/javascript">
            function $$(id){
                return document.getElementById(id);
            }
            function pageLoad(){
                var can = $$('can');
                var cans = can.getContext('2d');
                cans.moveTo(30,50);     //第一个起点
                cans.lineTo(350,200);   //第二个终点
                        cans.lineWidth=8;
                cans.strokeStyle = 'red';
                cans.stroke();
            }
        </script>
        <body onload="pageLoad();">
            <canvas id="can" width="400px" height="230px"></canvas>
        </body>
    </html>
```

预览效果如图 7-2 所示。

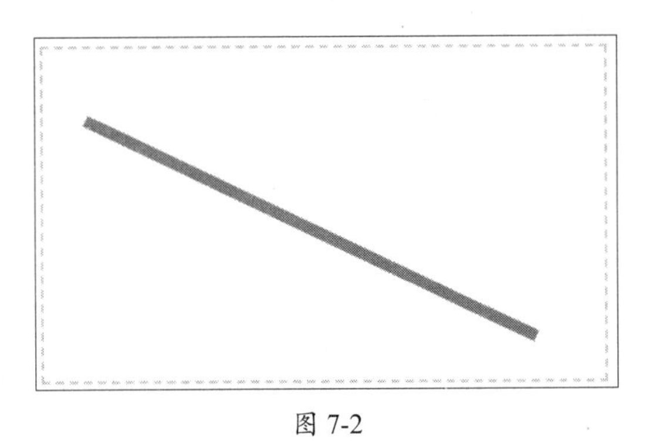

图 7-2

7.1.3　绘制矩形

1. 绘制实心矩形

可以使用 fillRect() 方法绘制实心矩形，其填充颜色从绘图上下文的 fillStyle 属性获取。利用 fillRect() 方法绘制已填充的矩形，默认的填充颜色为黑色。

基本语法

```
context.fillRect(x,y,width,height);
```

语法说明

- x：矩形左上角的 x 坐标。
- y：矩形左上角的 y 坐标。

- width：矩形的宽度，以像素为单位。
- height：矩形的高度，以像素为单位。

下面创建一个实心矩形，颜色为绿色，宽度为300，高度为250，左上角x坐标和y坐标分别为30、30，如图7-3所示。

实例代码

```
<!DOCTYPE HTML>
<html>
<head>
<meta charset="utf-8">
<title>绘制矩形</title>
</head>
<body>
<canvas id="myCanvas" width="350" height="350" style="border:1px solid
#d3d3d3;">
</canvas>
<script>
var canvas = document.getElementById("myCanvas");
var context = canvas.getContext("2d");
 //填充颜色
context.fillStyle = "yellow";
//绘制实心矩形
context.fillRect(30,30,300,250);
</script>
</body>
</html>
```

图 7-3

2. 绘制矩形边框

可以使用strokeRect()方法绘制矩形边框，该方法按照指定的位置和大小绘制一个矩形的边框（但并不填充矩形的内部）。线条颜色和线条宽度由strokeStyle和lineWidth属性指定。

基本语法

```
strokeRect(x, y, width, height);
```

语法说明

- x：矩形左上角的 x 坐标。
- y：矩形左上角的 y 坐标。
- width：矩形的宽度，以像素为单位。
- height：矩形的高度，以像素为单位。

下面创建一个矩形边框，颜色为红色，宽度为 250，高度为 200，左上角 x 坐标和 y 坐标分别为 50、50，线条宽度为 15 的矩形边框，如图 7-4 所示。

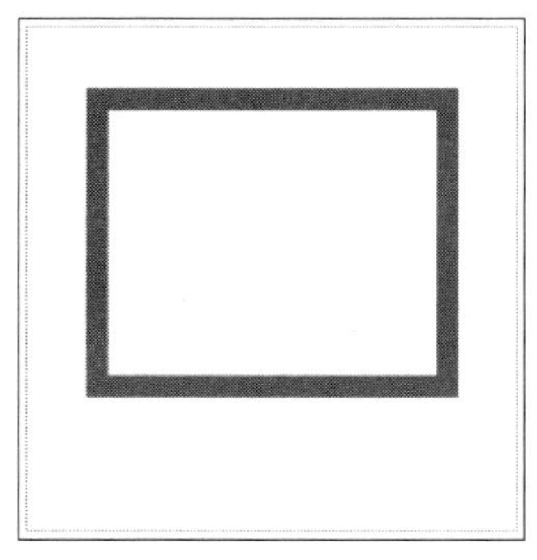

图 7-4

实例代码

```
<!DOCTYPE HTML>
<html>
<head>
<meta charset="utf-8">
<title> 绘制矩形 </title>
</head>
<body>
<canvas id="myCanvas" width="350" height="350" style="border:1px solid
#d3d3d3;">
</canvas>
<script>
var canvas = document.getElementById("myCanvas");
var context = canvas.getContext("2d");
// 边框线条宽度
context.lineWidth = 15;
// 边框线条颜色
context.strokeStyle = "red";
// 绘制矩形边框
context.strokeRect(50,50,250,200)
</script>
</body>
</html>
```

7.1.4 绘制三角形

下面通过实例演示使用路径绘制一个三角形并进行填充的方法。

基本语法

```
closePath()
```

绘制一条 L 形路径，然后绘制线条以返回开始点，创建从当前点到开始点的路径。

下面绘制三角形，路径绘制完毕后，要调用 closePath() 来明确地关闭路径。closePath() 会自动在最后一个绘制点与绘制起点间绘制一条线，如图 7-5 所示。

实例代码

```
<!DOCTYPE HTML>
<html>
<head>
<meta charset="utf-8">
<title>绘制三角形</title>
</head>
<body>
<canvas id="myCanvas" width="300" height="200" style="border:1px solid #d3d3d3;">
</canvas>
<script>
var canvas = document.getElementById("myCanvas");
var context = canvas.getContext("2d");
//绘制路径
context.moveTo(150, 50);
context.lineTo(100, 150);
context.lineTo(200,150);
context.closePath();
//填充内部
context.fillStyle = "yellow";
context.fill();
 //绘制轮廓
context.lineWidth = 20;
context.strokeStyle = "#cd2658";
context.stroke();
</script>
</body>
</html>
```

图 7-5

7.1.5 绘制圆弧

圆弧就是圆上的一部分。要绘制圆弧必须确定圆形的坐标、圆的半径、圆弧的起点角度和终点角度。其中，起点角度和终点角度都要用弧度表示，即常量 pi 的倍数（1pi 是半圆，2pi 是整圆）。

基本语法

```
arc(x, y, r, startAngle, endAngle, anticlockwise)
```

语法说明

以 (x, y) 为圆心，以 r 为半径，从 startAngle 弧度开始到 endAngle 弧度结束。anticlockwise 是布尔值，true 表示逆时针，false 表示顺时针（默认是顺时针）。

注意：

这里的度数都是弧度，0弧度是指的x轴正方向。

下面使用 arc() 方法绘制一段圆弧，如图 7-6 所示。

实例代码

```
<!DOCTYPE HTML>
<html>
<head>
<meta charset="utf-8">
<title>绘制圆弧</title>
</head>
<body>
<canvas id="myCanvas" width="350" height="320" style="border:1px solid #d3d3d3;">
</canvas>
<script>
var canvas = document.getElementById("myCanvas");
var context = canvas.getContext("2d");
context.lineWidth = 15;
context.strokeStyle = "#cd2828";
// 创建变量，保存圆弧的各方面信息
var centerX = 150;
var centerY = 150;
var radius = 120;
var startingAngle = 0 * Math.PI;
var endingAngle = 1.2 * Math.PI;
 // 使用确定的信息绘制圆弧
context.arc(centerX, centerY, radius, startingAngle, endingAngle);
context.stroke();
</script>
</body>
</html>
```

如果想画一个整圆，只需要将起点角度设为0，终点角度设为2pi即可，如图7-7所示。

```
var endingAngle = 2 * Math.PI;
```

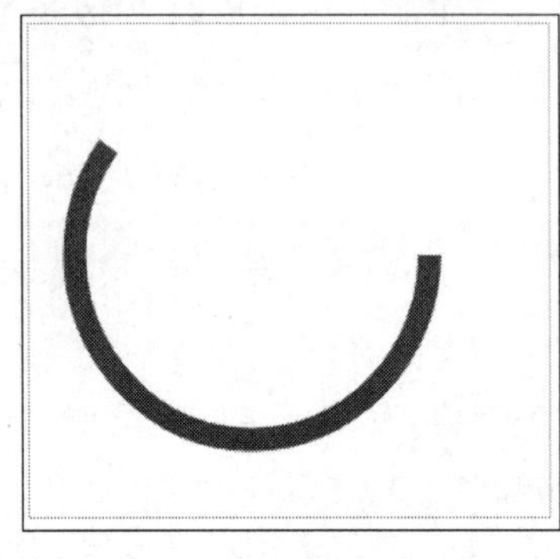

图 7-6

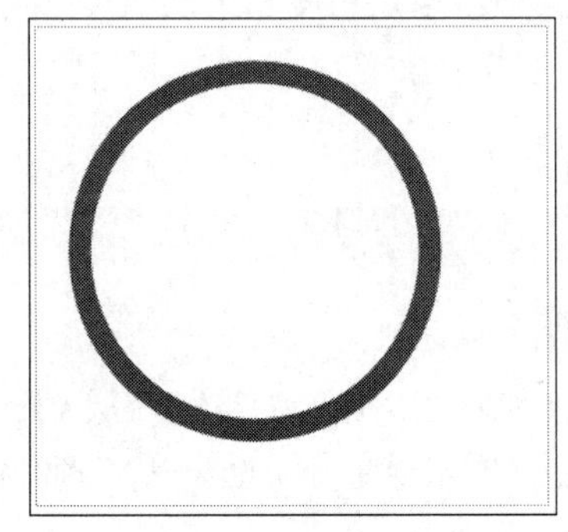

图 7-7

7.1.6 绘制贝塞尔曲线

贝塞尔曲线，又称贝兹曲线或贝济埃曲线，是应用于二维图形应用程序的数学曲线。一般的矢量图形软件都通过贝塞尔曲线来精确画出曲线，贝塞尔曲线由线段与节点组成，节点是可拖动的点，线段像可伸缩的皮筋，我们在绘图软件中看到的钢笔工具就是来绘制这种矢量曲线的。

贝塞尔曲线是计算机图形学中相当重要的参数曲线，在一些比较成熟的位图软件中也有贝塞尔曲线工具，如Photoshop等。

下面绘制一条贝塞尔曲线，代码如下，如图7-8所示。

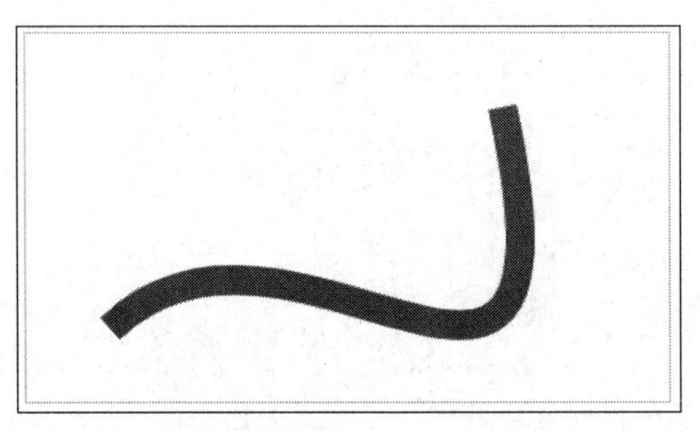

图 7-8

实例代码

```
<!DOCTYPE HTML>
<html>
<head>
<meta charset="utf-8">
<title> 绘制贝塞尔曲线 </title>
</head>
<body>
<canvas id="myCanvas" width="450" height="250" style="border:1px solid
#d3d3d3;">
</canvas>
```

```
<script>
var canvas = document.getElementById("myCanvas");
var context = canvas.getContext("2d");
context.lineWidth = 20;
context.strokeStyle = "#df2828";
 // 把笔移动到起点位置
context.moveTo(60, 200);
 // 创建变量，保存两个控制点以及曲线终点信息
var control1_x = 187;
var control1_y = 80;
var control2_x = 400;
var control2_y = 350;
var endPointX = 335;
var endPointY = 50;
 // 绘制曲线
context.bezierCurveTo(control1_x, control1_y, control2_x, control2_y,
endPointX, endPointY);
context.stroke();
</script>
</body>
</html>
```

7.2 颜色和样式选项

在 HTML 5 中，Canvas 标签用于绘制图像，它有很多属性，下面来介绍如何设置 canvas 的样式。

7.2.1 应用不同的线型

虽然使用 Canvas 中的 API 可以很轻松地绘制出线段，但其中还有不少的细节需要了解。Canvas 中的线型主要包括线宽、线段端点和线段拐角类型 3 部分。

- lineWidth：设置或返回当前的线条宽度。
- lineCap：设置或返回线条的结束端点样式。
- lineJoin：设置或返回两条线相交时，所创建的边角类型。
- miterLimit：设置或返回最大斜接长度。

1. 设置线条宽度

在 Canvas 中通过 lineWidth 属性来定义线条的粗细，可以给其指定一个 value 值，在没有显示设置 lineWidth 值时，默认值为 1。

下面创建一个线条宽度为 5 的矩形边框，代码如下，如图 7-9 所示。

```
<script>
var c=document.getElementById("myCanvas");
var ctx=c.getContext("2d");
ctx.lineWidth=5;
ctx.strokeRect(20,20,80,100);
</script>
```

将 lineWidth 改为 15，如图 7-10 所示，可以看到矩形的线条变粗了。

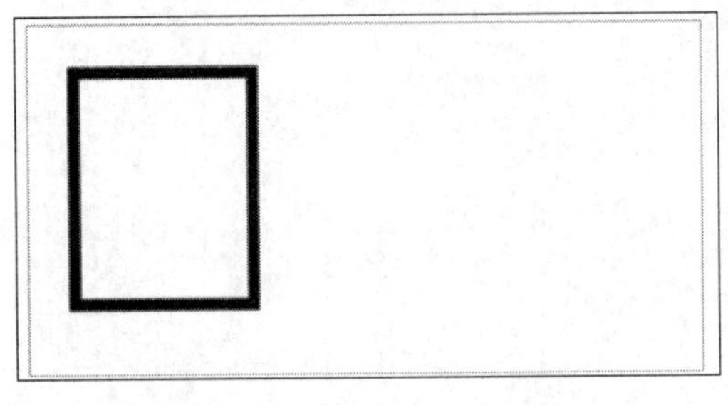

图 7-9

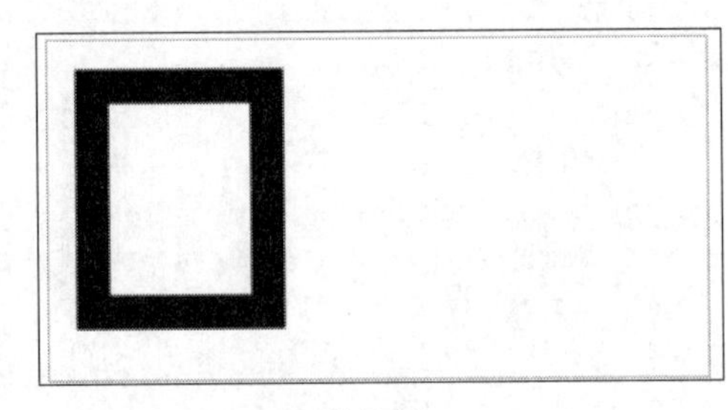

图 7-10

2. 设置端点样式

在绘制线段时，可以使用 lineCap 属性控制线段端点（也称为线帽）。lineCap 有 3 个值，分别是：butt、round 和 square，其中默认值为 butt。

基本语法

```
lineCap = type;
```

语法说明

- butt：线段末端以方形结束。
- round：线段末端以圆形结束。
- square：线段末端以方形结束，但是增加了一个和线段相同的宽度。

不同的端点样式如图 7-11 所示。

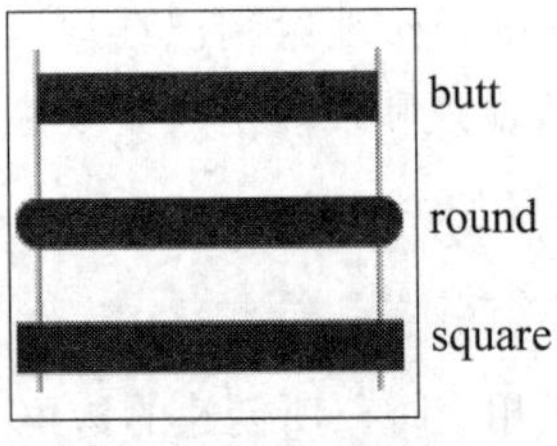

图 7-11

3. 设置连接处边角类型

当两条线交汇时，lineJoin 属性设置或返回所创建边角的类型。

基本语法

```
lineJoin = type;
```

语法说明

设置连接处样式，type 默认为 miter，可选值分别为 round、bevel 和 miter。

- round：创建圆角。
- bevel：创建斜角。

- miter：创建尖角。默认。

不同的连接处边角类型如图7-12所示。

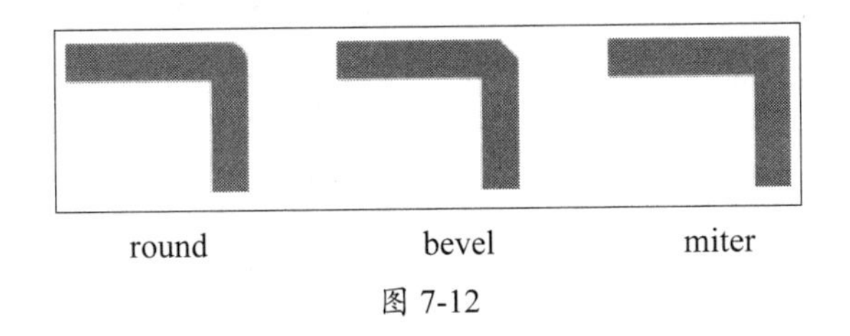

图 7-12

4. 设置最大斜接长度

miterLimit属性设置或返回最大斜接长度，斜接长度是指，在两条线交汇处内角和外角之间的距离。

基本语法

```
miterLimit = value;
```

语法说明

规定最大斜接长度，默认值为10，当斜面的长度达到线条宽度的10倍时，就会变为斜角，只有当lineJoin属性为miter时，miterLimit才有效。

不同的连接处边角类型如图7-13所示。

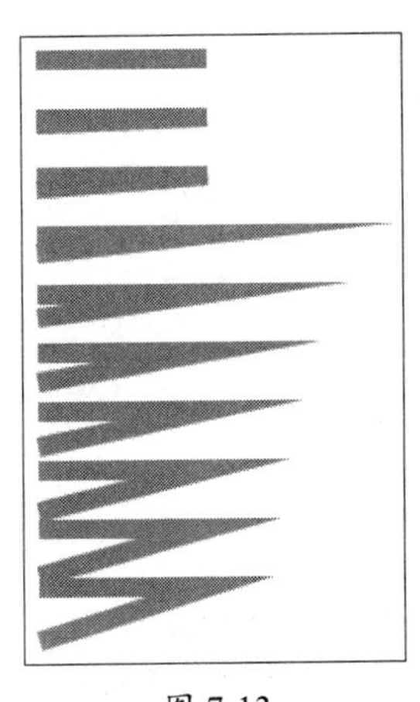

图 7-13

7.2.2　绘制线性渐变

线性渐变就是颜色有逐渐变化的效果，线性渐变沿着一条直线，从一种颜色过渡到另外一种颜色。一个线性渐变可以具有多种颜色，每一种颜色在路径上具有独立的位置。

基本语法

```
createLinearGradient(x1,y1,x2,y2);
addColorStop(position,color);
```

语法说明

参数x1、y1为渐变的起点，x2、y2为渐变的终点。

参数position表示渐变中色标的相对位置（或称“偏移值”），必须是一个0～1的浮点值。

渐变起点的偏移值为0，终点的偏移值为1。如果position值为0.5，则表示色标会出现在渐变的正中间。

本例通过调用createLinearGradient()方法创建线性渐变。这个方法接受4个参数：起点的x坐标、起点的y坐标、终点的x坐标、终点的y坐标。调用这个方法后，会创建一个指定大小的渐变。

创建了渐变对象后，下一步就是使用addColorStop()方法来指定色标。这个方法接受两个参数：色标位置和CSS颜色值。色标位置是一个0（开始的颜色）到1（结束的颜色）之间的数值。

实例代码

```
<!DOCTYPE HTML>
<html>
<head>
<meta charset="utf-8">
<title>线性渐变</title>
<style>
body { background-color:#eeeeee; }
#outer  {margin-left:40px;
margin-top:40px;}
</style>
</head>
<body>
<div id="outer">
<canvas id="canvas1" width="400" height="400">
Your browser doesn't support the canvas! Try another browser.
</canvas>
</div>
<script>
var mycanvas=document.getElementById("canvas1");
var cntx=mycanvas.getContext('2d');
var mygradient=cntx.createLinearGradient(30,30,300,300);
mygradient.addColorStop("0","#ec0");
mygradient.addColorStop(".50","#0f0");
mygradient.addColorStop(".60","#390");
mygradient.addColorStop(".80","#00c");
mygradient.addColorStop("1.0","#7ff");
cntx.fillStyle=mygradient;
cntx.fillRect(0,0,400,400);
</script>
</body>
</html>
```

代码中5个颜色点中的每个都按照从0到1的位置顺序进行排列，并设置了相应的颜色。即使将颜色点的范围设置为从0到1，但Canvas的尺寸为400像素×400像素，另外，渐变也被设置为Canvas上从坐标（30, 30）到（300, 300）的位置。在浏览器中预览，可以看到一个具有5个颜色点的线性渐变，效果如图7-14所示。

图 7-14

7.2.3　绘制径向渐变

径向渐变是从一个点向外围扩散的渐变颜色变化，可以使用 createRadialGradient 方法创建径向渐变。用于创建线性渐变的 createLinearGradient 方法仅接受 4 个参数，与之不同的是，创建径向渐变的 createRadialGradient 方法需要接收 6 个参数。最好将用于定义径向渐变的 6 个参数视为两组参数，每一组包含 3 个参数，每一组参数用于建立一个圆的原点和半径。只要为这两个圆设置不同的参数，即可创建径向渐变效果。

基本语法

```
context.createRadialGradient(x0,y0,r0,x1,y1,r1);
```

语法说明

- x0：渐变的开始圆的 x 坐标。
- y0：渐变的开始圆的 y 坐标。
- r0：开始圆的半径。
- x1：渐变的结束圆的 x 坐标。
- y1：渐变的结束圆的 y 坐标。
- r1：结束圆的半径。

创建径向渐变的步骤如下。

01 创建径向渐变对象 createRadialGradient(x0,y0,r0,x1,y1,r1)。

02 设置渐变颜色 addColorStop(position,color)，position 为 0.0 ～ 1.0 的值，表示渐变的相对位置；color 是一个有效的 CSS 颜色值。

03 设置画笔颜色为该径向渐变对象。

04 画图。

实例代码

```
<!DOCTYPE HTML>
```

```
<html>
<head>
<meta charset="utf-8">
<title>径向渐变</title>
<style>
body { background-color:#eeeeee; }
#outer  {margin-left:40px;
margin-top:40px;}
</style>
</head>
<body>
<div id="outer">
<canvas id="canvas1" width="400" height="400">
Your browser doesn't support the canvas! Try another browser.
</canvas>
</div>
<script>
var mycanvas=document.getElementById("canvas1");
var cntx=mycanvas.getContext('2d');
var mygradient=cntx.createRadialGradient(100,100,10,300,300,300);
mygradient.addColorStop("0","#cc3");
mygradient.addColorStop(".30","#0f0");
mygradient.addColorStop(".50","#690");
mygradient.addColorStop(".75","#f0c");
mygradient.addColorStop("1.0","#0ff");
cntx.fillStyle=mygradient;
cntx.fillRect(0,0,400,400);
</script>
</body>
</html>
```

与线性渐变类似，径向渐变也使用颜色点来定义颜色渐变的分界点。用于创建径向渐变的参数定义了两个圆形，预览效果如图 7-15 所示。

图 7-15

注意：在绘制径向渐变时，可能会因为 Canvas 的宽度或者高度设置有误，导致径向渐变显示不完全，需要重新调整 Canvas 的尺寸。

7.3 变换

很多时候，绘制的图形并不能达到我们预期的效果，此时适当运用图形的变换（如旋转和缩放等），可以创建出大量复杂多变的图形。

7.3.1　平移变换

translate(x, y) 用来移动 Canvas 的原点到指定的位置。发生平移后，相当于把画布的（0, 0）坐标更换到新的（x, y）位置，所有绘制的新元素都被影响。

基本语法

```
translate(x,y);
```

语法说明

- x：左右偏移量。
- y：上下偏移量。

下面的代码是在位置（10, 10）处绘制一个矩形，将新的（0, 0）位置设置为（150, 150），再次绘制新的矩形。注意：现在矩形从位置（160, 160）开始绘制，如图 7-16 所示。

实例代码

```
<!DOCTYPE HTML>
<html>
<head>
<meta charset="utf-8">
<body>
<canvas id="myCanvas" width="400" height="300" style="border:1px solid
#d3d3d3;">
</canvas>
<script>
var c=document.getElementById("myCanvas");
var ctx=c.getContext("2d");
ctx.fillRect(10,10,150,120);
ctx.translate(150,150);
ctx.fillRect(10,10,150,120);
</script>
</body>
</html>
```

图 7-16

7.3.2 缩放变换

scale() 方法可以缩小或者放大当前绘图。

基本语法

```
context.scale(scalewidth,scaleheight)
```

语法说明

- scalewidth：缩放当前绘图的宽度（1=100%, 0.5=50%, 2=200%，依次类推）。
- scaleheight：缩放当前绘图的高度（1=100%, 0.5=50%, 2=200%，依次类推）。

下面代码绘制一个矩形，放大到 250%，再次绘制矩形；放大到 250%，再次绘制矩形；放大到 250%，再次绘制矩形。如图 7-17 所示。

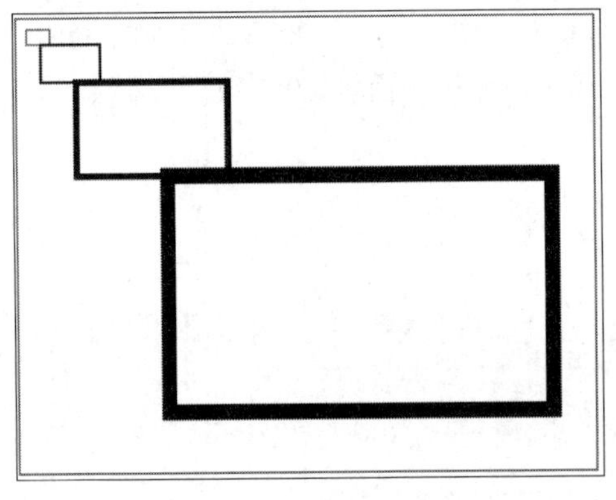

图 7-17

```
<!DOCTYPE HTML>
<html>
<head>
<meta charset="utf-8">
<body>
<canvas id="myCanvas" width="590" height="450" style="border:2px solid
#e1171b;">
</canvas>
<script>
var c=document.getElementById("myCanvas");
var ctx=c.getContext("2d");
ctx.strokeRect(10,10,25,15);
ctx.scale(2.5,2.5);
ctx.strokeRect(10,10,25,15);
ctx.scale(2.5,2.5);
ctx.strokeRect(10,10,25,15);
ctx.scale(2.5,2.5);
ctx.strokeRect(10,10,25,15);
</script>
</body>
</html>
```

7.3.3　旋转变换

rotate() 方法用于旋转当前的绘图。此方法只接受一个参数——旋转的角度，它是顺时针方向的，以弧度为单位的值，旋转的中心是坐标原点。

基本语法

```
rotate(angle);
```

语法说明

angle：旋转角度，以弧度为单位。如需要将角度转换为弧度，使用 degrees*Math.PI/180 公式进行计算。

下面代码将矩形旋转 30°，如图 7-18 和图 7-19 所示，分别是旋转前后的效果图。

图 7-18

图 7-19

```
<!DOCTYPE HTML>
<html>
<head>
<meta charset="utf-8">
</head>
<body>
<canvas id="myCanvas" width="300" height="250" style="border:1px solid
#d3d3d3;">
</canvas>
<script>
var c-document.getElementById("myCanvas");
var ctx=c.getContext("2d");
ctx.rotate(30*Math.PI/180);
ctx.fillRect(80,10,100,100);
</script>
</body>
</html>
```

7.4　SVG

SVG 可缩放矢量图形是基于可扩展标签语言（XML），用于描述二维矢量图形的一种图形格式。SVG 是 W3C 制定的一种二维矢量图形格式，也是规范中的网络矢量图形标准。SVG 严格遵从 XML 语法，并用文本格式的描述性语言来描述图像内容，因此，是一种和图像分辨率无关的矢量图形格式。

7.4.1 图形绘制

SVG 允许 3 种类型的图形对象：矢量图形形状（例如由直线和曲线组成的路径）、图像和文本。可以将图形对象（包括文本）分组、样式化、转换和组合到以前呈现的对象中。SVG 功能集包括嵌套转换、剪切路径、alpha 蒙板和模板对象。

SVG 绘图是交互式和动态的，例如，可使用脚本来定义和触发动画。这一点与 Flash 相比很强大。Flash 是二进制文件，动态创建和修改都比较困难。而 SVG 是文本文件，动态操作是相对容易的。

SVG 提供了很多的基本形状，这些元素可以直接使用。

1．圆形 <circle >

circle 元素的属性很简单，主要是定义圆心和半径。如果省略 cx 和 cy，圆的中心会被设置为（0, 0）。

- r：圆的半径。
- cx：圆心坐标 x 值。
- cy：圆心坐标 y 值。

实例代码

```
<!DOCTYPE HTML>
<html>
<head>
<meta charset="utf-8">
<title> 图形绘制 </title>
</head>
<body>
 <svg width="100%" height="100%"  >
 <circle cx="300" cy="100" r="80" stroke="#ff0" stroke-width="3"
fill="green" />
    </svg>
</body>
</html>
```

在本实例中绘制了一个绿色的圆形，描边颜色为黄色，在浏览器中预览可以看到效果，如图 7-20 所示。

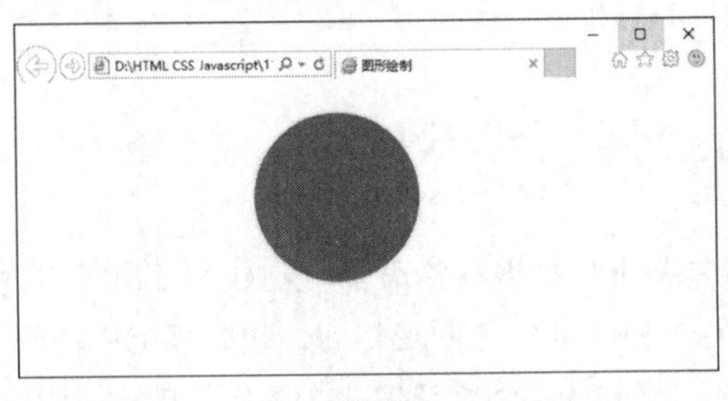

图 7-20

SVG 还可以绘制预订义的基础图形矩形 <rect>、椭圆 <ellipse>、线条 <line>、折线 <polyline> 和多边形 <polygon>。

2. 矩形 <rect>

SVG 的 <rect> 元素定义了一个矩形，可以通过添加几个属性来控制其大小、颜色和边角圆角等。

- x：定义矩形左上角的点的 x 坐标。
- y：定义矩形左上角的点的 y 坐标。
- rx：定义矩形 4 个圆角的 x 半径。
- ry：定义矩形 4 个圆角的 y 半径。
- width：定义矩形的宽度。
- height：定义矩形的高度。

实例代码

```
    <svg width="300px" height="150px">
      <rect x="20" y="20" width="250px" height="125px" rx="5" ry="5"
fill="teal" />
    </svg>
```

在浏览器中预览，效果如图 7-21 所示。

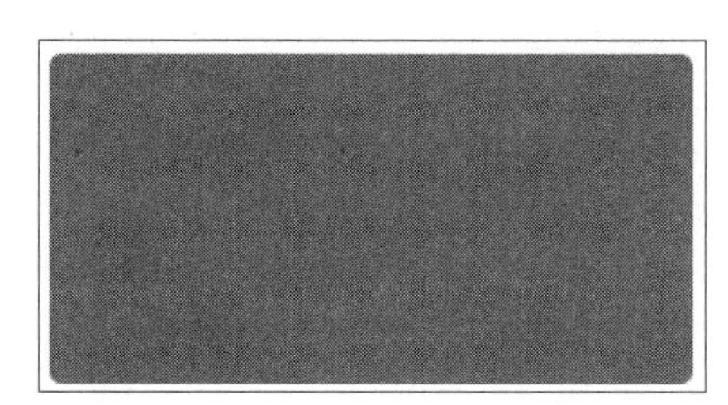

图 7-21

3. 椭圆 <ellipse>

定义椭圆只需要在圆形的基础上增加一个属性。

- cx：椭圆中心点的 x 坐标。
- cy：椭圆中心点的 y 坐标。
- rx：定义椭圆的水平半径。
- ry：定义椭圆的垂直半径。

因为椭圆的半径在 x 轴和 y 轴上有不同的半径，即 rx 和 ry，与圆形的半径 r 相对应。

实例代码

```
    <svg width="300px" height="300px">
      <ellipse cx="150" cy="150" rx="100" ry="75" fill="blue" />
    </svg>
```

在浏览器中预览，效果如图 7-22 所示。

图 7-22

4．线条 <line>

SVG 的 <line> 元素可以很方便地绘制线条，只需要定义线条的起点和终点，然后各个浏览器都会自动计算，创建实际的直线。

- x1：定义直线起点的 x 坐标。
- y1：定义直线起点的 y 坐标。
- x2：定义直线终点的 x 坐标。
- y2：定义直线终点的 y 坐标。

实例代码

```
<svg width="300px" height="250px">
  <line x1="100" y1="200" x2="250" y2="50" stroke="#000" stroke-
width="5" />
</svg>
```

在浏览器中预览，效果如图 7-23 所示。

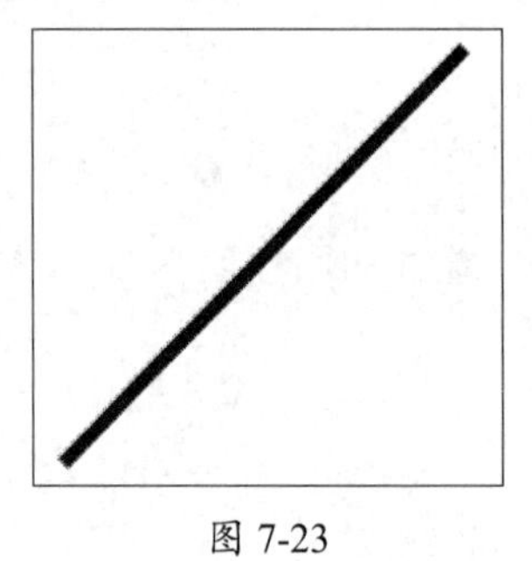

图 7-23

5．折线 <polyline>

折线是一组相互连接的直线集合。使用 SVG 创建折线，需要使用 points 属性，来定义需要的任意数量的坐标点。

实例代码

```
<svg width="300px" height="300px">
```

```
    <polyline points="10 10, 50 50, 75 175, 175 150, 175 50, 225 75, 225
150, 300 150"
    fill="none" stroke="#000"/>
    </svg>
```

上面的代码有几点需要注意，首先每一组坐标点都使用一个逗号分隔，另外，除了第一个点和最后一个点，每个坐标点都代表一条线段的起点及另一条线段的终点。在浏览器中预览，效果如图 7-24 所示。

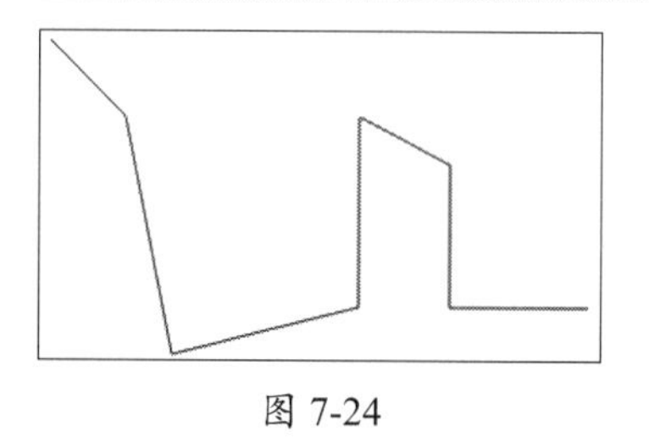

图 7-24

7.4.2　文本与图像

SVG 的强大能力之一是它可以将文本控制到标准 HTML 页面不能企及的程度，而无须求助图像或其他插件。任何可以在形状或路径上执行的操作都可以在文本上执行。尽管 SVG 的文本渲染能力如此强大，但还有一个不足之处：SVG 不能执行自动换行。如果文本比允许空间长，则将其简单地折断。多数情况下，创建多行文本需要多个文本元素。

实例代码

```
    <!DOCTYPE HTML>
    <html>
    <head>
    <meta charset="utf-8">
    <title>文本图像</title>
    </head>
    <body>
    <svg>
    <rect width="300" height="200" fill="red" />
    <circle cx="150" cy="100" r="80" fill="blue" />
    <text x="150" y="125" font-size="60" text-anchor="middle" fill="white">
文本图像</text>
    </svg>
    </body>
    </html>
```

本实例讲述直接显示在图片中的文本，效果如图 7-25 所示。

图 7-25

7.4.3 笔画与填充

填充色 fill 属性使用设置的颜色填充图形内部，使用很简单，直接把颜色值赋予这个属性即可。

实例代码

```
<!DOCTYPE HTML>
<html>
<head>
<meta charset="utf-8">
<title>笔画与填充</title>
</head>
<body>
<svg width="160" height="140">
  <line x1="40" x2="120" y1="20" y2="20" stroke="red" stroke-width="20"
stroke-linecap="butt"/>
  <line x1="40" x2="120" y1="60" y2="60" stroke="green" stroke-width=
"20" stroke-linecap="square"/>
  <line x1="40" x2="120" y1="100" y2="100" stroke="blue" stroke-width=
"20" stroke-linecap="round"/>
</svg>
</body>
</html>
```

这段代码绘制了 3 条使用不同风格线端点的线，效果如图 7-26 所示。

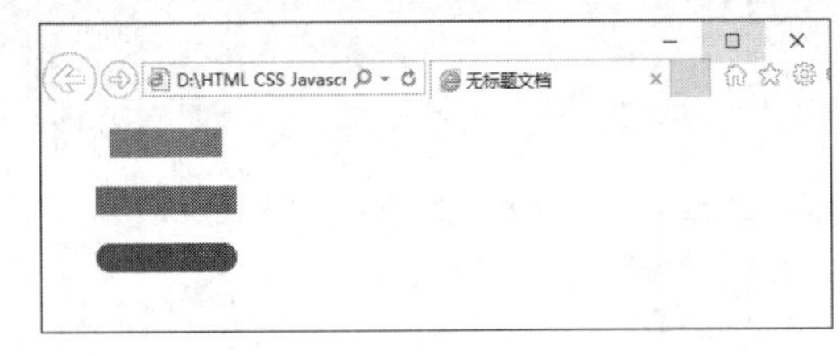

图 7-26

7.5 综合实例——绘制精美时钟

前面学习了 HTML 5 绘图的基本知识，本节讲述绘制精美时钟的方法，效果如图 7-27 所示。

图 7-27

实例代码

```
<!DOCTYPE HTML>
<html>
<head>
<meta charset="utf-8">
<title>canvas 钟表 </title>
<meta name="Keywords" content="">
<meta name="author" content="@my_programmer">
<style type="text/css">
body{margin:0;}
</style>
</head>
<body onload="run()">
<canvas id="canvas" width=400 height=400 style="border: 1px #ccc
solid;">如果你看到这段文字，说明你的浏览器弱爆了！ </canvas>
<script>
window.onload=draw;
function draw() {
var canvas=document.getElementById('canvas');
var context=canvas.getContext('2d');
context.save();// 保存
context.translate(200,200);
var deg=2*Math.PI/12;
// 表盘
context.save();
context.beginPath();
for(var i=0;i<13;i++){
var x=Math.sin(i*deg);
var y=-Math.cos(i*deg);
context.lineTo(x*150,y*150);}
var c=context.createRadialGradient(0,0,0,0,0,130);
c.addColorStop(0,"#360");
c.addColorStop(1,"#6c0")
context.fillStyle=c;
context.fill();
context.closePath();
context.restore();
// 数字
context.save();
context.beginPath();
for(var i=1;i<13;i++){
var x1=Math.sin(i*deg);
var y1=-Math.cos(i*deg);
context.fillStyle="#fff";
context.font="bold 20px Calibri";
context.textAlign='center';
context.textBaseline='middle';
context.fillText(i,x1*120,y1*120);}
context.closePath();
context.restore();
// 大刻度
```

```
context.save();
context.beginPath();
for(var i=0;i<12;i++){
var x2=Math.sin(i*deg);
var y2=-Math.cos(i*deg);
context.moveTo(x2*148,y2*148);
context.lineTo(x2*135,y2*135);}
context.strokeStyle='#fff';
context.lineWidth=4;
context.stroke();
context.closePath();
context.restore();
//小刻度
context.save();
var deg1=2*Math.PI/60;
context.beginPath();
for(var i=0;i<60;i++){
var x2=Math.sin(i*deg1);
var y2=-Math.cos(i*deg1);
context.moveTo(x2*146,y2*146);
context.lineTo(x2*140,y2*140); }
context.strokeStyle='#fff';
context.lineWidth=2;
context.stroke();
context.closePath();
context.restore();
///文字
context.save();
context.strokeStyle="#fff";
context.font=' 34px sans-serif';
context.textAlign='center';
context.textBaseline='middle';
context.strokeText('精美时钟',0,65);
context.restore();
// 定义日期
var time=new Date();
var h=(time.getHours()%12)*2*Math.PI/12;
var m=time.getMinutes()*2*Math.PI/60;
var s=time.getSeconds()*2*Math.PI/60;
//时针
context.save();
context.rotate(h + m/12 + s/720);
context.beginPath();
context.moveTo(0,6);
context.lineTo(0,-85);
context.strokeStyle="#fff";
context.lineWidth=6;
context.stroke();
context.closePath();
context.restore();
//分针
```

```
    context.save();
    context.rotate(m+s/60);
    context.beginPath();
    context.moveTo(0,8);
    context.lineTo(0,-105);
    context.strokeStyle="#fff";
    context.lineWidth=4;
    context.stroke();
    context.closePath();
    context.restore();
    // 秒针
    context.save();
    context.rotate(s);
    context.beginPath();
    context.moveTo(0,10);
    context.lineTo(0,-120);
    context.strokeStyle="#fff";
    context.lineWidth=2;
    context.stroke();
    context.closePath();
    context.restore();
    context.restore();              // 栈出
    setTimeout(draw, 1000);         // 计时器
    }
    </script>
    </body>
    </html>
```

7.6 本章小结

Canvas 和 SVG 是 HTML 5 中主要的 2D 图形技术，前者提供画布标签和绘制 API，后者是一整套独立的矢量图形语言，二者有各自的优势和特点，可适用于不同的场景。本章主要讲解了 Canvas 绘制基本图形、颜色和样式选项、变换和 SVG 的使用方法。

第 8 章　CSS 基础知识

本章导读

CSS 是为了简化网页的更新工作而诞生的，它使网页变得更加美观，维护更加方便。CSS 在网页制作中起着非常重要的作用，对于控制网页中对象的属性、增加页面中内容的样式、精确地布局定位等都发挥了非常重要的作用，是网页设计师必须熟练掌握的功能之一。

技术要点

1. CSS 3 简介
2. 在 HTML 5 中使用 CSS
3. 选择器类型
4. 编辑和浏览 CSS

8.1 CSS 3 简介

CSS 是 Cascading Style Sheet 的缩写，又称为“层叠样式表”，简称为“样式表”。它是一种制作网页的技术，现在已经被大多数浏览器所支持，成为网页设计必不可少的工具之一。

8.1.1 CSS 基本概念

网页最初是用 HTML 标记来定义页面文档及格式的，如标题<hl>、段落<p>、表格<table>等。但这些标记不能满足更多的文档样式需求，为了解决这个问题，在 1997 年 W3C 颁布 HTML 4 标准的同时，也公布了有关样式表的第一个标准 CSS 1。自 CSS 1 的版本之后，又在 1998 年 5 月发布了 CSS 2 版本，样式表得到了更多的充实。使用 CSS 能够简化网页的格式代码，加快下载及显示的速度，也减少了需要上传的代码数量，大幅减少了重复劳动的工作量。

样式表首要的目的是为网页上的元素精确定位。其次，它把网页上的内容结构和格式控制相分离。浏览者想要看的是网页上的内容结构，而为了让浏览者更好地看到这些信息，就要通过使用格式来控制。内容结构和格式控制相分离，使网页可以仅由内容构成，而将网页的格式通过 CSS 样式表文件来控制。

CSS 2.1 发布至今已经有 7 年的历史，在这 7 年里，互联网的发展已经发生了翻天覆地的变化。CSS 2.1 有时候难以满足快速提高性能、提升用户体验的 Web 应用的需求。CSS 3 标准的出现增强了 CSS 2.1 的功能，减少图片的使用次数，并实现了 HTML 页面上的特殊效果。

在 HTML 5 逐渐成为 IT 界最热门话题的同时，CSS 3 也开始慢慢普及起来。目前，很多浏览器都开始支持 CSS 3 的部分特性，特别是基于 Webkit 内核的浏览器，其支持力度非常大。在 Android 和 iOS 等移动平台下，正是由于 Apple 和 Google 两家公司大力推广 HTML 5 及各自的

Web 浏览器的迅速发展，CSS 3 在移动 Web 浏览器下都能得到很好的支持和应用。

CSS 3 作为在 HTML 页面担任页面布局和页面装饰的技术，可以更加有效地对页面布局、字体、颜色、背景或其他动画效果实现精确的控制。

目前，CSS 3 是移动 Web 开发的主要技术之一，它在界面修饰方面占有重要的地位。由于移动设备的 Web 浏览器都支持 CSS 3，对于不同浏览器之间的兼容性问题，它们之间的差异非常小。不过对于移动 Web 浏览器的某些 CSS 特性，仍然需要做一些兼容性的工作。

8.1.2　CSS 的优点

掌握基于 CSS 的网页布局方式，是实现 Web 标准的基础。在网页制作时采用 CSS 技术，可以有效地对页面的布局、字体、颜色、背景和其他效果实现更加精确的控制。只要对相应的代码做一些简单的修改，即可改变网页的外观和格式。采用 CSS 有以下优点。

- 大幅缩减页面代码，提高页面浏览速度，缩减带宽成本。
- 结构清晰，容易被搜索引擎搜索。
- 缩短改版时间，只要简单地修改几个 CSS 文件，即可重新设计一个有成百上千页面的站点。
- 强大的字体控制和排版能力。
- CSS 非常容易编写，可以像写 HTML 代码一样轻松编写 CSS。
- 提高易用性，使用 CSS 可以结构化 HTML，如 <p> 标记只用来控制段落，heading 标记只用来控制标题，table 标记只用来表现格式化的数据等。
- 表现和内容相分离，将设计部分分离出来，放在一个独立的样式文件中。
- 更利于搜索引擎的搜索，用只包含结构化内容的 HTML 代替嵌套的标记，搜索引擎将更有效地搜索到内容。
- table 布局灵活性不大，只能遵循 table、tr、td 的格式，而 Div 可以有各种格式。
- table 布局中，垃圾代码会很多，一些修饰的样式及布局的代码混合一起，很不直观。而 Div 更能将样式和结构分离，结构的重构性强。
- 在几乎所有的浏览器上都可以使用。
- 以前一些非要通过图片转换实现的功能，现在只要用 CSS 即可轻松实现，从而更快地下载页面。
- 使页面的字体变得更漂亮，更容易编排，使页面真正做到赏心悦目。
- 可以轻松地控制页面的布局。
- 可以将许多网页的格式同时更新，不用再逐页地更新了。可以将站点上所有的网页风格都使用一个 CSS 文件进行控制，只要修改这个 CSS 文件中相应的代码，整个站点的所有页面都会随之发生变化。

8.1.3 CSS 功能

CSS 即层叠样式表（Cascading Stylesheet）。在制作网页时采用 CSS 技术，可以有效地对页面的布局、字体、颜色、背景和其他效果实现更加精确的控制。只要对相应的代码做一些简单的修改，即可改变同一页面的不同部分，或者页数不同的网页的外观和格式。CSS 3 是 CSS 技术的升级版本，CSS 3 语言开发是朝着模块化发展的。以前的规范作为一个模块实在是太庞大、太复杂了，所以，把它分解为一些小的模块，更多新的模块也被加入进来。这些模块包括盒子模型、列表模块、超链接方式、语言模块、背景和边框、文字特效、多栏布局等。

如图 8-1 和图 8-2 所示的网页分别为使用 CSS 前后的效果。

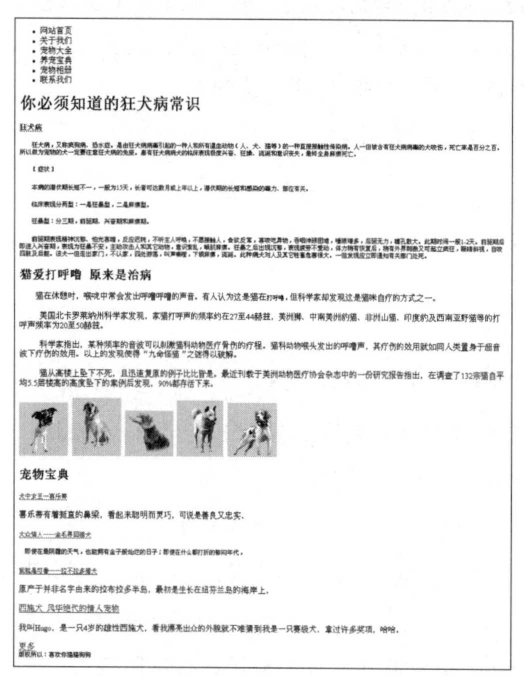

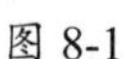
图 8-1

图 8-2

8.1.4 CSS 发展史

从 1990 年 HTML 被发明开始，样式表就以各种形式出现，不同的浏览器结合了它们各自的样式语言，调节网页的显示方式。起初的样式表是给浏览者用的，最初的 HTML 版本只含有很少的显示属性，浏览者来决定网页应该怎样显示。

随着 HTML 的成长，为了满足设计师的要求，HTML 获得了很多显示功能。随着这些功能的增加，外来定义样式的语言越来越没有意义了。

1. CSS 1

1994 年，哈坤·利和伯特·波斯合作设计 CSS，他们于 1994 年首次在芝加哥的一次会议上展示了 CSS 的建议。

1996 年 12 月发表的 CSS 1 的要求包括（W3C 管理 CSS 1 要求）如下内容。

- 支持字体的大小、字形、强调。
- 支持文字的颜色、背景的颜色和其他元素。
- 支持文章特征，如字母、词和行之间的距离。
- 支持文字的排列、图像、表格和其他元素。
- 支持边缘、围框和其他关于排版的元素。
- 支持 id 和 class。

2. CSS 2—2.1

1998 年 5 月 W3C 发表了 CSS 2（W3C 管理 CSS 2 要求），其中包括新的内容如下所述。

- 绝对的、相对的和固定的定比特素、媒体型的概念、双向文件和一个新的字体。
- CSS 2.1 修改了 CSS 2 中的一些错误，删除了其中基本不被支持的内容，并增加了一些已有的浏览器的扩展内容。

3. CSS 3

CSS 3 分成了不同类型，称为 modules。而每个 modules 都有 CSS 2 中额外增加的功能，并向后兼容。CSS 3 早于 1999 年已开始制订，直到 2011 年 6 月 7 日。

4. CSS 4

W3C 于 2011 年 9 月 29 日开始了设计 CSS 4，直至现时只有极少数的功能被部分网页浏览器支持。

8.2　在 HTML 5 中使用 CSS

添加 CSS 有 4 种方法：行内样式、内嵌样式、链接样式和导入样式，下面分别进行介绍。

8.2.1　行内样式

行内样式是混合在 HTML 标记中使用的，用这种方法，可以很简单地对某个元素单独定义样式。行内样式的使用是直接在 HTML 标记中添加 style 参数，而 style 参数的内容就是 CSS 的属性和值，在 style 参数后面的引号中的内容相当于在样式表大括号中的内容。

基本语法

```
<标记 style="样式属性：属性值；样式属性：属性值…">
```

语法说明

- 标记：HTML 标记，如 body、table、p 等。
- 标记的 style 定义只能影响标记本身。
- style 的多个属性之间用分号分隔。
- 标记本身定义的 style，优先于其他所有样式定义。

虽然这种方法比较直接，在制作页面时需要为很多的标签设置 style 属性，所以会导致 HTML 页面不够纯净，文件体积过大，不利于搜索引擎，后期维护成本高，因此不推荐使用。

下面是一段行内样式的代码。

```
<table style=color:red; margin-right: 120px>
这是个表格
</p>
```

8.2.2 内嵌样式

这种 CSS 一般位于 HTML 文件的头部，即 <head> 与 </head> 标签内，并且以 <style> 开始，以 </style> 结束。内嵌样式允许在它们所应用的 HTML 文档的顶部设置样式，然后在整个 HTML 文件中直接调用该样式，这些定义的样式就应用到页面中了。

基本语法

```
<style type="text/css">
<!--
选择符 1（样式属性：属性值；样式属性：属性值；…）
选择符 2（样式属性：属性值；样式属性：属性值；…）
选择符 3（样式属性：属性值；样式属性：属性值；…）
…
选择符 n（样式属性：属性值；样式属性：属性值；…）
-->
```

语法说明

- <style> 是用来说明所要定义的样式，type 属性是指以 CSS 的语法定义。
- <!--… --> 隐藏标记避免了因浏览器不支持 CSS 而导致的错误，加上这些标记后，不支持 CSS 的浏览器会自动跳过此段内容，避免出现一些错误。
- 选择符 1…选择符 n。选择符可以使用 HTML 标记的名称，所有的 HTML 标记都可以作为选择符。
- 如果需要对一个选择符指定多个属性时，使用分号将所有的属性和值分开。
- 属性值设置是对应属性的值。下面实例就是使用 <style> 标记创建的内嵌样式。

```
<head>
<style type="text/css">
<!--
body { margin-left: 0px;
margin-top: 0px;
margin-right: 0px;
margin-bottom: 0px;}
.style1 {color: #ffee44;
font-size: 14px;}
-->
</style>
</head>
```

8.2.3 链接样式

链接外部样式表就是在网页中调用已经定义好的样式表来实现样式表的应用，它是一个单独的文件，在页面中用 <link> 标记链接到这个样式表文件，这个 <link> 标记必须放到页面的 <head> 区内，这种方法最适合大型网站的 CSS 样式定义。

基本语法

```
<link type="text/css" rel="stylesheet" href=" 外部样式表的文件名称 ">
```

语法说明

- 链接外部样式表时，不需要使用 style 元素，只需要直接用 <link> 标记放在 <head> 标记中即可。
- 外部样式表的文件名称是要嵌入的样式表文件名称，后缀为 .css。
- CSS 文件一定是纯文本格式的。
- 在修改外部样式表时，引用它的所有外部页面也会自动更新。
- 外部样式表中的 URL 是相对于样式表文件在服务器上的位置。
- 外部样式表优先级低于内部样式表。
- 可以同时链接几个样式表，靠后的样式表优先于靠前的样式表。

提示

外部样式表可以在任何文本编辑器中进行编辑，文件不能包含任何的HTML标签，样式表以.css扩展名进行保存。

链接方式是使用频率最高、最实用的方式，一个链接样式表文件可以应用于多个页面。当改变这个样式表文件时，所有应用该样式的页面都随着改变。在制作大量相同样式页面的网站时，链接样式表非常有用，不仅减少了重复的工作量，而且有利于后期的修改、编辑，浏览时也减少了重复下载的代码。

下面是一个链接外部样式表实例。

```
<head>
…
<link rel=stylesheet type= text/css href=slstyle.css>
…
</head>
```

上面的实例表示浏览器从 slstyle.css 文件中以文档格式读出定义的样式表。rel= stylesheet 是指在页面中使用外部的样式表；type=text/css 是指文件的类型是样式表文件；href=slstyle.css 是文件的名称和位置。

这种方式将 HTML 文件和 CSS 文件彻底分成两个或者多个文件，实现了页面框架 HTML 代码与美工 CSS 代码的完全分离，使前期制作和后期维护都十分方便，并且如果要保持页面风格统一，只需要把这些公共的 CSS 文件单独保存成一个文件，其他的页面就可以分别调用自身的 CSS 文件，如果需要改变网站风格，只需要修改公共 CSS 文件即可，相当方便。

8.2.4 导入样式

导入样式是指，在内部样式表的 <style> 中导入一个外部样式表，导入时用 @import。

基本语法

```
<style type=text/css>
@import url("外部样式表的文件名称");
</style>
```

语法说明

- import 语句后的“;”一定要加上！
- 外部样式表的文件名称是要嵌入的样式表文件名称，后缀为 .css。
- @import 应该放在 style 元素的任何其他样式规则前面。

下面是一个导入外部样式表的实例。

```
<head>
…
<style type=text/css>
<!--
@import style.css
其他样式表的声明
→
</style>
…
</head>
```

此例中 @import style.css 表示导入 style.css 样式表，注意使用外部样式表的路径、方法与链接样式表的方法类似，但导入样式输入方式更有优势，它相当于存在内部样式表中。

8.2.5 优先级问题

如果上面的 4 种样式中的两种用于同一个页面，就会出现优先级的问题。

4 种样式的优先级别依次是（从高至低）：行内样式、内嵌样式、链接样式、导入样式。

例如，链接外部样式表拥有针对 h3 选择器的 3 个属性。

```
h3 { color:blue;
text-align:right;
font-size:10pt; }
```

而内嵌样式表拥有针对 h3 选择器的两个属性。

```
h3 { text-align:left;
font-size:20pt; }
```

假如拥有内嵌样式表的这个页面同时链接外部样式，那么 h3 得到的样式是：

```
color:blue;
 text-align:
left; font-size:20pt;
```

即颜色属性将被继承于外部样式表，而文字排列（text-align）和文字尺寸（font size）会被内嵌样式表中的样式所取代。

8.3 选择器类型

选择器（selector）是 CSS 中很重要的概念，所有 HTML 语言中的标签都是通过不同的 CSS 选择器进行控制的。用户只需要通过选择器对不同的 HTML 标签进行控制，并赋予各种样式声明，即可实现各种效果。在 CSS 中，有各种不同类型的选择器，基本选择器有标签选择器、类选择器和 ID 选择器，下面详细介绍。

8.3.1 标签选择器

一个完整的 HTML 页面是由很多不同的标签组成的。标签选择器直接将 HTML 标签作为选择器，可以是 p、h1、dl、strong 等 HTML 标签。例如 P 选择器，下面就是用于声明页面中所有 p 标签的样式风格。

```
p{
font-size:
14px;color:093;
}
```

以上这段代码声明了页面中所有的 p 标签，文字大小为 14px，颜色为 #093（绿色）。在后期维护中，如果想改变整个网站中 p 标签文字的颜色，只需要修改 color 属性即可，非常方便！

每个 CSS 选择器都包含了选择器本身、属性和值，其中属性和值可以设置多个，从而实现对同一个标签声明多种样式风格的目的，如图 8-3 所示。

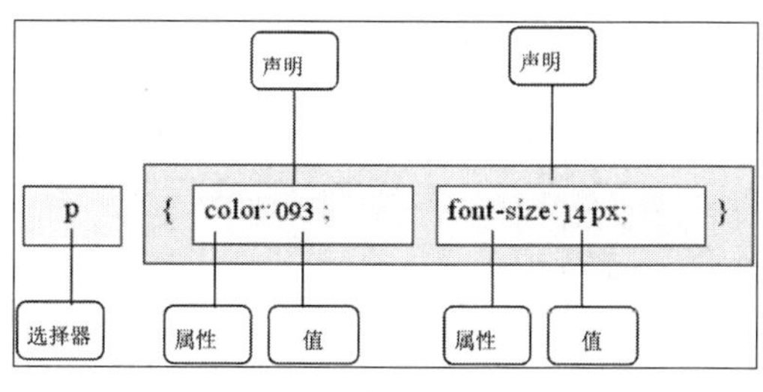

图 8-3

8.3.2 类选择器

类选择器能够把相同的元素分类定义成不同的样式，对 XHTML 标签均可以使用 class="" 的形式对类进行名称指派。定义类型选择器时，在自定义类的名称前面要加一个“.”号。

标记选择器一旦声明，则页面中所有该标记都会相应地产生变化，如声明了 p 标记为红色时，则页面中所有的 p 标记都将显示为红色，如果希望其中的一个标记不是红色，而是蓝色，则仅依靠标记选择器是远远不够的，还需要引入类（class）选择器。定义类选择器时，在自定义类的名称前面要加一个“.”号。

类选择器的名称可以由用户自定义，属性和值与标记选择器相同，也必须符合 CSS 规范，如图 8-4 所示。

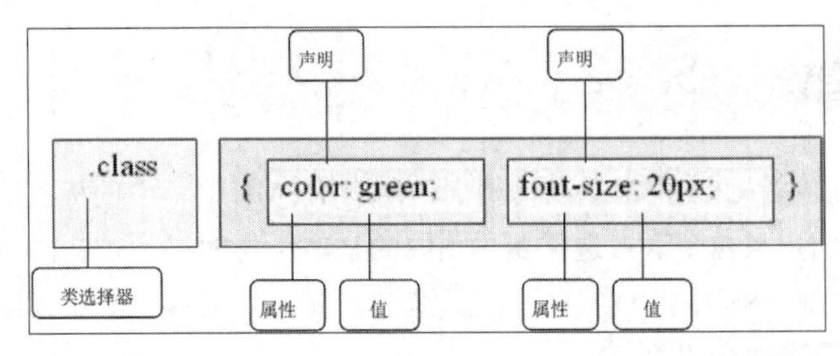

图 8-4

例如，当页面同时出现 3 个 P 标签时，如果想让它们的颜色不同，就可以通过设置不同的 class 选择器来实现。一个完整的案例代码如下所示。

```
<!DOCTYPE HTML>
<html>
<head>
<meta charset="utf-8">
<title>class 选择器 </title><style type="text/css">
.red{ color:red; font-size:18px;}
.green{ color:green; font-size:20px;}
</style>
</head>
<body>
<p class="red">class 选择器 1</p>
<p class="green">class 选择器 2</p>
<h3 class="green">h3 同样适用 </h3>
</body>
</html>
```

其显示效果如图 8-5 所示。从图中可以看到两个 P 标记分别呈现出了不同的颜色和文字大小，而且任何一个 class 选择器都适用于所有 HTML 标记，只需要用 HTML 标记的 class 属性声明即可，例如 H3 标记同样适用了 .green 这个类别。

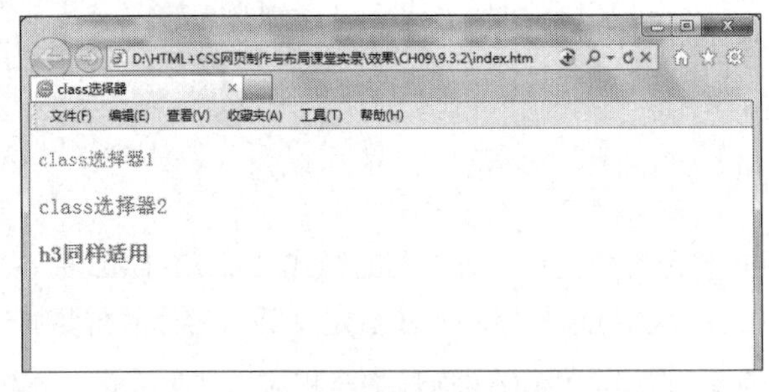

图 8-5

仔细观察上面的例子还会发现，最后一行 H3 标记显示效果为粗体字，这是因为在没有定义字体的粗细属性的情况下，浏览器采用默认的显示方式，P 默认为正常粗细，H3 默认为粗体字。

8.3.3　ID 选择器

在 HTML 页面中 ID 参数指定了某一个元素，ID 选择器是用来对这个单一元素定义单独样式的。对于一个网页而言，其中的每个标签均可以使用 id="" 的形式对 ID 属性进行名称的指派。ID 可以理解为一个标识，每个标识只能用一次。在定义 ID 选择器时，要在 ID 名称前加上“#”号。

ID 选择器的使用方法与 class 选择器类似，不同之处在于 ID 选择器只能在 HTML 页面中使用一次，因此其针对性更强。在 HTML 的标记中只需要利用 ID 属性，即可直接调用 CSS 中的 ID 选择器，其格式如图 8-6 所示。

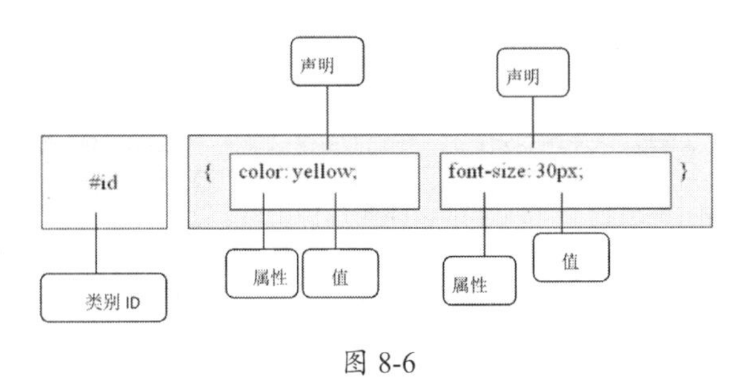

图 8-6

类选择器和 ID 选择器在一般情况下是区分大小写的，这取决于文档的语言。HTML 和 XHTML 将类和 ID 值定义为区分大小写，所以类和 ID 值的大小写必须与文档中的相应值匹配。

提示

类选择器与ID选择器的区别？

区别 1：只能在文档中使用一次。

与类不同，在一个HTML文档中，ID选择器会使用一次，而且仅一次。

区别 2：不能使用ID词列表。

不同于类选择器，ID选择器不能结合使用，因为ID属性不允许有以空格分隔的词列表。

区别 3：ID能包含更多含义。

类似于类，可以独立于元素来选择ID。

下面举例，其代码如下。

```
<!DOCTYPE HTML>
<html>
<head>
<meta charset="utf-8">
<title>ID 选择器 </title>
<style type="text/css">
<!--#one{ }#two{ font-size:30px; /* 文字大小 */ color:#009900; /* 颜色
*/}-->
</style>
 </head>
<body> <p id="one">ID 选择器 1</p><p id="two">ID 选择器 2</p> <p id="two">ID
选择器 3</p> <p id="one two">ID 选择器 3</p>
</body>
</html>
```

显示效果如图 8-7 所示，第 2 行与第 3 行都显示 CSS 的方案。可以看出，在很多浏览器下，

ID 选择器可以用于多个标记，即每个标记定义的 ID 不只是 CSS 可调用，JavaScript 等其他脚本语言同样可以调用。因为这个特性，所以不要将 ID 选择器用于多个标记，否则会出现意想不到的错误。如果一个 HTML 中有两个相同的 ID 标记，那么将会导致 JavaScript 在查找 ID 时出错，如函数 getElementById()。

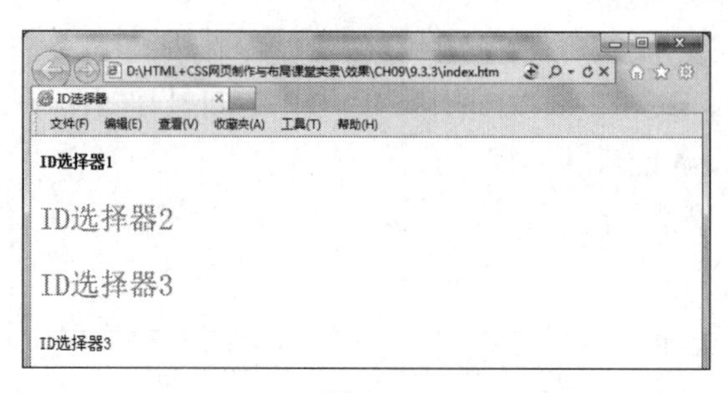

图 8-7

正因为 JavaScript 等脚本语言也能调用 HTML 中设置的 ID，所以 ID 选择器一直被广泛地使用。

另外从图 8-7 中可以看出，最后一行没有显示任何 CSS 样式风格，这意味着 ID 选择器不支持同时使用像 class 选择器那样的多风格，类似 id="one two" 这样的写法是完全错误的。

8.4 编辑和浏览 CSS

CSS 的文件与 HTML 文件相同，都是纯文本文件，因此一般的文字处理软件都可以对 CSS 进行编辑。记事本和 Dreamweaver 等最常用的文本编辑工具对 CSS 的初学者都很有帮助。

8.4.1 手工编写 CSS

CSS 是内嵌在 HTML 文档中的，所以，编写 CSS 的方法和编写 HTML 文档的方法相同。可以用任何一种文本编辑工具来编写 CSS。如 Windows 系统中的记事本和写字板都可以用来编辑 CSS 文档。图 8-8 所示为在记事本中手工编写 CSS。

```
css.css - 记事本
文件(F) 编辑(E) 格式(O) 查看(V) 帮助(H)
BODY {
        FONT-FAMILY: Arial, Helvetica, sans-serif
}
TD {
        FONT-FAMILY: Arial, Helvetica, sans-serif
}
TH {
        FONT-FAMILY: Arial, Helvetica, sans-serif
}
.w1 {
        FONT-SIZE: 12px; COLOR: #ffffff; FONT-FAMILY: "宋体"
}
.b1 {
        FONT-SIZE: 12px; COLOR: #666666; FONT-FAMILY: "宋体"; TEXT-DI
}
```

图 8-8

8.4.2　利用 Dreamweaver 编写 CSS

Dreamweaver CC 提供了对 CSS 的全面支持，在 Dreamweaver 中可以方便地创建和应用 CSS 样式表，设置样式表属性。

要在 Dreamweaver 中添加 CSS 语法，先在 Dreamweaver 的主界面中，将编辑界面切换成“拆分”视图，使用“拆分”视图能同时查看代码和设计效果。编辑语法在“代码”视图中进行。Dreamweaver 这款专业的网页设计软件在代码模式下对 HMTL、CSS 和 JavaScript 等代码有着非常好的语法着色及语法提示功能，对 CSS 的学习很有帮助。

在 Dreamweaver 编辑器中，对于 CSS 代码，在默认情况下都采用粉红色进行语法着色，而 HTML 代码中的标记则是蓝色的，正文内容在默认情况下为黑色。而且对于每行代码，前面都有行号进行标记，方便对代码的整体规划。

无论是 CSS 代码还是 HTML 代码，都有很好的语法提示。在编写具体的 CSS 代码时，按 Enter 键或空格键都可以触发语法提示。例如，当光标移动到 color :#000000; 一句的末尾时，按空格键或者 Enter 键，都可以触发语法提示的功能。如图 8-9 所示，Dreamweaver 会列出所有可供选择的 CSS 样式属性，方便设计者快速进行选择，从而提高工作效率。

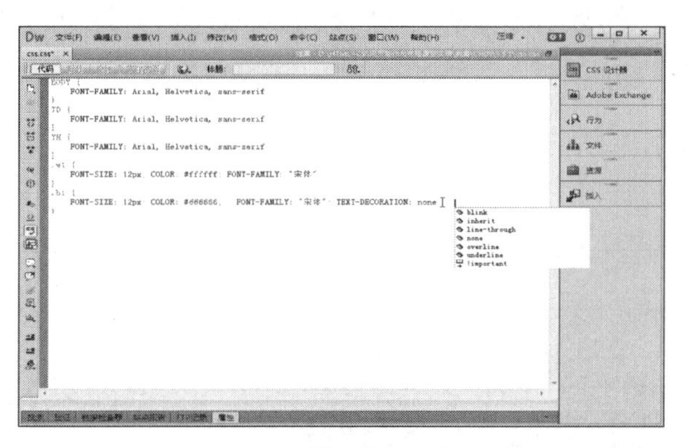

图 8-9

当已经选定某个 CSS 样式时，例如上例中的 color 样式，在其冒号后面再按空格键，Dreamweaver 会弹出新的详细提示框，让用户对相应 CSS 的值进行直接选择。图 8-10 所示的调色板就是其中的一种情况。

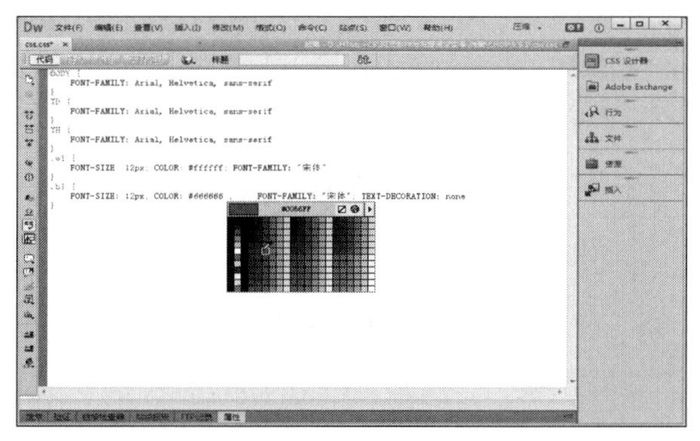

图 8-10

8.5 综合实例——对网页添加 CSS 样式

通过以上对 CSS 的一些基本知识的了解与学习，下面将通过具体实例来讲述在网页中添加 CSS 样式的方法，具体操作步骤如下。

01 打开网页文档，如图 8-11 所示。

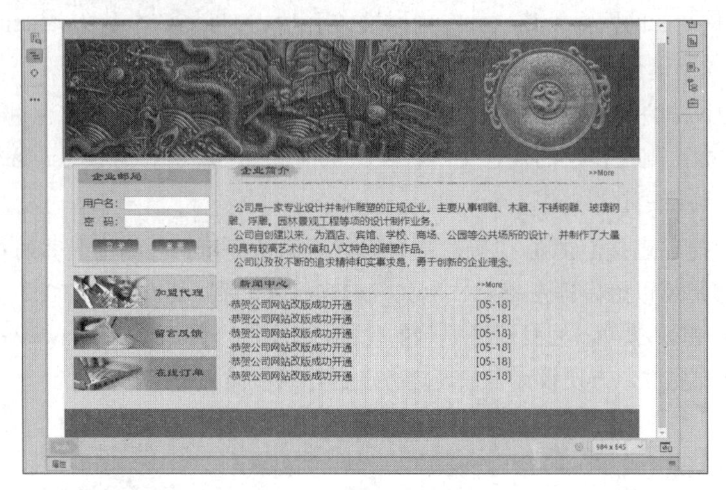

图 8-11

02 选择“窗口”|“CSS 设计器”命令，打开“CSS 设计器”面板，在该面板中单击“添加 CSS 源”按钮，在弹出的菜单中选择“附加现有的 CSS 文件”选项，如图 8-12 所示。

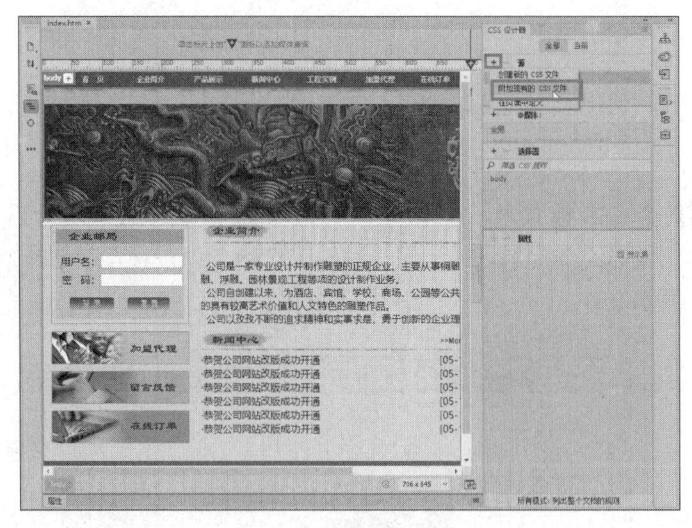

图 8-12

03 弹出“使用现有的 CSS 文件”对话框，在对话框中单击“文件 /URL”文本框右侧的“浏览”按钮，如图 8-13 所示。

04 弹出“选择样式表文件”对话框，在该对话框中选择要应用的样式文件，如图 8-14 所示。

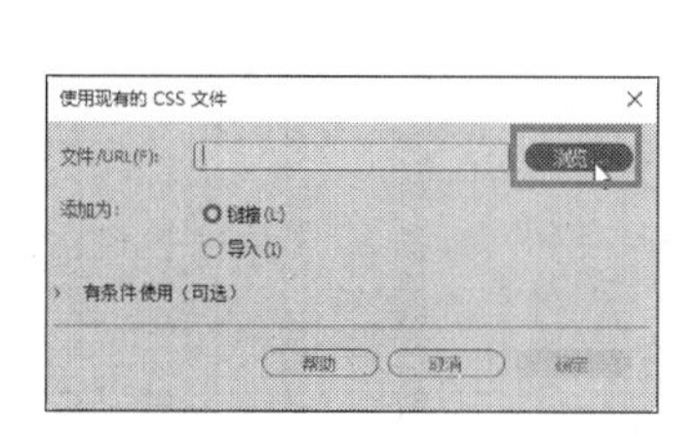

图 8-13

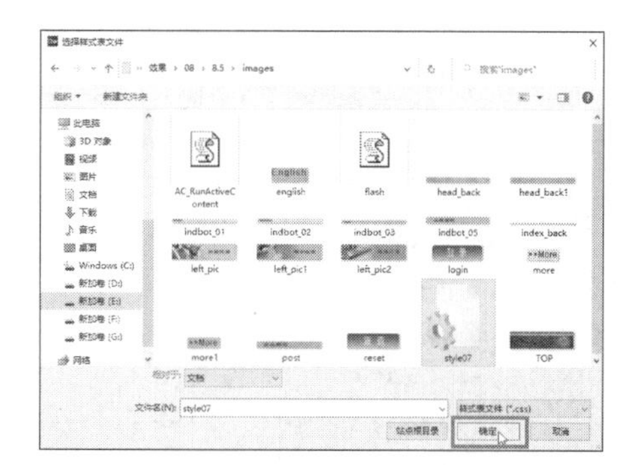

图 8-14

05 单击“确定”按钮，添加到“文件 /URL”文本框中，如图 8-15 所示。

06 单击“确定”按钮，链接 CSS 样式，如图 8-16 所示。

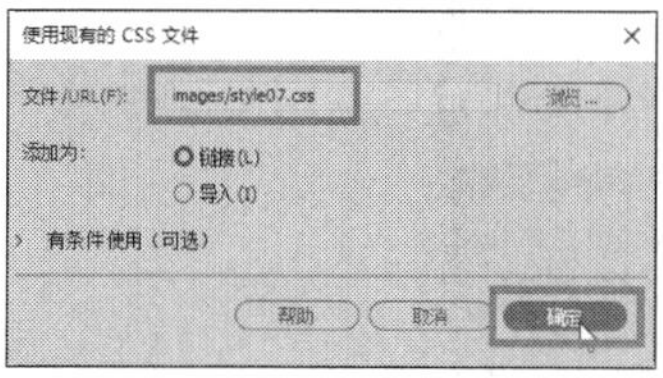

图 8-15

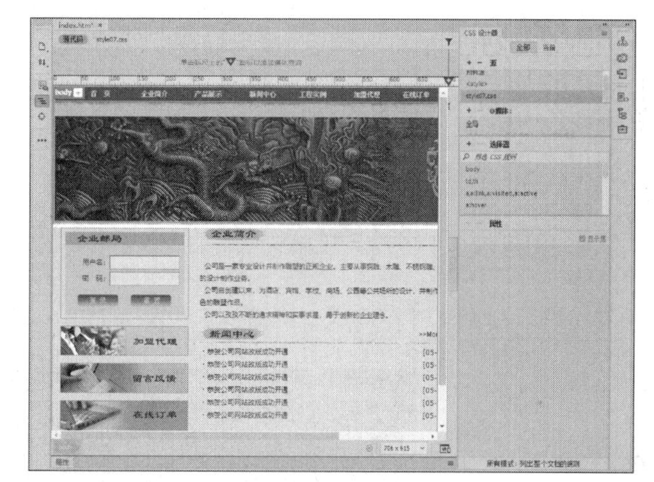

图 8-16

07 链接的 CSS 代码如图 8-17 所示，其代码如下。

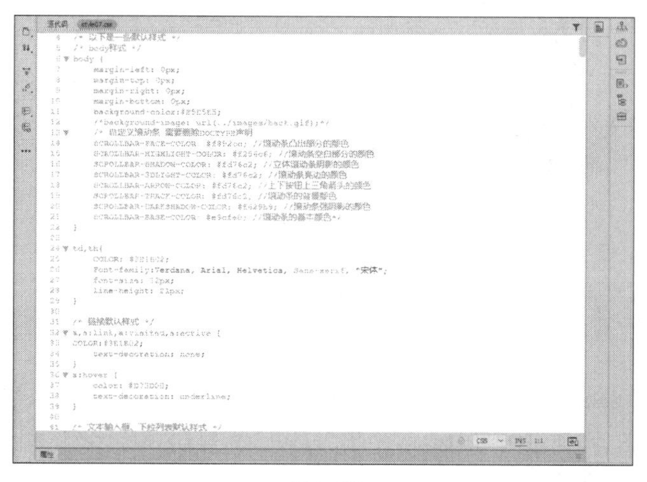

图 8-17

```
@charset "gb2312";
/* 以下是一些默认样式 */
/* body 样式 */
body {
  margin-left: 0px;
  margin-top: 0px;
  margin-right: 0px;
  margin-bottom: 0px;
  background-color:#e5e5e5;
  /*background-image: url(../images/back.gif);*/
  /* 自定义滚动条 需要删除 DOCTYPE 声明
  scrollbar-face-color: #f892cc;              // 滚动条凸出部分的颜色
  scrollbar-highlight-color: #f256c6;         // 滚动条空白部分的颜色
  scrollbar-shadow-color: #fd76c2;            // 立体滚动条阴影的颜色
  scrollbar-3dlight-color: #fd76c2;           // 滚动条亮边的颜色
  scrollbar-arrow-color: #fd76c2;             // 上下按钮上三角箭头的颜色
  scrollbar-track-color: #fd76c2;             // 滚动条的背景颜色
  scrollbar-darkshadow-color: #f629b9;        // 滚动条强阴影的颜色
  scrollbar-base-color: #e9cfe0;              // 滚动条的基本颜色 */
}
...
.systr2
 {
  background-color:#fbf7e7;
 }
```

08 保存文档，按 F12 键在浏览器中预览，效果如图 8-18 所示。

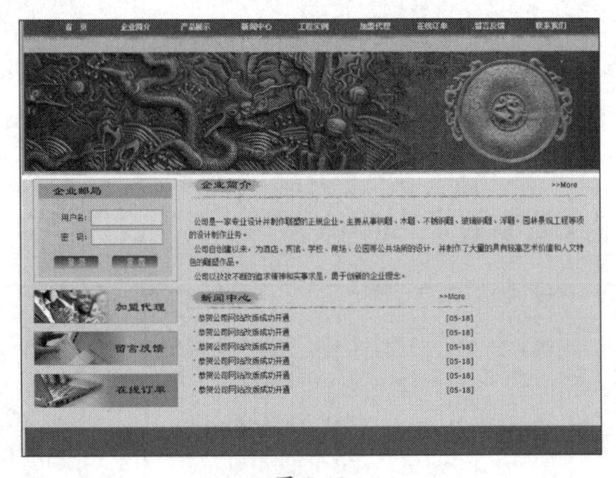

图 8-18

8.6 本章小结

本章主要讲述了 CSS 的基础知识，包括 CSS 的基本概念，使用 CSS、CSS 基本语法，使用 Dreamweaver 编辑 CSS 等。通过对本章内容的学习，应该懂得 CSS 是什么，并能灵活运用 CSS 技术，制作出具有更多新特性的网页。

第 9 章　CSS 控制网页文本和段落样式

本章导读

在浏览网页时，获取信息最直接、最直观的方法就是通过文本展示。文本是基本的信息载体，无论网页内容如何丰富，文本自始至终都是网页中最基本的元素，因此，掌握好文本和段落的使用方法，对于网页制作来说都是最基本的。在网页中添加文字并不困难，主要问题是如何编排这些文字，以及控制这些文字的显示方式，让文字看上去编排有序、整齐美观。本章主要讲述使用 CSS 设计丰富的文字特效，以及使用 CSS 排版文本。

技术要点

1. 通过 CSS 控制文本样式
2. 通过 CSS 控制段落格式

9.1 通过 CSS 控制文本样式

使用 CSS 样式表可以定义丰富多彩的文字格式。文字的属性主要包括字体、字号、加粗与斜体等。应用多种样式的文字，颜色和大小已经有了变化，但同时也保持了页面的整洁与美观，给人以美的享受。

9.1.1 字体 font-family

font-family 属性用来定义相关元素使用的字体。

基本语法

```
font-family: "字体 1","字体 2",…
```

语法说明

font-family 属性中指定的字体会受到使用环境的影响。打开网页时，浏览器会先从用户计算机中寻找 font-family 中的第一种字体，如果计算机中没有这种字体，会向右继续寻找第二种字体，以此类推。如果浏览页面的用户在浏览环境中没有设置相关的字体，则定义的字体将失去作用。

下面的实例将文本字体设置为黑体，在浏览器中浏览网页的效果如图 9-1 所示。

实例代码

```
<!DOCTYPE HTML>
<html>
<head>
<meta charset="utf-8">
<title> 设置字体 </title>
```

```
<style type="text/css">
.zt {    font-family: "黑体";}
</style>
</head>
<body >
<span class="zt" >设置为黑体</span>
</body>
</html>
```

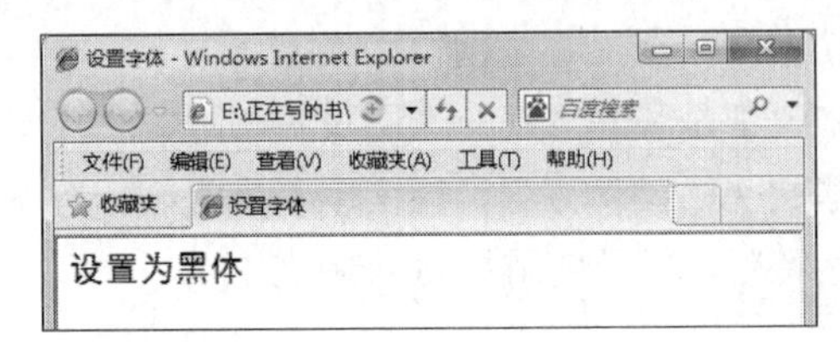

图 9-1

但是在实际应用中，由于大部分中文操作系统的计算机中并没有安装很多字体，因此建议在设置中文字体属性时，不要选择特殊字体，可以选择宋体或黑体。否则当浏览者的计算机中没有安装该字体时，会显示不正常，如果需要安装装饰性的字体，可以使用图片来代替纯文本显示，如图 9-2 和图 9-3 所示。

图 9-2

图 9-3

9.1.2 字号 font-size

文字的大小属性 font-size 用来定义文字的大小。

基本语法

```
font-size: 大小的取值
```

语法说明

font-size 属性的取值既可以使用长度值，也可以使用百分比值。其中，百分比值是相对于父元素的文字大小来计算的。

在 CSS 中，有两种单位：一种是绝对长度单位，包括英寸（in）、厘米（cm）、毫米（mm）、点（pt）和派卡（pc）；另一种是相对长度单位，包括 em、ex 和像素（pixel）。由于 ex 在实际应用中需要获取 x 大小，因浏览器对此处理方式非常粗糙而被抛弃，所以现在的网页设计中对大小的控制使用的单位是 em 和 px（当然还有百分比数值，但它必须是相对于另外一个值的）。

Points 是确定文字大小非常好的单位，因为它在所有的浏览器和操作平台上都适用。从网页设计的角度来说，pixel（像素）是一个非常熟悉的单位，它最大的优点在于所有的操作平台都支持 pixel 单位（而对于其他的单位来说，PC 的文字总是显得比 Mac 机中大一些）。而其不利之处在于，当用户使用 pixels 单位时，网页的屏幕显示不稳定，文字时大时小，甚至有时根本不显示，而 points 单位则没有这种问题。

使用 font-size: 36pt 设置字号为 36pt，在浏览器中浏览文字效果如图 9-4 所示。通过像素设置文本大小，可以对文本大小进行完全控制。

实例代码

```
<!DOCTYPE HTML>
<html>
<head>
<meta charset="utf-8">
<title> 设置字号 </title>
<style type="text/css">
.zt {font-family: " 黑体 ";
  font-size: 36pt;}
</style>
</head>
<body class="zt">
设置字号
</body>
</html>
```

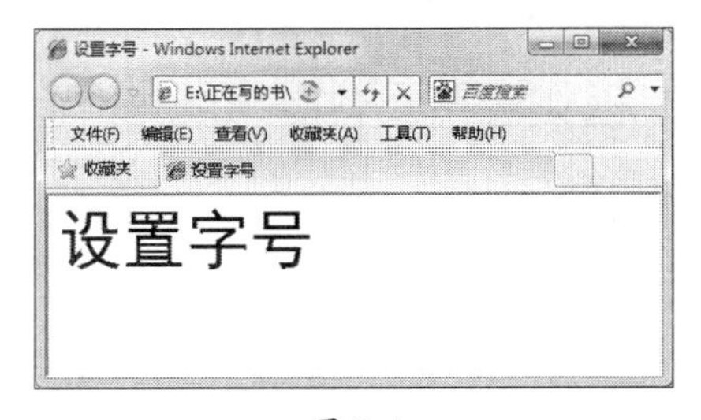

图 9-4

一般网页常用的字号为 12 磅左右。较大的字体可用于标题或其他需要强调的地方，小一些的字体可以用于页脚和辅助信息。需要注意的是，小字号容易产生整体感和精致感，但可读性较差。在网页应用中经常使用不同的字号来排版网页，如图 9-5 所示。

图 9-5

9.1.3 加粗字体 font-weight

在 CSS 中利用 font-weight 属性来设置文字的粗细。

基本语法

```
font-weight: 文字粗度值
```

语法说明

font-weight 的取值包括 normal、bold、bolder、lighter、number。其中 normal 表示正常粗细；bold 表示粗体；bolder 表示特粗体；lighter 表示特细体；number 不是真正的取值，其范围是 100 ~ 900，一般情况下都是整百的数字，如 200、300 等。

下面使用加粗属性 font- weight 设置文本加粗效果，如图 9-6 所示。

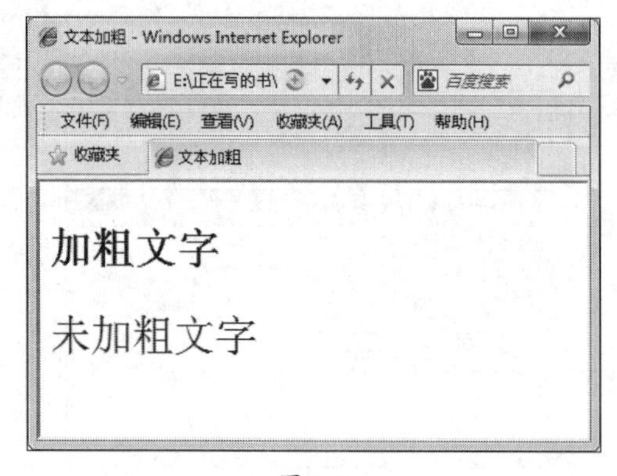

图 9-6

实例代码

```
<!DOCTYPE HTML>
<html>
<head>
```

```
<meta charset="utf-8">
<title>文本加粗</title>
<style type="text/css">
.zt {    font-family: "宋体";
  font-size: 24pt;
  font-weight: bold;}
.zl {    font-family: "宋体";
  font-size: 24pt;}
</style>
</head>
<body>
<p class="zt">加粗文字</p>
<p class="zl">未加粗文字</p>
</body>
</html>
```

网页中的标题、比较醒目的文字或需要重点突出的内容一般都会用粗体字，如图 9-7 所示。

图 9-7

9.1.4　字体风格 font-style

font-style 属性用来设置字体是否为斜体。

基本语法

```
font-style: 样式的取值
```

语法说明

样式的取值有 3 种：normal 是正常的字体；italic 以斜体显示文字；oblique 属于中间状态，以偏斜体显示。

font-style 属性可以设置字体样式为斜体，其 CSS 代码如下，使用 font-style: italic 设置字体为斜体，在浏览器中预览，效果如图 9-8 所示。

实例代码

```
<!DOCTYPE HTML>
<html>
<head>
<meta charset="utf-8">
<title>斜体文字</title>
<style type="text/css">
.zt {    font-family: "黑体";
  font-size: 36pt;
  font-style: italic;
  font-weight: bold;  }
</style>
</head>
<body>
<p><span class="zt">斜体文字</span></p>
</body>
</html>
```

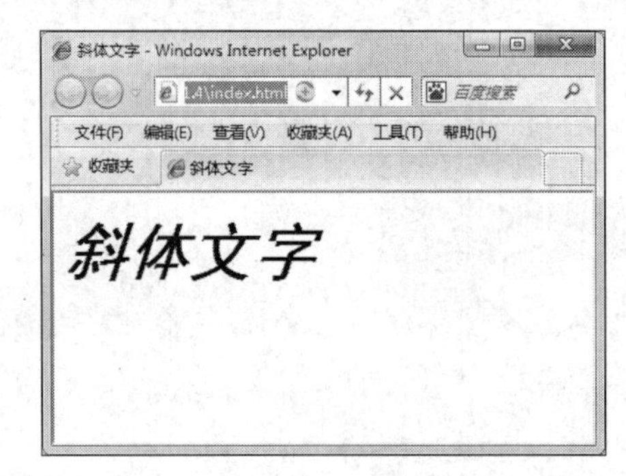

图 9-8

斜体文字在网页中应用比较多，多用于注释、说明、日期或其他信息，如图 9-9 所示的网页中的文字使用了斜体字。

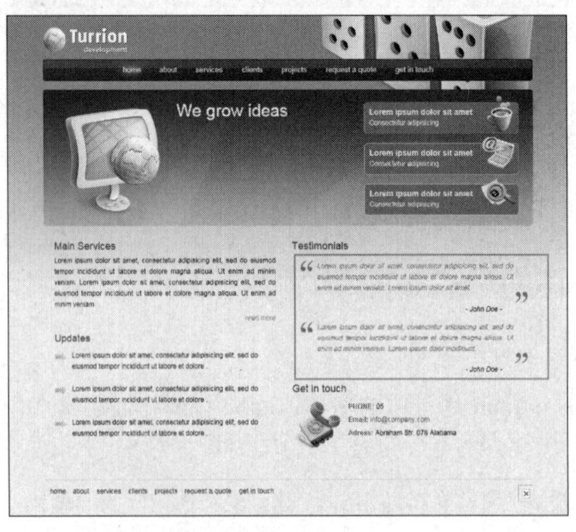

图 9-9

9.1.5　小写字母转换为大写字母 font-variant

使用 font-variant 属性可以将小写英文字母转换为大写英文字母，而且在大写的同时，能够让字母大小保持与小写时相同的高度。

基本语法

```
font-variant: 变体属性值
```

语法说明

font-variant 属性值如表 9-1 所示。

表 9-1　font-variant 属性

属性值	描述
normal	正常值
small-caps	将小写英文字母转换为大写英文字母

使用 font-variant: small-caps 设置英文字母全部大写，而且在大写的同时，能够让字母大小保持与小写时相同的高度。在浏览器中预览，效果如图 9-10 所示。

图 9-10

实例代码

```
<!DOCTYPE HTML>
<html>
<head>
<meta charset="utf-8">
<title> 小写字母转为大写字母 </title>
<style type="text/css">
.zt {    font-family: " 黑体 ";
  font-size: 30pt;
  font-style: italic;
  font-weight: bold;
  font-variant: small-caps;}
</style>
</head>
<body>
<p><span class="zt">html + css+JavaScript</span></p>
</body>
</html>
```

9.2 通过 CSS 控制段落样式

文本的段落样式定义整段的文本特性。在 CSS 中，主要包括单词间距、字母间距、垂直对齐、文本对齐、文字缩进和行高等。

9.2.1 单词间隔 word-spacing

word-spacing 可以设置英文单词之间的距离。

基本语法

```
word-spacing: 取值
```

语法说明

可以使用 normal，也可以使用长度值。normal 指正常的间隔，是默认选项；长度是设置单词间隔的数值及单位，可以使用负值。

通过 word-spacing 可以设置间距的值，设置间距后的效果如图 9-11 所示。

图 9-11

实例代码

```
<!DOCTYPE HTML>
<html>
<head>
<meta charset="utf-8">
<title> 单词间隔 word-spacing</title>
<style type="text/css">
.zt {
  font-family: " 黑体 ";
  font-size: 36pt;
  word-spacing: 8em;
}
</style>
</head>
<body>
<span class="zt">HTML CSS JavaScript</span>
</body>
</html>
```

9.2.2　字符间隔 letter-spacing

使用字符间隔可以控制字符之间的间隔距离。

基本语法

```
letter-spacing: 取值
```

语法说明

可以使用 normal，也可以使用长度值。normal 指正常的间隔，是默认选项；长度是设置字符间隔的数值及单位，可以使用负值。

通过 letter-spacing 可以设置字符间隔的值，设置字符间隔的效果如图 9-12 所示。

实例代码

```
<html>
<head>
<meta http-equiv="Content-Type" content="text/html; charset=utf-8" />
<title>letter-spacing</title>
<style type="text/css">
.zt {    font-family: "黑体";
  font-size: 36pt;
  letter-spacing: 3em; }
</style>
</head>
<body>
<span class="zt">HTML CSS JavaScript </span>
</body>
</html>
```

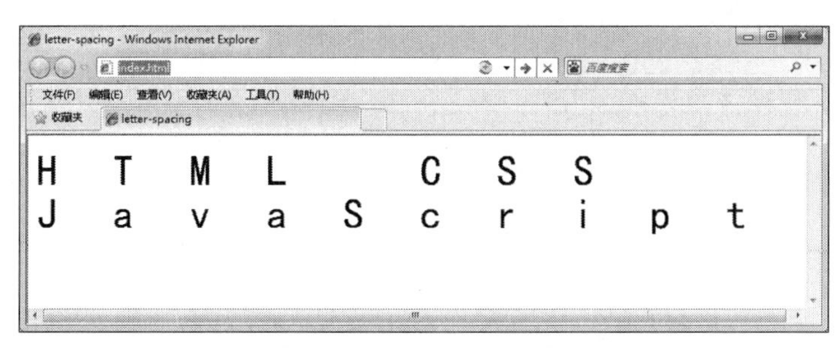

图 9-12

9.2.3　文字修饰 text-decoration

使用文字修饰 text-decoration 属性可以对文本进行修饰，如设置下画线、删除线等。

基本语法

```
text-decoration: 取值
```

语法说明

text-decoration 属性值如表 9-2 所示 。

表 9-2　text-decoration 属性

属性值	描述
none	默认值
underline	对文字添加下画线
overline	对文字添加上画线
line-through	对文字添加删除线
blink	闪烁文字效果

使用 text-decoration: underline 为文字添加下画线，在浏览器中预览，效果如图 9-13 所示。

实例代码

```
<!DOCTYPE HTML>
<html>
<head>
<meta charset="utf-8">
<title></title>
<style type="text/css">
.zt {
  font-family: "黑体";
  font-size: 36pt;
  font-style: italic;
  font-weight: bold;
  text-decoration: underline;
}
</style>
</head>
<body>
<span class="zt">HTML CSS JavaScript </span>
</body>
</html>
```

图 9-13

9.2.4　垂直对齐方式 vertical-align

使用垂直对齐方式可以设置文字的垂直对齐方式。

基本语法

```
vertical-align: 排列取值
```

语法说明

vertical-align 包括以下取值。

- baseline：浏览器默认的垂直对齐方式。
- sub：文字的下标。
- super：文字的上标。
- top：垂直靠上对齐。
- text-top：使元素和上级元素的字体向上对齐。
- middle：垂直居中对齐。
- text-bottom：使元素和上级元素的字体向下对齐。

使用 vertical-align 可以设置垂直对齐方式，在浏览器中预览，效果如图 9-14 所示。

实例代码

```
<!DOCTYPE HTML>
<html>
<head>
<meta charset="utf-8">
<title></title>
<style type="text/css">
.ch {    vertical-align: super;
  font-family: "宋体";
  font-size: 12px;}
</style>
</head>
<body class="font">
5<span class="ch">2</span>-2<span class="ch">2</span> = 21
</body>
</html>
```

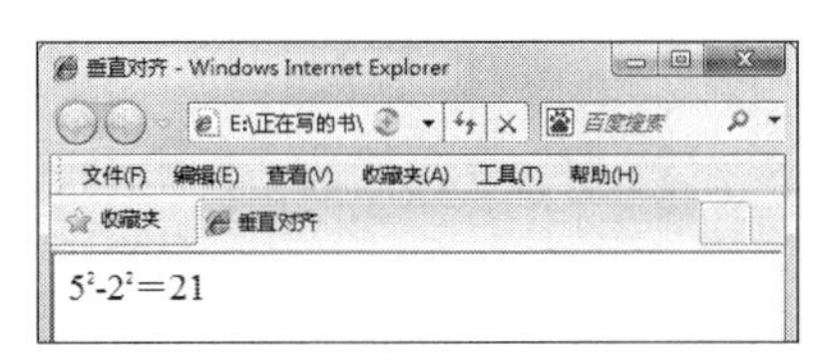

图 9-14

9.2.5　文本转换 text-transform

text-transform 用来转换英文字母的大小写。

基本语法

```
text-transform: 转换值
```

语法说明

text-transform 包括以下取值。

- none：表示使用原始值。
- lowercase：表示使每个单词的首字母大写。
- uppercase：表示使每个单词的所有字母大写。
- capitalize：表示使每个单词的所有字母小写。

使用 text-transform 可以设置 uppercase 选项，使每个单词的所有字母大写，如图 9-15 所示。

图 9-15

实例代码

```
p.about_text{
        padding:5px 0 5px 0;
        font-size:12px;
        color:#ffffff;
        text-transform: uppercase;
}
```

9.2.6 水平对齐方式 text-align

text-align 用于设置文本的水平对齐方式。

基本语法

```
text-align:排列值
```

语法说明

水平对齐方式取值范围包括 left、right、center 和 justify。

- left：左对齐。
- right：右对齐。
- center：居中对齐。
- justify：两端对齐。

使用 text-align 可以设置文本对齐方式，设置完成后的效果如图 9-16 所示。

实例代码

```
<!DOCTYPE HTML>
<html>
```

```
<head>
<meta charset="utf-8">
<title></title>
<style type="text/css">
.left { font-family: " 黑体 ";
  font-size: 36px;
  text-align:left;}
.right {font-family: " 黑体 ";
  font-size: 36px;
  text-align:right;}
.center { font-family: " 黑体 ";
  font-size: 36px;
  text-align:center;}
</style>
</head>
<body >
<p class="left">HTML</p>
<p class="right">HTML</p>
<p class="center">HTML</p>
</body>
</html>
```

在网页中，文本的对齐方式一般采用左对齐，标题或导航有时也用居中对齐的方式，在如图 9-17 所示的网页中，右侧的导航栏采用左对齐的方式。

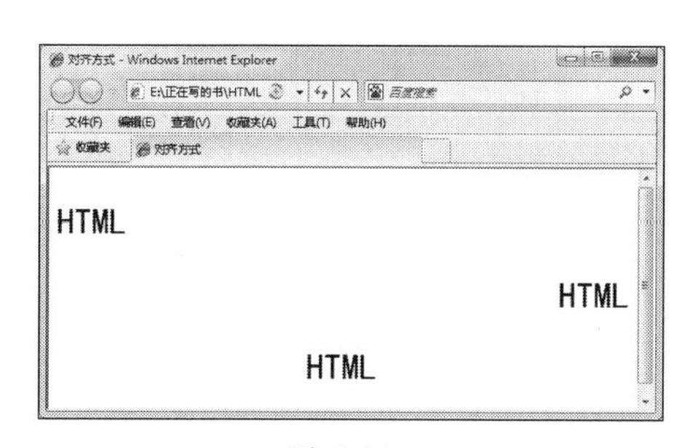

图 9-16

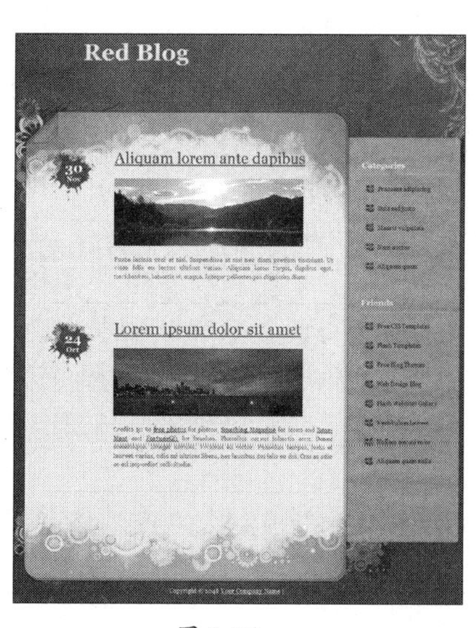

图 9-17

9.2.7　文本缩进 text-indent

在 HTML 中只能控制段落的整体向右缩进，如果不设置，浏览器则默认为不缩进，而在 CSS 中可以控制段落的首行缩进，以及缩进的距离。

基本语法

```
text-indent: 缩进值
```

语法说明

文本的缩进值可以是长度值或百分比。

文本缩进在网页中比较常见，一般用于网页中段落的开头，通过 text-indent 可以设置文本缩进，设置完成后的效果如图 9-18 所示。

图 9-18

实例代码

```
<!DOCTYPE HTML>
<html>
<head>
<meta charset="utf-8">
<title>文本缩进</title>
<style type="text/css">
.code {font-family: "黑体";
  font-size: 36px;
  color: #F00;
  text-indent: 50pt;}
</style>
</head>
<body class="code">
<p class="code" >Dreamweaver CC</p>
<p class="code" >Flash CC</p>
<p class="code" >Fireworks CC</p>
</body>
</html>
```

9.2.8 文本行高 line-height

line-height 属性可以设置对象的行高，行高值可以为长度、倍数或百分比。

基本语法

```
line-height: 行高值
```

语法说明

line-height 可以取值如下。

- Normal：默认，设置合理的行间距。
- Number：设置数值，此数值会与当前的文字尺寸相乘来设置行间距。
- Length：设置固定的行间距。
- %：基于当前文字尺寸的百分比设置行间距。
- Inherit：规定应该从父元素继承 line-height 属性的值。

使用 line-height: 设置行高为 200%，设置行高前后在浏览器中浏览的效果分别如图 9-19 和图 9-20 所示。

实例代码

```
<style type="text/css">
.code {font-family: "微软雅黑";
  font-size: 36px;
  font-weight: bold;
  color: #f00;
  text-decoration: underline;
  line-height: 200%;}
</style>
```

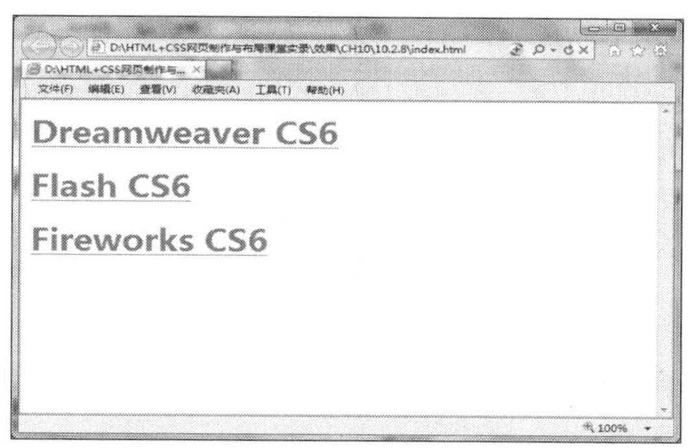

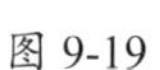
图 9-19

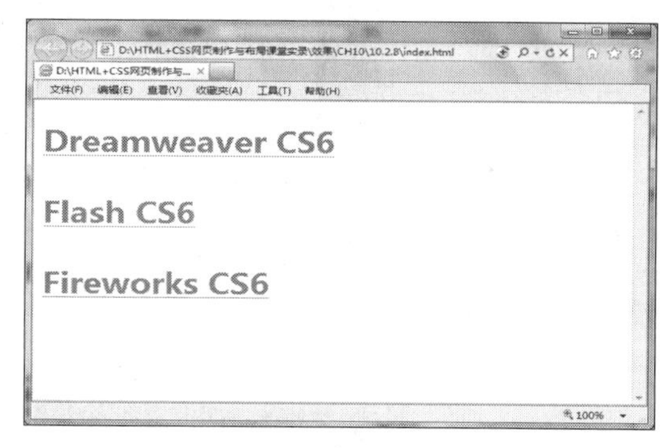

图 9-20

行距的变化会对文本的可读性产生很大影响，在一般情况下，接近文字尺寸的行距设置比较适合正文。行距的常规比例为 10:12，即用字为 10 点，则行距为 12 点，如（line-height：20pt）、（line-height：150%）。在网页中，行高属性是必不可少的。

9.3 综合实例——CSS 字体样式综合演练

前面对 CSS 设置文字的各种属性进行了详细介绍，下面通过一些实例，讲述文字效果的综合使用方法。

01 使用 Dreamweaver 打开网页文档，如图 9-21 所示。

图 9-21

02 切换到代码视图，在文字的前面输入代码 <font color="#FF0000" face=" 宋体 "size="4">，设置文字的字体、大小、颜色，如图 9-22 所示。

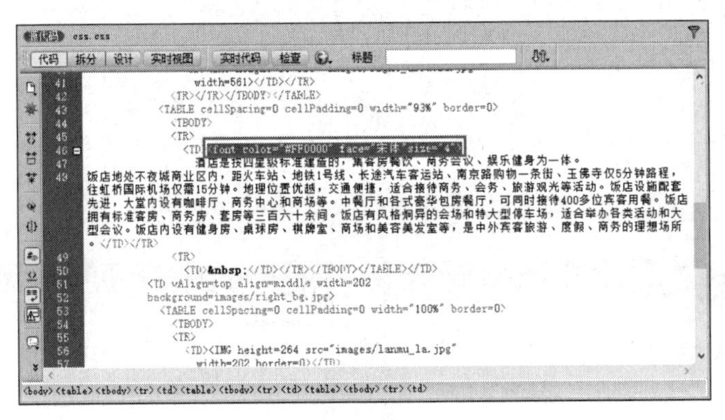

图 9-22

03 在代码视图中，在文字的最后输入代码 </font>，如图 9-23 所示。

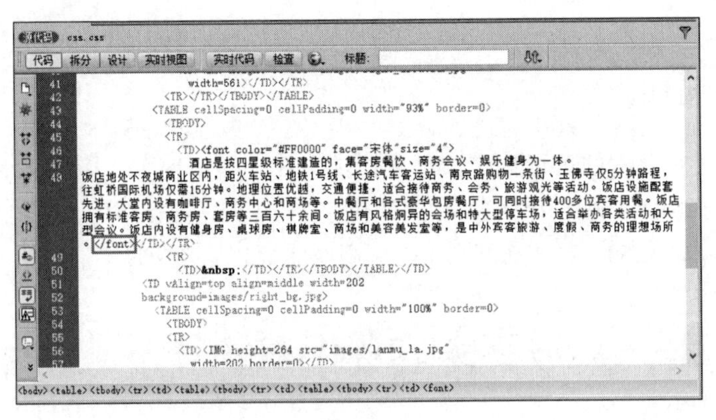

图 9-23

04 打开代码视图，在文本中输入代码 <p>……</p>，即可将文字分成相应的段落，如图 9-24 所示。

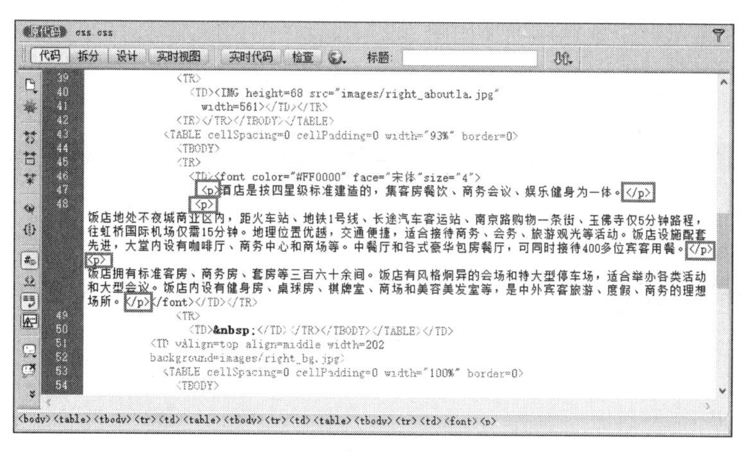

图 9-24

05 在代码视图中，在第 2 段文字的前面输入代码 <p align="center">，设置文本的段落左对齐，如图 9-25 所示。

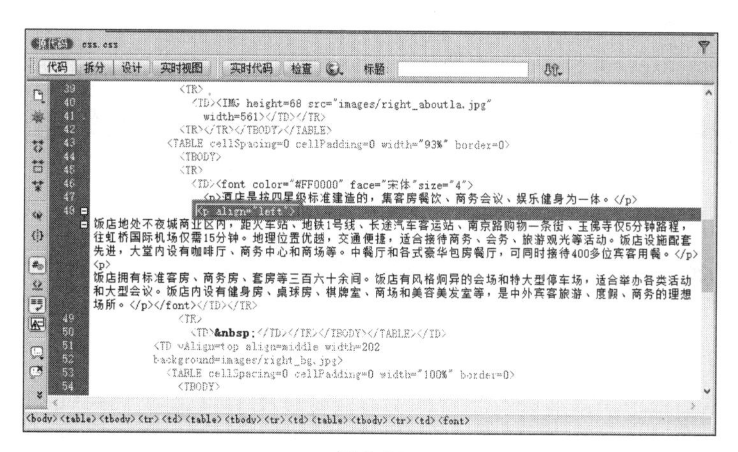

图 9-25

06 在代码视图中，在文字中相应的位置输入   ，设置空格，如图 9-26 所示。

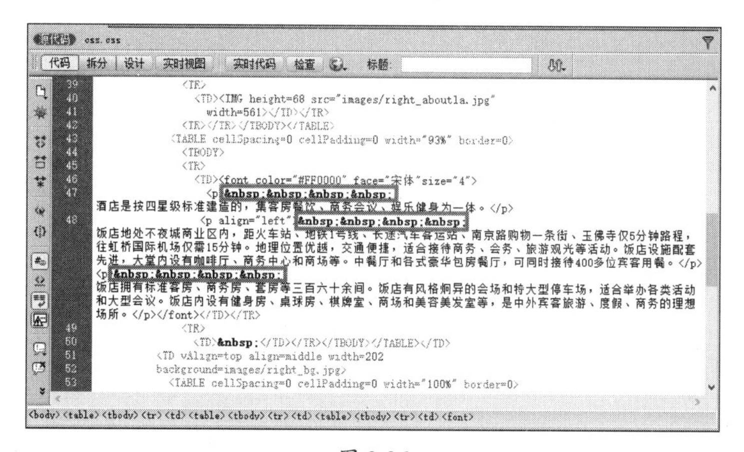

图 9-26

07 保存网页，在浏览器中预览，效果如图 9-27 所示。

图 9-27

9.4 本章小结

文字是人类语言最基本的表达方式，文本的控制与布局在网页设计中占了很大比例，文本与段落也可以说是最重要的组成部分。在网页中添加文字并不困难，可主要问题是如何编排这些文字以及控制这些文字的显示方式，让文字看上去编排有序、整齐美观。本章主要讲述了设置文字格式、设置段落格式的方法。通过对本章内容的学习，读者应对网页中文字格式和段落格式的应用有一个深刻的了解。

第 10 章　用 CSS 设计图片和背景

本章导读

图像是网页中最重要的元素之一，图像不但能美化网页，而且与文本相比能够更直观地说明问题。美观的网页是图文并茂的，一幅幅图像和一个个漂亮的按钮，不但使网页更加美观、生动，而且使网页中的内容更加丰富。可见，图像在网页中的作用是非常重要的。

技术要点

1. 设置网页的背景
2. 设置背景图片的样式
3. 设置网页图片的样式

10.1　设置网页的背景

背景属性是网页设计中应用非常广泛的一种技术。通过背景颜色或背景图像，能为网页带来丰富的视觉效果。HTML 的各种元素基本上都是支持 background 属性。

10.1.1　背景颜色

在 HTML 中，利用 <body> 标记中的 bgcolor 属性可以设置网页的背景颜色，而在 CSS 中使用 background-color 属性，不但可以设置网页的背景颜色，还可以设置文字的背景颜色。

基本语法

```
background-color:颜色取值
```

语法说明

background-color 用于设置对象的背景颜色，背景颜色的默认值是透明色，在大多数情况下可以不用此方法进行设置。

background-color 可取值如下。

- 颜色名称：规定颜色值为颜色名称的背景颜色，如 red。
- 颜色值：规定颜色值为十六进制值的背景颜色，如 #ff00ff。
- rgb 名称：规定颜色值为 rgb 代码的背景颜色，如 rgb(255,0,0)。
- Transparent：默认，背景颜色为透明。

例如，定义一个表格对象的背景颜色，效果如图 10-1 所示。

实例代码

```
<style type="text/css">
.table {
  background-color: #0000ff;
}
</style>
```

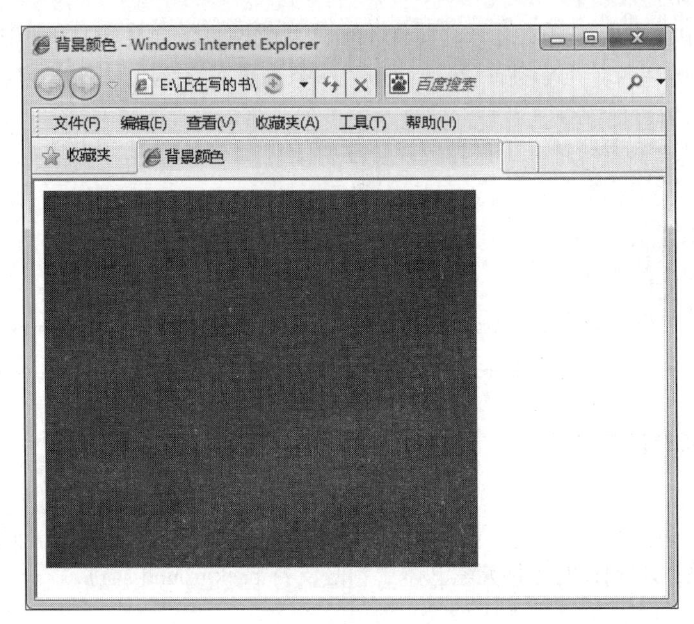

图 10-1

background-color属性为元素设置一种纯色，这种颜色会填充元素的内容、内边距和边框区域，扩展到元素边框的外边界。图 10-2 所示的网页中使用了 background-color 设置背景颜色。

图 10-2

10.1.2　背景图片

CSS 的背景属性 background 提供了众多属性值，如颜色、图像、定位等，为网页背景图像的定义提供了极大的便利。背景图片和背景颜色的设置基本相同，使用 background-image 属性可以设置元素的背景图片。

基本语法

```
background-image:url（图片地址）
```

语法说明

图片地址可以是绝对地址，也可以是相对地址。

例如定义一个 Div 对象的背景图片，如图 10-3 所示。

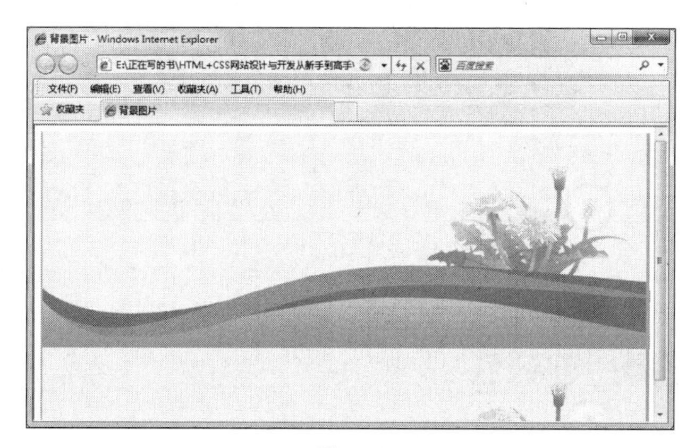

图 10-3

实例代码

```
<!DOCTYPE HTML>
<html>
<head>
<meta charset="utf-8">
<title>背景图片</title>
<style type="text/css">
#apdiv1 {position: absolute;
  width: 780px;
  height: 400px;
  z-index: 1;
  background-image: url(left_bg.jpg);}
</style>
</head>
<body style="">
<div id="apdiv1"></div>
</body>
</html>
```

了解并熟悉了以上 background 属性及属性值之后，很容易就可以对网页的背景图片做出合适的调整。但在这里有一个小技巧，那就是在定义了 background-image 属性之后，应该定义一个与背景图片颜色相近的 background-color 值，这样在网速缓慢，背景图片未加载完成，或是背景图片丢失之后，仍然可以提供很好的文字可识别性。

图 10-4 所示的网页背景图片是一张黄色的底图，如果此时背景图片未加载完成或者图片丢失，就需要定义一个浅黄色的背景颜色，才可以保持文字的可识别性。

图 10-4

10.2 设置背景图片的样式

利用 CSS 可以精确地控制背景图片的各项设置，可以决定是否平铺及如何平铺，背景图片应该滚动还是保持固定，以及将其放在什么位置。

10.2.1 背景图片重复

使用 CSS 来设置背景图片与传统的做法一样简单，但相对于传统的控制方式，CSS 提供了更多的可控选项，图片的重复方式共有 4 种平铺选项，分别是 no-repeat、repeat、repeat-x、repeat-y。

基本语法

```
background-repeat: no-repeat | repeat| repeat-x| repeat-y;
```

语法说明

background-repeat 的属性值如表 10-1 所示。

表 10-1　background-repeat 的属性值

属性值	描述
no-repeat	背景图像不重复
repeat	背景图像重复排满整个网页
repeat-x	背景图像只在水平方向上重复
repeat-y	背景图像只在垂直方向上重复

背景重复用于设置对象的背景图片是否平铺及如何铺排，必须先指定对象的背景图片。下面介绍背景重复实例，效果如图 10-5 所示。

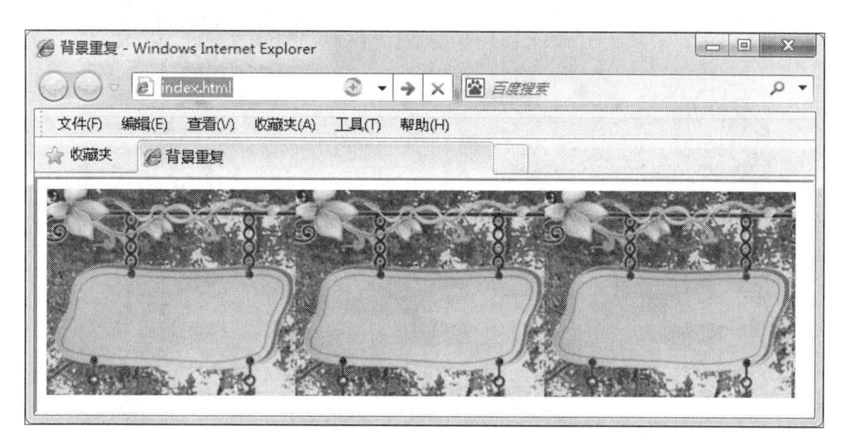

图 10-5

实例代码

```
<!DOCTYPE HTML>
<html>
<head>
<meta charset="utf-8">
<title>背景重复</title>
<style type="text/css">
#apdiv1 {
  position: absolute;
  width: 630px;
  height: 180px;
  z-index: 1;
  background-image: url(tqyb.gif);
  background-repeat: repeat-x;
}
</style>
</head>
<body>
<div id="apdiv1"></div>
</body>
</html>
```

提示

在设置背景图像时，最好同时指定一种背景色。这样在下载背景图像时，背景色会首先出现在屏幕上，而且它会透过背景图像上的透明区域显示出来。

平铺选项是在网页设计中经常用到的一个选项，例如网页中常用的渐变式背景。采用传统方式制作渐变式背景，往往需要宽度为 1px 的背景进行平铺，但为了使纵向不再进行平铺，往往高度设为高于 1000px。如果采用 repeat-x 方式，只需要将渐变背景按需要高度设计即可，不再需要使用超高的图片来平铺，如图 10-6 所示。

图 10-6

10.2.2 背景图片附件

在网页中，背景图片通常会随网页的滚动一起滚动，background-attachment 属性设置背景图片是否固定或者随着页面的其余部分滚动。

基本语法

```
background-attachment: scroll|fixed;
```

语法说明

background-attachment 的属性值如表 10-2 所示。

表 10-2　background-attachment 的属性值

属性值	描述
scroll	背景图片随对象内容滚动
fixed	当页面的其余部分滚动时，背景图片不会移动

固定背景属性一般都用于整个网页的背景图片，即 body 标签内容设定的背景图片。

实例代码

```
<!DOCTYPE HTML>
<html>
<head>
<meta charset="utf-8">
<title> 背景固定不动 </title>
```

```
<style type="text/css">
body
{background-image:url(tqyb.gif);
background-repeat:no-repeat;
background-attachment:fixed}
</style>
</head>
<body>
<p> 背景不会随页面的其余部分滚动。</p>
<p>A</p>
<p>B</p>
<p>C</p>
<p>D</p>
<p>E</p>
<p>F</p>
<p>G</p>
<p>H</p>
<p>I</p>
<p>J</p>
<p>K</p>
<p>L</p>
<p>M</p>
<p>N</p>
<p>O</p>
<p>P</p>
</body>
</html>
```

在浏览器中可以看到页面滚动时，背景图片仍保持固定，如图 10-7 和图 10-8 所示。固定背景属性在网站中经常用到，一般都是将一幅大的背景图片固定，在页面滚动时，网页中的内容可以浮动在背景图片上。

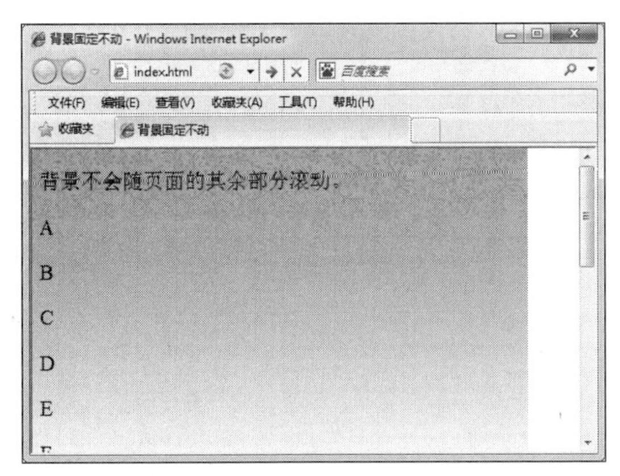

图 10-7

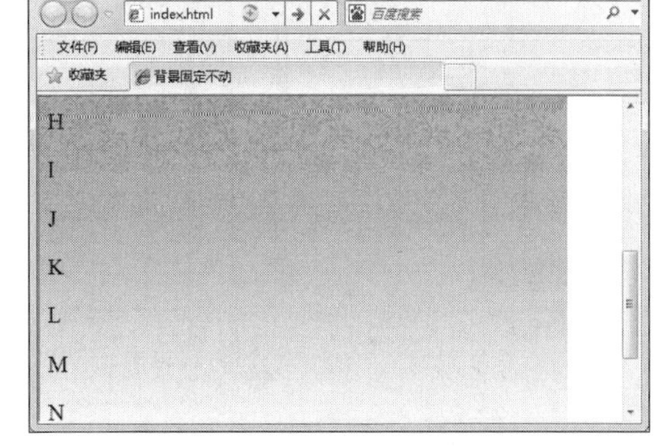

图 10-8

10.2.3 背景图片定位

CSS 除了提供图片重复方式的设置，还提供了背景图片定位功能。在传统的表格式布局中，即使使用图片，也没有办法提供精确到像素级的定位方式，一般是通过透明 GIF 图片来强迫图片到目标位置上的。background-position 属性设置背景图像的起始位置。

基本语法

```
background-position: 取值 ;
```

语法说明

background- position 的属性值如表 10-3 所示。

表 10-3　background- position 的属性值

属性值	描述
background-position(X)	设置图片水平位置
background-position(Y)	设置图片垂直位置

这个属性设置背景原图片（由 background-image 定义）的位置，通过设置 background-position: 40px 60px，背景图片将从（40px 60px）这一点开始，如图 10-9 所示。

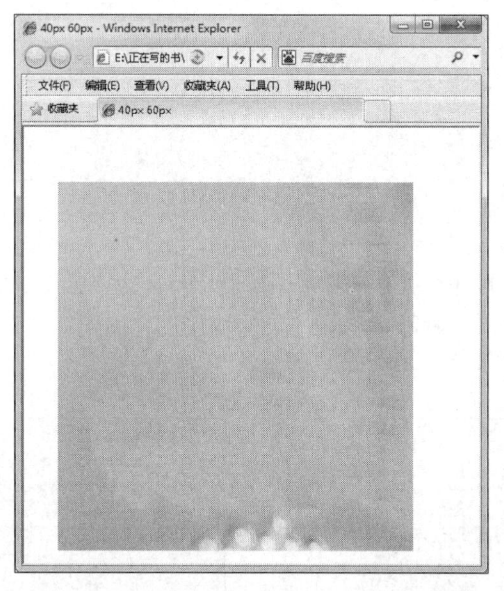

图 10-9

实例代码

```
<!DOCTYPE HTML>
<html>
<head>
<meta charset="utf-8">
<title>40px 60px</title>
<style type="text/css">
body {
  background-attachment: fixed;
  background-image: url(bj.jpg);
  background-repeat: no-repeat;
```

```
  background-position: 40px 60px;
</style>
</head>
<body>
</body>
</html>
```

背景图片定位功能可以用于图像和文字的混合排版，将背景图片定位在适合的位置上，以获得最佳的效果。

background-position(X) 和 background- position(Y) 属性的单位可以使用 pixels、points、inches、em 等，也可以使用比例值来设定背景图片的位置。这里设置 background-position: 50% 5%，实例效果如图 10-10 所示。代码 background-position: 50% 5%; 表明背景图像在水平距离左侧 50%，垂直距离顶部 5% 的位置显示。

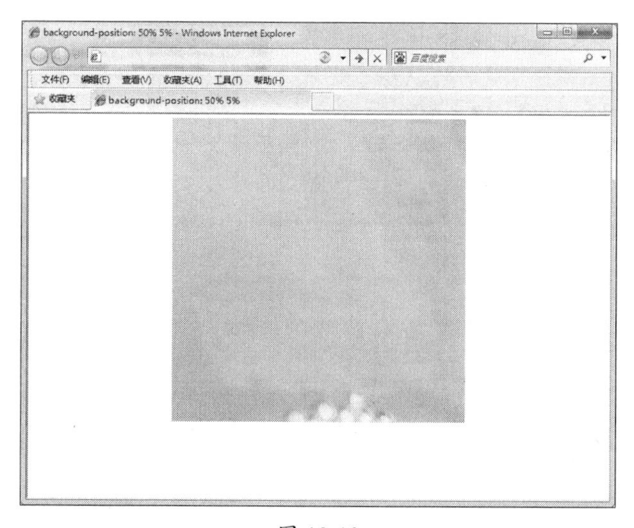

图 10-10

实例代码

```
<!DOCTYPE HTML>
<html>
<head>
<meta charset="utf-8">
<title>background-position: 50% 5%</title>
<style type="text/css">
body {background-attachment: fixed;
  background-image: url(bj.jpg);
  background-repeat: no-repeat;
  background-position: 50% 5%;}
</style>
</head>
<body>
</body>
</html>
```

在背景定位属性的下拉列表中也提供了 top、center、bottom 参数值。这里设置 background-position: 50% center，实例效果如图 10-11 所示。

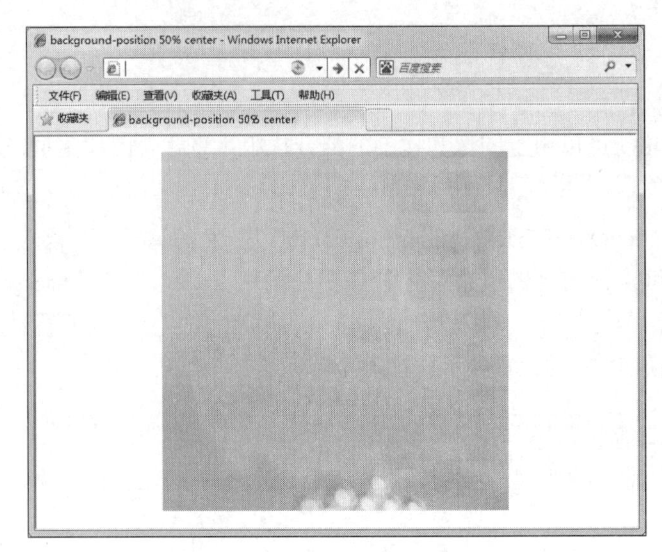

图 10-11

实例代码

```
<!DOCTYPE HTML>
<html>
<head>
<meta charset="utf-8">
<title>background-position 50% center</title>
<style type="text/css">
body {background-attachment: fixed;
  background-image: url(bj.jpg);
  background-repeat: no-repeat;
  background-position: 50% center; }
</style>
</head>
<body>
</body>
</html>
```

10.3 设置网页图片的样式

在网页中恰当地使用图像，能够充分展现网页的主题和增强网页的美感，同时能够极大地吸引浏览者的目光。网页中的图像包括 Logo、Banner、广告、按钮及各种装饰性的图标等。CSS 提供了强大的图像样式控制能力，以帮助设计专业、美观的网页。

10.3.1 设置图片边框

在默认情况下，图像是没有边框的，通过 border 边框属性可以为图像添加边框线。定义图像的边框属性后，在图像四周出现了 4px 宽的实线边框，效果如图 10-12 所示。

实例代码

```
<!DOCTYPE HTML>
<html>
<head>
<meta charset="utf-8">
<title></title>
<style type="text/css">
#apdiv1 {border: 4px solid #FF6633;}
</style>
</head>
<body>
<div id="apdiv1"><img src="03.jpg" width="500" height="438"></div>
</body>
</html>
```

可设置元素各个边的边框样式，width 设置元素边框的粗细，color 可以分别设置每条边框的颜色，例如设置 4px 的虚线边框，如图 10-13 所示。

图 10-12

图 10-13

实例代码

```
<!DOCTYPE HTML>
<html>
<head>
<meta charset="utf-8">
<title></title>
<style type="text/css">
#apdiv1 {border: 4px dashed #ff6633;}
</style>
</head>
<body>
<div id="apdiv1"><img src="03.jpg" width="500" height="500"  alt=""/>
</div>
</body>
</html>
```

通过改变边框的 style、width 和 color，可以得到下列各种不同效果。

border: 4px dotted #ff6633;，效果如图 10-14 所示。

border: 8px double #ff6633;，效果如图 10-15 所示。

图 10-14

图 10-15

border: 30px groove #ff6633;，效果如图 10-16 所示。

border:30px ridge #ff6633;，效果如图 10-17 所示。

图 10-16

图 10-17

border: 30px inset #ff6633;，效果如图 10-18 所示。

border: 30px outset #ff6633;，效果如图 10-19 所示。

图 10-18

图 10-19

10.3.2　图文混合排版

在网页中只有文字是非常单调的，因此在段落中经常会插入图像。在网页构成的诸多要素中，图像是形成设计风格和吸引视觉的重要因素之一。图 10-20 所示的网页就是图文混排的网页。

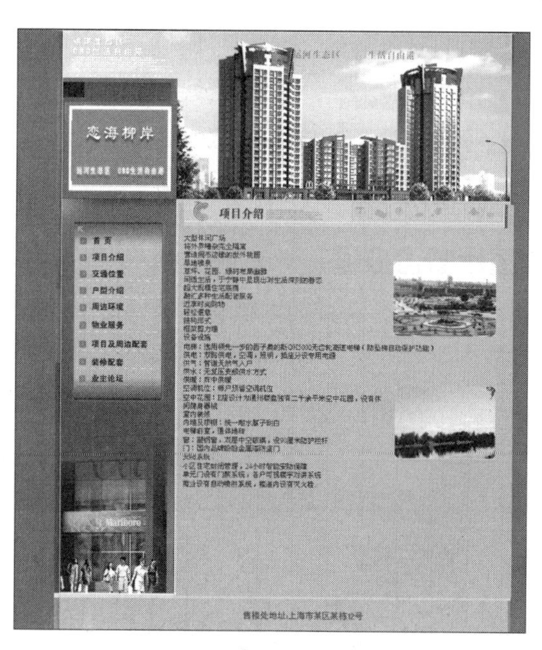

图 10-20

可以先插入一个 Div 标签，然后再将图像插入 Div 标签中。新建样式 .pic，设置 Float 属性为 right，使文字内容显示在 img 对象旁边，从而实现文字环绕图像的排版效果。

为了使文字和图像之间保留一定的距离，还要定义 .pic 的 Padding 属性，预览效果如图 10-21 所示，其 CSS 代码如下。

```
.pic {
```

```
float: right;
padding: 10px;}
```

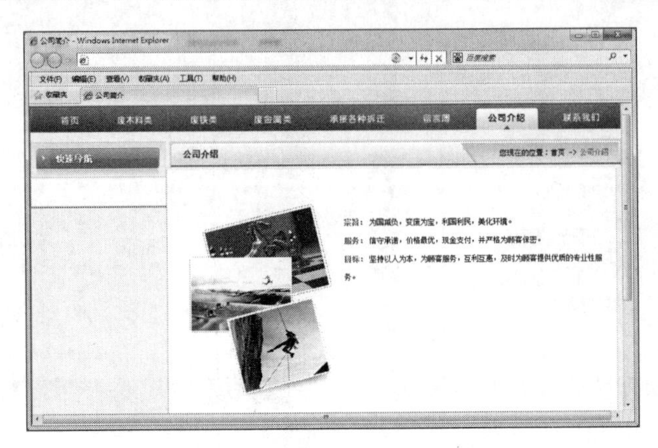

图 10-21

如果要使图像居左，用同样的方法设置 float: left，其代码如下。

```
.pic {float: left;
  padding: 10px;}
```

10.4 综合实例

前面学习了图像和背景的设置方法，下面通过一些实例来具体讲述操作步骤，以达到学以致用的目的。

10.4.1 实例 1——为图片添加边框

图像是网页中最重要的元素之一，美观的图像会为网站增添生命力，同时也加深用户对网站的印象。下面讲述图像边框的添加方法，具体操作步骤如下。

01 打开网页文档，选中插入网页的图像，如图 10-22 所示。

图 10-22

02 新建 CSS 样式，将 Style 样式设置为 solid，width 设置为 thin，color 设置为 #169129，如图 10-23 所示。

```
<style type="text/css">
.biankuang {border: thin solid #169129;}
</style>
```

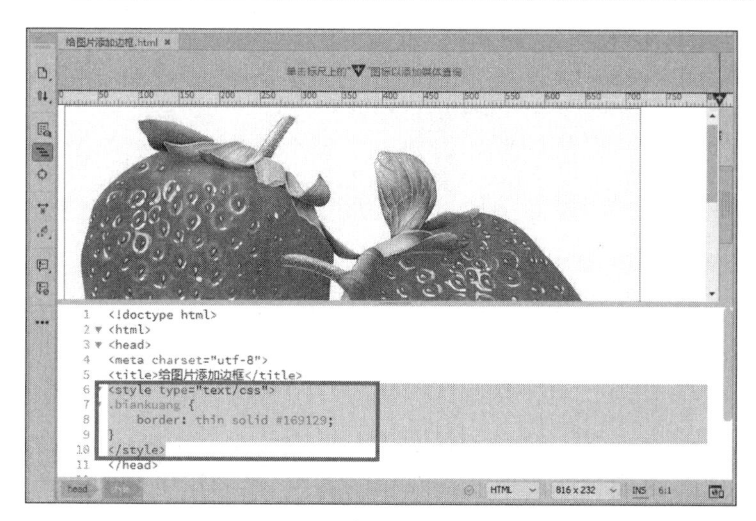

图 10-23

03 对图片应用新建的样式后，可以清晰看到图像的线框，预览效果如图 10-24 所示。

图 10-24

10.4.2　实例 2——光标移到图片时产生渐变效果

下面利用 alpha 滤镜设置图像的透明度，从而制作鼠标指针移到其上时，图片渐变的效果，具体操作步骤如下。

01 打开 HTML 文档，在 <head> 与 </head> 之间的相应位置输入以下代码，如图 10-25 所示。

```
<style type="text/css">
.highlightit img{
filter:progid:DXImageTransform.Microsoft.Alpha(opacity=60);
-moz-opacity: 0.5;
}
.highlightit:hover img{
filter:progid:DXImageTransform.Microsoft.Alpha(opacity=100);
-moz-opacity: 1;
}
</style>
```

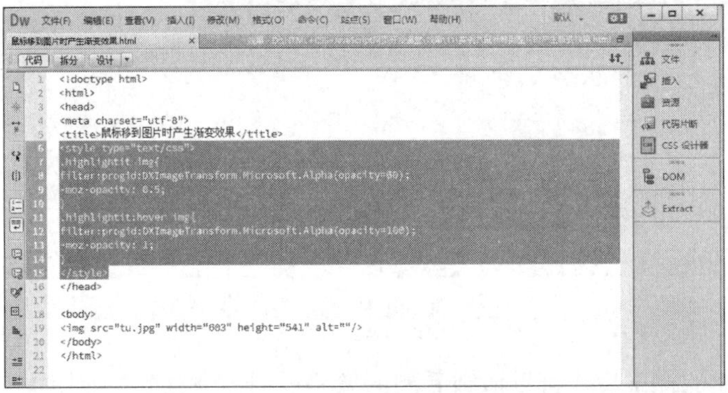

图 10-25

提示

首先利用Alpha(opacity=60)定义原始图片的不透明度为60，然后利用Alpha(opacity=100)定义激活图片时的不透明度为100。

02 在图片标记的前面输入代码，如图 10-26 所示。

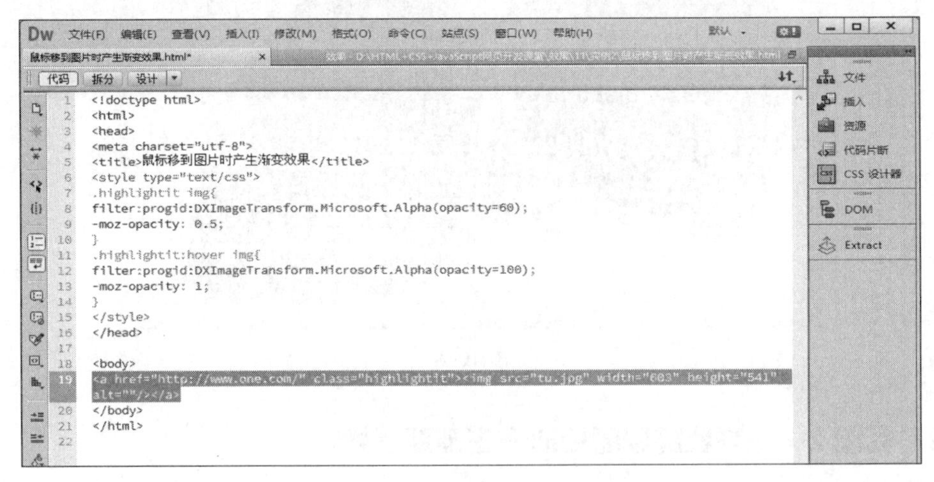

图 10-26

提示

对图片应用highlightit样式。

03 保存文档，在浏览器中预览，效果如图 10-27 所示。

图 10-27

10.5 本章小结

CSS 各种意想不到的绚丽效果，只用简单的几句代码即可得到。本章主要介绍利用 CSS 设置网页的背景和背景图片样式的方法。通过对本章内容的学习，读者应对网页中的图像有更深刻的认识，不但使网页更加美观、生动，而且使网页中的内容更加丰富。

第 11 章 用 CSS 制作实用的菜单和网站导航

本章导读

在 HTML 文档中，列表用于提供结构化的、易于阅读的消息格式，可以帮助浏览者方便地找到信息，并引起其对重要信息的注意。本章将介绍多种不同类型的列表的使用方法，包括无序列表及有序列表等。

技术要点

1. 列表的使用
2. 控制列表样式
3. 横排导航
4. 竖排导航

11.1 列表的使用

列表用于将相关联的信息集合在一起，这样相关联的信息就被紧密地联系在一起，便于人们阅读。在网络开发中，列表是广泛使用的元素，频繁地用于导航和一般内容中。

从文档结构上看，因为使用列表有助于创建出结构良好、更容易访问且易于维护的网页文档，因此使用列表是很好的选择。此外，列表还提供了可附加 CSS 样式的额外元素，有助于应用各种样式。

HTML 有 3 种列表形式：排序列表（Ordered List）、不排序列表（Unordered List）、定义列表（Definition List）。

- 排序列表（Ordered List）：排序列表中，每个列表项前标有数字，表示顺序。排序列表由 <ol> 开始，每个列表项由 <li> 开始。
- 不排序列表（Unordered List）：不排序列表不用数字标记每个列表项，而采用一个符号标记每个列表项，如圆黑点。不排序列表由 <ul> 开始，每个列表项由 <li> 开始。
- 定义列表：定义列表通常用于术语的定义，定义列表由 <dl> 开始。术语由 <dt> 开始，英文意为 Definition Term。术语的解释说明由 <dd> 开始，<dd></dd> 中的文字缩进显示。

11.2 控制列表样式

列表是一种非常实用的数据排列方式，它以条列式的模式来显示数据，可以帮助浏览者方便地找到所需信息，并引起其对重要信息的注意。

11.2.1　ul 无序列表

无序列表是网页标准布局中最常用的样式，ul 用于设置无序列表，在每个项目文字之前，以项目符号作为每条列表项的前缀，各个列表之间没有顺序级别之分。表 11-1 所示为 ul 标记的属性定义。

表 11-1　ul 标记的属性定义

	属性名	说明
标记固有属性	type =项目符合	定义无序列表中列表项的项目符号图形样式
可在其他位置定义的属性	id	在文档范围内的识别标志
	class	
	lang	语言信息
	dir	文本方向
	title	标记标题
	style	行内样式信息

基本语法

```
<ul>
<li> 列表 </li>
<li> 列表 </li>
<li> 列表 </li>
…
</ul>
```

语法说明

在该语法中，<ul> 和 </ul> 标记表示无序列表的开始和结束，<li> 则表示一个列表项的开始。

实例代码

```
<ul>
        <li> 购买复式住宅的客户，可获得 30000 元的家电补贴。</li>
        <br>
        <li> 购买三居室的客户，可获得 20000 元的家电补贴。</li>
        <br>
        <li> 购买两居室的客户，可获得 10000 元的家电补贴。</li>
        </p>
        <p><br>
        </p>
 </ul>
```

代码中 <li></li> 之间的部分用来设置无序列表，在浏览器中预览，效果如图 11-1 所示，每个列表项用圆黑点表示。

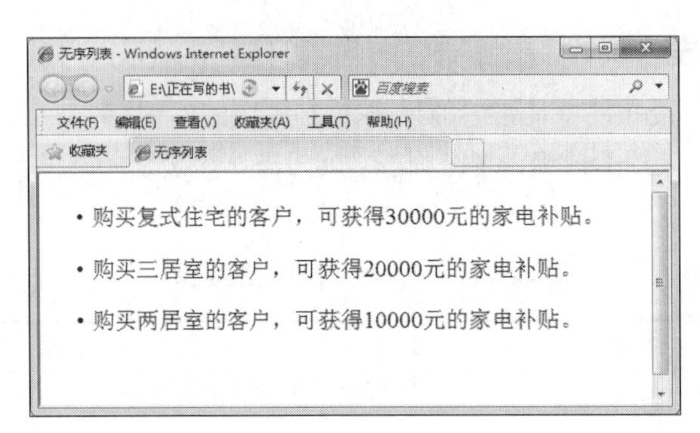

图 11-1

11.2.2 ol 有序列表

有序列表使用编号，而不是项目符号来进行排列，列表中的项目采用数字或英文字母开头，通常各项目之间具有先后顺序。ol 标记的属性及其介绍如表 11-2 所示。

表 11-2 ol 标记的属性定义

	属性名	说明
标记固有属性	type ＝项目符合	有序列表中列表项的项目符号格式
	start	有序列表中列表项的起始数字
可在其他位置定义的属性	id	在文档范围内的识别标志
	lang	语言信息
	dir	文本方向
	title	标记标题
	style	行内样式信息

基本语法

```
<ol>
<li> 列表 1</li>
<li> 列表 2</li>
<li> 列表 3</li>
…
</ol>
```

语法说明

在该语法中，<ol> 和 </ol> 标记标志着有序列表的开始和结束，而 <li> 和 </li> 标记表示一个列表项的开始。

实例代码

```
<ol>
<p> 房型名称          价格（单位：元）          早餐 </p>
<li> 普通房               1580                    无 </li>
<li> 标准房               1800                    有 </li>
<li> 豪华套房             2300                    有 </li>
```

```
<li> 行政套房            2500                  有 </li>
<li> 总统套房            4500                  有 </li>
</ol>
```

运行代码在浏览器中预览，效果如图 11-2 所示。

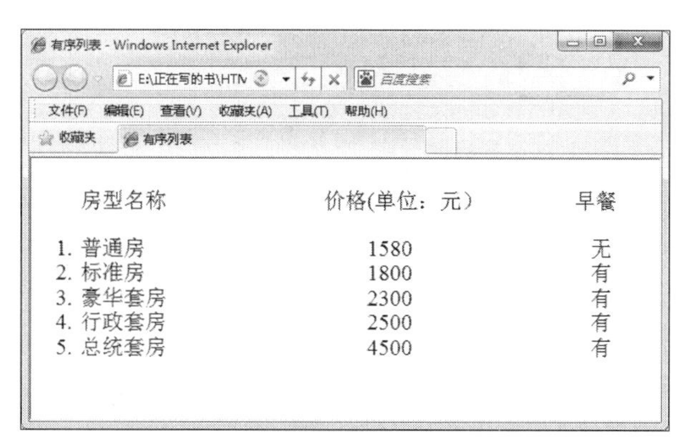

图 11-2

高手支招

在有序列表中，使用<ol>作为有序的声明，使用<li>作为每个项目的起始。

11.2.3　dl 定义列表

定义列表由两部分组成，包括定义条件和定义描述。定义列表由 <dl> 元素起始和结尾，<dt> 用来指定定义条件，<dd> 用来指定定义描述。

基本语法

```
<dl>
<dt> 定义条件 </dt>
<dd> 定义描述 </dd>
…
</dl>
```

实例代码

```
<dl>
<dt> 咖啡厅 </dt>
<dd> 环境优雅、舒适的咖啡厅位于酒店一楼，每日为您提供款式多样、丰盛美味的自助早餐。
</dd>
 <dt> 食府 </dt>
 <dd> 富丽堂皇的食府位于酒店三楼，室内另设七个包厢。古典的韵味，精致的菜肴，个性化的服务，
这一切将给您一种特别的感受。</dd>
<dl>
```

这段代码用来设置定义列表，运行代码在浏览器中预览，效果如图 11-3 所示。

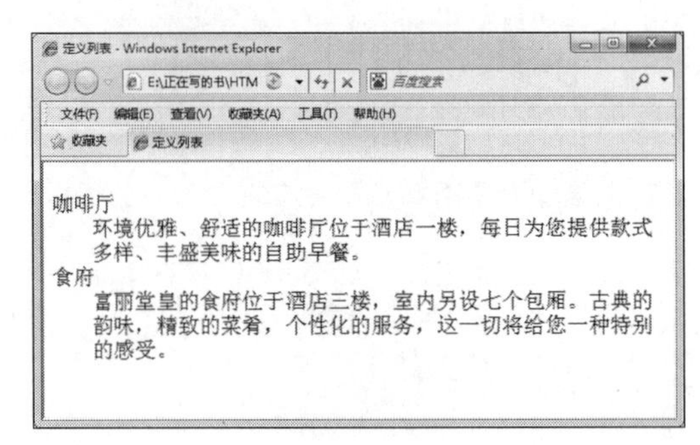

图 11-3

11.2.4 更改列表起始数值

使用 start 属性可以调整有序列表的起始数值，该数值可以对数字起作用，也可以作用于英文字母或者罗马数字。

基本语法

```
<ol start=" 起始数值 ">
<li> 列表 </li>
<li> 列表 </li>
<li> 列表 </li>
...
</ol>
```

实例代码

```
<ol type="1" start="5">
<p> 房型名称                      价格（单位：元）          早餐 </p>
<li> 普通房                       1580                      无 </li>
<li> 标准房                       1800                      有 </li>
<li> 豪华套房                     2300                      有 </li>
<li> 行政套房                     2500                      有 </li>
<li> 总统套房                     4500                      有 </li>
</ol>
```

在代码中 <ol type="1" start="5"> 将有序列表的起始数值设置为从第 5 个数字开始，在浏览器中浏览，效果如图 11-4 所示。

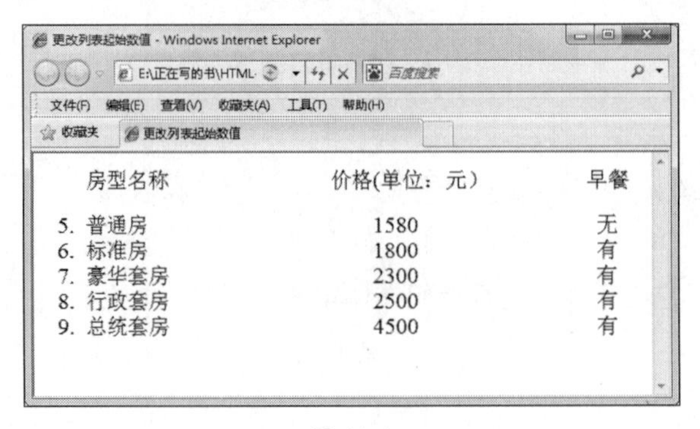

图 11-4

提示

网页在不同浏览器中的显示效果可能不一样，HTML标准没有指定网页浏览器应如何格式化列表，因此使用旧浏览器的用户看到的缩进可能与在书中看到的不同。

11.3 横排导航

网站导航都含有超链接，因此，一个完整的网站导航需要创建超链接样式。导航栏就好像一本书的目录，对整个网站有着很重要的作用。

11.3.1 文本导航

横排导航一般位于网站的顶部，是一种比较重要的导航形式。图 11-5 所示是一个用表格式布局制作的横排导航。

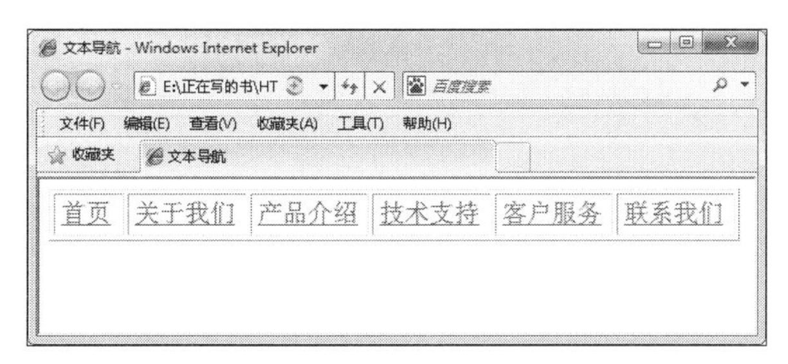

图 11-5

根据表格式布局的制作方法，图 11-5 所示的导航一共由 6 个栏目组成，所以需要在网页文档中插入 1 个 1 行 6 列的表格，在每行单元格 td 标签内添加导航文本，其代码如下。

```
<table width="480" border="1" cellpadding="5" cellspacing="3"
bgcolor="#FFFFCC">
  <tr>
    <td><a href="index.htm"> 首页 </a></td>
    <td><a href="about.htm"> 关于我们 </a></td>
    <td><a href="product.htm"> 产品介绍 </a></td>
    <td><a href="technical.htm"> 技术支持 </a></td>
    <td><a href="bbs.htm"> 客户服务 </a></td>
    <td><a href="we.htm"> 联系我们 </a></td>
  </tr>
</table>
```

可以使用 ul 列表来制作导航。实际上导航也是一种列表，可以理解为导航列表，导航中的每个栏目就是一个列表项。用列表实现导航的 XHTML 源代码如下。

```
<ul id="nav">
 <li><a href="index.htm"> 首页 </a></li>
 <li><a href="about.htm"> 关于我们 </a></li>
 <li><a href="product.htm"> 产品介绍 </a></li>
 <li><a href="technical.htm"> 技术支持 </a></li>
 <li><a href="bbs.htm"> 客户服务 </a></li>
```

```
    <li><a href="we.htm">联系我们</a></li>
</ul>
```

其中，#nav 对象是列表的容器，列表效果如图 11-6 所示。

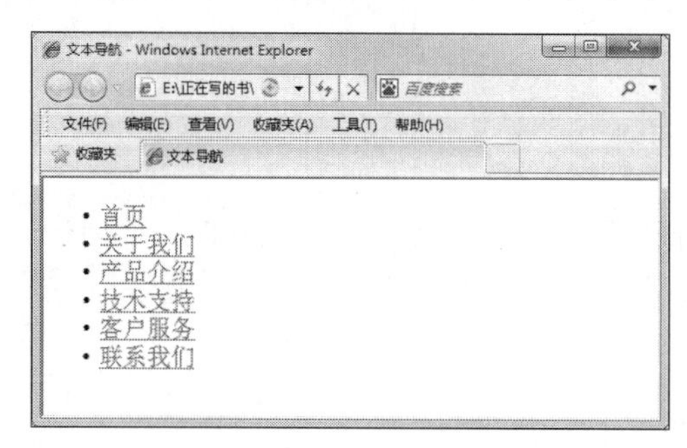

图 11-6

定义无序列表 nav 的边距，并设置填充均为零，文字大小为 12px。

```
#nav { font-size:12px;
    margin:0;
    padding:0;
    white-space:nowrap; }
```

不希望菜单还未结束就另起一行，强制在同一行内显示所有文本，直到文本结束或者遇到 br 对象。

```
#nav li {display:inline;
    list-style-type: none;}
#nav li a { padding:5px 8px;
    line-height:22px;}
```

display:inline; 内联（行内），将 li 限制在一行内显示。

list-style-type: none; 列表项预设标记为无。

padding:5px 8px; 设置链接的填充，上下为 5px，左右为 8px。

line-height:22px; 设置链接的行高为 22px。

```
#nav li a:link,#nav li a:visited {color:#fff;
    text-decoration:none;
    background:#06f;}
#nav li a:hover { background-color: #090;}
```

定义链接的 link、visited。

color:#fff; 字体颜色为白色。

text-decoration:none; 去除了链接文字的下画线。

background:#06f; 链接在 link、visited 状态下背景色为蓝色。

a:hover 状态下 background-color: #090; 鼠标激活状态链接的背景色为绿色。

至此就完成了这个实例，CSS 横向文本导航最终效果如图 11-7 所示。

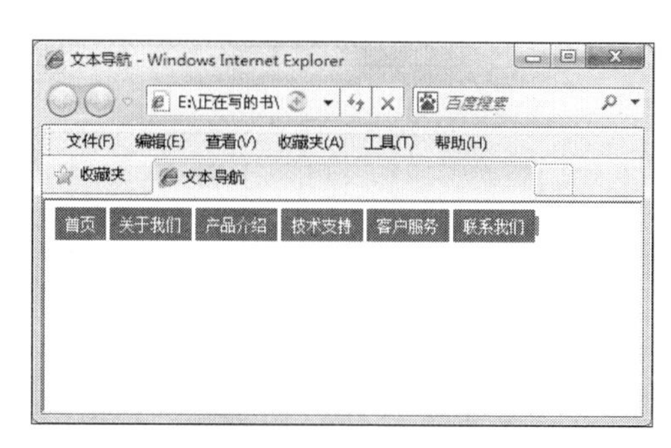

图 11-7

11.3.2　标签式导航

在横排导航设计中经常会遇见一种类似文件夹标签的样式。这种样式的导航不仅美观，而且能够让浏览者清楚地知道目前处在哪一个栏目，因为当前栏目标签会呈现与其他栏目标签不同的颜色或背景。图 11-8 所示的网页顶部的导航就是标签式导航。

图 11-8

要使某一个栏目成为当前栏目，必须对这个栏目的样式进行单独设计。对于标签式导航，首先从比较简单的文本标签式导航入手。

```
<div id="tabs">
  <ul>
    <li><a href="#"><span> 手机通信 </span></a></li>
    <li><a href="#"><span> 手机配件 </span></a></li>
    <li><a href="#"><span> 数码影像 </span></a></li>
    <li><a href="#"><span> 时尚影音 </span></a></li>
    <li><a href="#"><span> 数码配件 </span></a></li>
    <li><a href="#"><span> 电脑整机 </span></a></li>
  <li><a href="#"><span> 电脑软件 </span></a></li>
```

```
    </ul>
</div>
```

CSS 代码如下，效果如图 11-9 所示。

手机通信 | 手机配件 | 数码影像 | 时尚影音 | 数码配件 | 电脑整机 | 电脑软件

图 11-9

```
h2 {
  font: bold 14px   "黑体";
  color: #000;
  margin: 0px;
  padding: 0px 0px 0px 15px;
}
  /* 定义 #tabs 对象的浮动方式，宽度，背景颜色，文字大小，行高和边框 */
#tabs {
      float:left;
      width:100%;
      background:#eff4fa;
      font-size:93%;
      line-height:normal;
    border-bottom:1px solid #dd740b;
      }
  /* 定义 #tabs 对象中无序列表的样式  */
    #tabs ul {
  margin:0;
  padding:10px 10px 0 50px;
  list-style:none;
      }
  /* 定义 #tabs 对象中列表项的样式  */
    #tabs li {
      display:inline;
      margin:0;
      padding:0;
      }
  /* 定义 #tabs 对象中链接文字的样式  */
    #tabs a {
      float:left;
      background:url("tableftI.gif") no-repeat left top;
      margin:0;
      padding:0 0 0 5px;
      text-decoration:none;
      }
    #tabs a span {
      float:left;
      display:block;
      background:url("tabrightI.gif") no-repeat right top;
      padding:5px 15px 4px 6px;
      color:#fff;
      }
```

```
    #tabs a span {float:none;}
  /* 定义 #tabs 对象中链接文字激活时的样式  */
    #tabs a:hover span {
      color:#fff;
      }
    #tabs a:hover {
      background-position:0% -42px;
      }
    #tabs a:hover span {
      background-position:100% -42px;
      }
```

11.4 竖排导航

竖排导航是比较常见的导航方式，下面制作如图 11-10 所示的 CSS 竖排导航，其具有立体的美感，鼠标事件引发边框和背景属性变化，具体操作步骤如下。

图 11-10

01 在 <body> 与 </body> 之间输入以下代码。

```
<div id="nave">
<ul id="navlist">
<li id="active"><a href="#" id="current">网页设计教程 </a>
<ul id="subnavlist">
<li id="subactive"><a href="#" id="subcurrent">Dreamweaver</a></li>
<li><a href="#">Flash</a></li>
<li><a href="#">Fireworks</a></li>
<li><a href="#">Photoshop</a></li>
</ul>
</li>
<li><a href="#">电脑维修 </a></li>
<li><a href="#">程序设计 </a></li>
<li><a href="#">办公用品 </a></li>
</ul>
</div>
```

02 #nave 对象是竖排导航的容器，其 CSS 代码如下。

```
#nave { margin-left: 30px; }
#nave ul
{
margin: 0;
padding: 0;
list-style-type: none;
font-family: verdana, arial, Helvetica, sans-serif;
}
#nave li { margin: 0; }
#nave a
{
display: block;
padding: 5px 10px;
width: 140px;
color: #000;
background-color: #ffcccc;
text-decoration: none;
border-top: 1px solid #fff;
border-left: 1px solid #fff;
border-bottom: 1px solid #333;
border-right: 1px solid #333;
font-weight: bold;
font-size: .8em;
background-color: #ffcccc;
background-repeat: no-repeat;
background-position: 0 0;
}
#nave a:hover
{
color: #000;
background-color: #ffcccc;
text-decoration: none;
border-top: 1px solid #333;
border-left: 1px solid #333;
border-bottom: 1px solid #fff;
border-right: 1px solid #fff;
background-color: #ffcccc;
background-repeat: no-repeat;
background-position: 0 0;
}
#nave ul ul li { margin: 0; }
#nave ul ul a
{
display: block;
padding: 5px 5px 5px 30px;
width: 125px;
color: #000;
background-color: #ccff66;
text-decoration: none;
font-weight: normal;
```

```
}
#nave ul ul a:hover
{
color: #000;
background-color: #ffcccc;
text-decoration: none;
}
```

11.5 综合实例

网站需要导航菜单来组织和完成网页之间的跳转和互访。在浏览网页时，设计新颖的导航菜单能给浏览者带来极大的兴趣。下面将通过实例详细介绍导航菜单的设计方法，并展示具体的 CSS 代码。

11.5.1 实例 1——实现背景变换的导航菜单

导航也是一种列表，每个列表数据就是导航中的一个导航频道，使用 ul 元素、li 元素和 CSS 样式可以实现背景变换的导航菜单，具体操作步骤如下。

01 启动 Dreamweaver，打开网页文档，切换到代码视图中，在 <head> 与 </head> 之间的相应位置输入以下代码。

```
<style>
#menu {
width: 150px;
border-right: 1px solid #000;
padding: 0 0 1em 0;
margin-bottom: 1em;
font-family: "宋体";
font-size: 13px;
background-color: #708eb2;
color: #000000;
}
#menu ul {
list-style: none;
margin: 0;
padding: 0;
border: none;
}
#menu li {
  margin: 0;
  border-bottom-width: 1px;
  border-bottom-style: solid;
  border-bottom-color: #708eb2;
}
#menu li a {
  display: block;
  padding: 5px 5px 5px 0.5em;
  background-color: #038847;
```

```
    color: #fff;
    text-decoration: none;
    width: 100%;
    border-right-width: 10px;
    border-left-width: 10px;
    border-right-style: solid;
    border-left-style: solid;
    border-right-color: #ffcc00;
    border-left-color: #ffcc00;
  }
  html>body #menu li a {
  width: auto;
  }
  #menu li a:hover {
    background-color: #FFCC00;
    color: #fff;
    border-right-width: 10px;
    border-left-width: 10px;
    border-right-style: solid;
    border-left-style: solid;
    border-right-color: #ff00ff;
    border-left-color: #ffcc00;
  }
  </style>
```

02 将光标放置在相应的位置，选择“插入”|“标签”命令，插入标签，在标签“属性”面板中的 Div ID 下拉列表中选择 menu。

03 切换到代码视图，在 Div 标签中输入代码 <ul></ul>。

04 在设计视图的 Div 标签中输入文字“首页”，在“属性”面板中的链接文本框中设置链接。

05 切换到拆分视图，在 <a href=> 的前面输入代码 <li>，在 </a> 的前面输入代码 </li>。

06 按照以上步骤，创建其他的导航条。保存文档，按 F12 键在浏览器中预览，效果如图 11-11 所示。

图 11-11

11.5.2　实例 2——利用 CSS 制作横向导航

利用 CSS 制作横向导航的具体操作步骤如下。

01 打开 HTML 文档，在 <head> 与 </head> 之间相应的位置输入以下代码。

```
<style type="text/css">
a:link {
  text-decoration: none;
}
a:visited {
  text-decoration: none;
}
a:hover {
  text-decoration: none;
}
a:active {
  text-decoration: none;
}
body,td,th {
  color: #f03;
  font-size: 12px;
}
</style>
```

02 保存文档，在浏览器中预览，效果如图 11-12 所示。

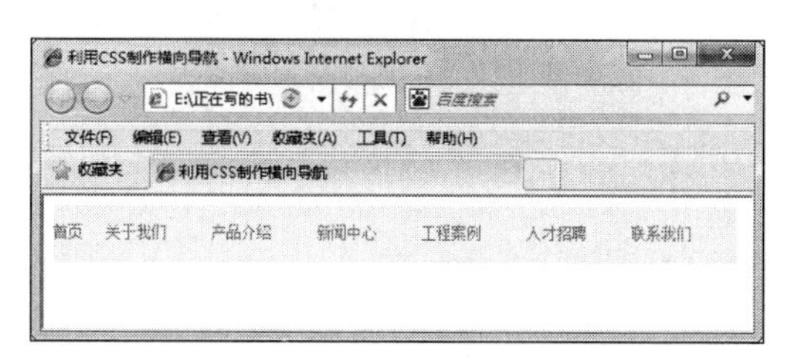

图 11-12

11.5.3　实例 3——树状导航菜单

可用于多级分类菜单，此菜单的特点为，可展开对应图标变化为“—”，收缩状态对应图标为“+”，可利用鼠标控制展开与收缩菜单，如图 11-13 所示。

图 11-13

其 html 代码如下。

```
<!DOCTYPE HTML>
<html>
<head>
<meta charset="utf-8">
<link href="images/style.css" type=text/css rel=stylesheet>
</head>
<body>
<div class=pnav-cnt>
  <div class="pnav-box" id=letter-a>
    <div class=box-title><a class="btn-fold " href="#"></a><a
class="btn-unfold hidden"
  href="#"></a><span class=pnav-letter>一级分类</span></div>
      <ul class="box-list hidden">
      <li><a class=btn-fold href="#"></a>
<a class="btn-unfold hidden" href="#"></a><b>
<a href="http://#/">divcss5</a> </b><span class="cdgray">(414)</span>
        <h2 class="hidden"><a href="http://#/html/">html 教程</a></h2>
        <h2 class="hidden"><a href="http://#/css-texiao/">css 特效</a>
</h2>
    <li><a class=btn-fold href="#"></a>
<a class="btn-unfold hidden" href="#"></a><b>
<a href="#">奥迪</a> </b><span class="cdgray">(3986)</span>
          <h2 class="hidden"><a href="#">奥迪 a6</a></h2>
          <h2 class="hidden"><a href="#">奥迪 a6l</a></h2>
          <h2 class="hidden"><a href="#">奥迪 q5</a></h2>
    <li><a class=btn-fold href="#"></a>
<a class="btn-unfold hidden" href="#"></a><b>
<a href="#">阿尔法·罗米欧</a> </b><span class="cdgray">(332)</span>
          <h2 class="hidden"><a href="#">alfa 147</a></h2>
          <h2 class="hidden"><a href="#">阿尔法·罗米欧 pandion</a></h2>
          <h2 class="hidden"><a href="#">2uettottanta</a></h2>
          <h2 class="hidden"><a href="#">tz3 corsa</a></h2>
        </li>
        </ul>
    </div>
    <div class="pnav-box" id="letter-b">
        <div class=box-title><a class="btn-fold "      href="#"></a>
<a class="btn-unfold hidden" href="#"></a>
<span class=pnav-letter>一级分类</span></div>
        <ul class="box-list hidden">
        <li><a class=btn-fold href="#"></a>
<a class="btn-unfold hidden" href="#"></a><b>
<a href="#">二级分类</a> </b><span class="cdgray">(764)</span>
         <h2 class="hidden"><a href="#">奔腾 b50</a></h2>
         <h2 class="hidden"><a href="#">奔腾 b70</a></h2>
         <li><a class=btn-fold href="#"></a>
<a class="btn-unfold hidden" href="#"></a><b>
<a href="#">宝马</a> </b><span class="cdgray">(35)</span>
            <h2 class="hidden"><a href="#">宝马 3 系</a></h2>
            <h2 class="hidden"><a href="#">进口宝马 5 系</a></h2>
```

```
            <h2 class="hidden"><a href="#">宝马 x1</a></h2>
            <h2 class="hidden"><a href="#">宝马 gran coupe</a></h2>
            <h2 class="hidden"><a href="#">acs5</a></h2>
        <li><a class=btn-fold href="#"></a>
<a class="btn-unfold hidden" href="#"></a><b>
<a href="#">宝骏 </a> </b><span class="cdgray">(0)</span>
         <li><a class=btn-fold href="#"></a>
<a class="btn-unfold hidden" href="#"></a><b>
<a href="#">北京 </a> </b><span class="cdgray">(19)</span> </li>
         </ul>
    </div>
    <script src="js/js.js" type=text/javascript></script>
     <script src="js/js2.js" type=text/javascript></script>
</div>
</body>
</html>
```

其 CSS 样式代码如下。

```
    body, h1, h2, h3, h4, h5, h6, p, ul, ol, li, form, img, dl, dt, dd,
table, th, td, blockquote, fieldset, div, strong, label, em{ margin:0;pad-
ding:0;border:0;}
    ul, ol, li{ list-style:none;}
    body{ font-size:12px;font-family:arial, helvetica, sans-serif;margin:0
auto;}
    table{ border-collapse:collapse;border-spacing:0;}
    .clearfloat{ height:0;font-size:1px;clear:both;line-height:0;}
    a{ color:#333;text-decoration:none;}
    a:hover{ color:#ef9b11;text-decoration:underline;}
    #n{margin:10px auto; width:920px; border:1px solid #ccc;font-size:12px;
line-height:30px;}
    #n a{ padding:0 4px; color:#333}
    h2{ font-weight:normal;font-size:100%}
    .hidden{ display:none}
    .pnav-title{padding-left:26px;font-weight:bold;background:url(bg06.jpg)
no-repeat;margin-bottom:10px;width:166px;line-height:29px;height:29px}
    .pnav-list{ margin:0px 0px 10px 9px;width:183px}
    .pnav-lista{display:inline-block;font-weight:bold;background:url(bg07.
jpg)no-repeat;margin-bottom:6px;width:21px;line-height:21px;font-fami-
ly:arial;height:21px;text-align:center}
    .pnav-list a{ color:#69696a}
    .pnav-list a:visited{ color:#69696a}
    .pnav-cnt{ background:url(bg11.png) repeat-y;margin:0px 0px 10px
    10px;width:182px;margin:20px auto;border-bottom:#dcdddd 1px solid}
    .pnav-box{ background:url(bg08.jpg) no-repeat}
    .box-title{ padding-left:7px;line-height:32px;height:32px}
    .box-title .btn-unfold{ margin-top:10px}
    .box-title .btn-fold{ margin-top:10px}
    .pnav-letter{ font-weight:bold;font-size:20px;color:#c00;font-fami-
ly:arial}
    .btn-unfold{background:url(bg10.png) no-repeat;float:left;width:13px;mar-
gin-right:5px;height:13px}
    .btn-fold{background:url(bg09.png) no-repeat;float:left;width:13px;mar-
gin-right:5px;height:13px}
```

```
    .box-list{ padding-right:0px;padding-left:0px;padding-bottom:10px;pad-
ding-top:10px}
    .box-list li{ padding-left:23px;line-height:25px}
    .box-list li .btn-unfold{ margin-top:5px}
    .box-list li .btn-fold{ margin-top:5px}
    .box-list h2{ color:#1e50a2}
    .box-list h2 a{ color:#1e50a2}
    .box-list h2 a:visited{ color:#1e50a2}
    .box-list .off{ color:#727171}
    .box-list .off:visited{ color:#727171}
```

11.6 本章小结

列表是一种非常有用的数据排列方式，它以列表的形式显示数据。HTML 中共有 3 种列表，分别是无序列表、有序列表和定义列表。一个优秀的网站，菜单和导航是必不可少的，导航菜单的风格往往也决定了整个网站的风格，因此很多设计者都会投入很多的时间和精力来制作各式各样的导航组件。

第 12 章　CSS 3 移动网页开发

本章导读

CSS 3 是 CSS 规范的最新版本，在 CSS 2.1 的基础上增加了很多强大的功能，以帮助开发人员解决一些问题，例如圆角、多背景、透明度、阴影等功能。CSS 2.1 是单一的规范，而 CSS 3 被划分成几个模块组，每个模块组都有自己的规范。这样的好处是整个 CSS 3 规范发布不会因为部分难缠的部分而影响其他模块的推进。

技术要点

1. 预览激动人心的 CSS 3
2. 边框
3. 背景
4. 文本
5. 多列
6. 转换

12.1 预览激动人心的 CSS 3

CSS 3 是 CSS 技术的升级版本，其语言开发是朝着模块化发展的。以前的规范作为一个模块实在是太庞大而且比较复杂，所以，把它分解为一些小模块，更多新的模块也被加入进来。这些模块包括盒子模型、列表模块、超链接方式 、语言模块 、背景和边框 、文字特效 、多栏布局等。

CSS 3 的产生大幅简化了编程模型，它不仅对已有功能扩展和延伸，更多的是对 Web UI 设计的理念和方法进行革新。相信未来 CSS 3 配合 HTML 5 标准，将引起一场 Web 应用的变革，甚至是整个互联网 产业的变革。

CSS 3 中引入的新特性和功能，极大地增强了 Web 程序的表现能力，同时简化了 Web UI 的编程模型。下面将详细介绍这些 CSS 3 的新特性。

1. 强大的选择器

CSS 3 的选择器在 CSS 2.1 的基础上进行了增强，它允许设计师在标签中指定特定的 HTML 元素，而不必使用多余的类、ID 或者 JavaScript 脚本。

如果希望设计出简洁、轻量级的网页标签，希望结构与表现更好地分离，高级选择器是非常有用的。它可以大幅简化我们的工作，提高代码效率，并让我们很方便地制作出高可维护性的页面。

2．半透明度效果

RGBA不仅可以设定色彩，还能设定元素的透明度。无论是文本、背景还是边框均可使用该属性，且在其支持的浏览器中效果相同。

RGBA颜色代码示例如下。

```
background:rgba(252, 253, 202, 0.70);
```

上面代码所示，前3个参数分别是R、G、B三原色，取值范围是0～255。第4个参数是背景透明度，取值范围是0～1，如0.70代表透明度为70%。这个属性使我们在浏览器中也可以做到像Windows 7一样的半透明玻璃效果。

目前支持RBGA颜色的浏览器有Safari 4+、Chrome 1+、Firefox 3.0.5+和Opera 9.5+，IE全系列浏览器暂都不支持该属性。

3．多栏布局

新的CSS 3选择器可以让你不必使用多个Div标签就能实现多栏布局。浏览器解释这个属性并生成多栏，让文本实现一个如报纸排版的多栏结构。如图12-1所示的网页显示为四栏，这四栏并非浮动的Div而是使用CSS 3的多栏布局。

图12-1

4．多背景图

CSS 3允许背景属性设置多个属性值，如background-image、background-repeat、background-size、background-position、background-original、background-clip等，这样即可在一个元素上添加多层背景图片。

在一个元素上添加多背景的最简单方法是使用简写代码，可以指定上面的所有属性到一条声明中，只是最常用的还是image、position和repeat，实例代码如下所示。

```
div {
    background: url(1.jpg) top left no-repeat,
        url(2.jpg) bottom left no-repeat,
        url(3.jpg) center center repeat-y;
    }
```

5. 块阴影和文字阴影

虽然 box-shadow 和 text-shadow 在 CSS 2 中就已经存在，但它们将在 CSS 3 中被广泛采用。块阴影和文字阴影可以不用图片就能为 HTML 元素添加阴影，增加显示的立体感，增强设计的细节。块阴影使用 box-shadow 属性，文字属性使用 text-shadow 属性，该属性目前在 Safari 和 Chrome 中可用，实例代码如下。

```
box-shadow: 6px 6px 35px #bfbfbf
text-shadow: 6px 6px 35px #bfbfbf;
```

前两个属性设置阴影的 X/Y 轴位移，这里分别为 5px，第 3 个属性定义阴影的模糊程度，最后一个属性设置阴影的颜色。

6. 圆角

CSS 3 新功能中最常用的一项就是圆角效果，border-radius 无须背景图片就能为 HTML 元素添加圆角。不同于添加 JavaScript 或多余的 HTML 标签，仅需要添加一些 CSS 属性。采用这个方案制作的圆角效果是清晰的也比较有效，而且可以让你免于花费几个小时来寻找精巧的浏览器方案和基于 JavaScript 圆角。

border-radius 的使用方法如下。

```
border-radius: 5px 5px 5px 5px;
```

radius，就是半径的意思。用这个属性可以很容易地做出圆角效果，当然，也可以做出圆形效果。如图 12-2 所示为采用 CSS 3 制作的圆角表格。

图 12-2

目前 IE 9、webkit 核心浏览器、FireFox 3+ 都支持该属性。

7. 边框图片

border-image 属性允许在元素的边框上设定图片，这使原本单调的边框样式变得丰富起来，让你从通常的 solid、dotted 和其他边框样式中解放出来。该属性为设计师提供了一个更好的工具，用它可以方便地定义设计元素的边框样式，比 background-image 属性或枯燥的默认边框样式更好用。也可以明确地定义一个边框可以被如何缩放或平铺。

border-image 的使用方法如下。

```
border: 5px solid #cccccc;
border-image: url (/images/1.png) 5 repeat;
```

8. 形变效果

通常使用 CSS 和 HTML 是不可能使 HTML 元素旋转或者倾斜一定角度的，为了使元素看起来更具有立体感，我们不得不把这种效果做成一张图片，这样就限制了很多动态的使用应用场景。Transform 属性的引入使我们以前通常要借助 SVG 等矢量绘图手段才能实现的效果，只需要一个简单的 CSS 属性就能实现。在 CSS 3 中的 Transform 属性主要包括 rotate（旋转）、scale（缩放）、translate（坐标平移）、skew（坐标倾斜）、matrix（矩阵变换）。

9. 媒体查询

媒体查询（media queries）可以让你为不同的设备基于它们的能力定义不同的样式。如在可视区域小于 400 像素的时候，让网站的侧栏显示在主内容的下边，这样它就不应该浮动并显示在右侧了，实例代码如下。

```
#sidebar {
    float: right;
    display: inline;
    }
 @media all and (max-width:400px) {
    #sidebar {
        float: none;
        clear: both;
        }
    }
```

也可以指定使用滤色屏的设备：

```
a {
    color: grey;
    }
@media screen and (color) {
    a {
        color: red;
        }
    }
```

这个属性是很有用的，因为不用再为不同的设备写独立的样式表了，而且也无须使用 JavaScript 来确定每个用户的浏览器的属性和功能。一个实现灵活布局的更加流行的基于 JavaScript 的方案是使用智能的流体布局，让布局对于用户的浏览器分辨率更加灵活。

媒体查询被基于 webkit 核心的浏览器和 Opera 浏览器支持，Firefox 浏览器在 3.5 版本中也支持它，IE 浏览器目前不支持这些属性。

10. CSS 3 线性渐变

渐变色是网页设计中很常用的元素，它可以增强网页元素的立体感，同时使单一颜色的页面看起来不那么突兀。过去为了实现渐变色通常需要先制作一张渐变的图片，将它切割成很细碎的小片，然后使用背景重复功能，使整个 HTML 元素拥有渐变的背景色。这样做有两个弊端：为了使用图片背景，很多时候使本身简单的 HTML 结构变得复杂；另外，受制于背景图片的长度或宽度，HTML 元素不能灵活地动态调整大小。在 CSS 3 中，Webkit 和 Mozilla 对渐变都有强大的支持，如图 12-3 所示为使用 CSS 3 制作的渐变背景图。

图 12-3

从图 12-3 的效果图可以看出，线性渐变是一个很强大的功能。使用很少的 CSS 代码就能做出以前需要使用很多图片才能得到的效果。很可惜的是，目前支持该属性的浏览器只有最新版的 Safari、Chrome、Firefox 浏览器，且语法差异较大。

11. 主流浏览器对 CSS 3 的支持

CSS 3 带来了众多全新的设计体验，但是并不是所有浏览器都完全支持它。当然，网页不需要在所有浏览器中看起来都完全一致，有时候在某个浏览器中使用私有属性来实现特定的效果也是可行的。

下面介绍使用 CSS 3 的注意事项。

- CSS 3 的使用不应影响页面在各个浏览器中的正常显示。可以使用 CSS 3 的一些属性来增强页面表现力和用户体验，但是这个效果提升不应当影响其他浏览器用户正常访问该页面。
- 同一页面在不同浏览器中显示不必完全一致。功能较强的浏览器页面可以显示得更炫一些，而较弱的浏览器可以显示得不是那么酷，只要能完成基本的功能即可，大可不必为了在各个浏览器中得到同样的效果而大费周折。
- 在不支持 CSS 3 的浏览器中，可以使用替代方法来实现这些效果，但是需要平衡实现的复杂度和实现的性能问题。

12.2 边框

通过 CSS 3，能够创建圆角边框，向矩形添加阴影，使用图片来绘制边框，并且无须使用设计软件，如 Photoshop。对于边框，在 CSS 2 中仅局限于边框的线型、粗细、颜色的设置，如果需要特殊的边框效果，只能使用背景图片来模仿。CSS 3 的 border-image 属性使元素边框的样式变得丰富起来，还可以使用该属性实现类似 background 的效果，对边框进行扭曲、拉伸和平铺等。

12.2.1 圆角边框 border-radius

圆角是 CSS 3 中使用最多的属性之一，原因很简单，圆角比直角更美观，而且不会与设计产生任何冲突。在 CSS 2 中，大家都碰到过制作圆角的烦恼。当时，对于圆角的制作，我们都需要使用多张圆角图片作为背景，并分别应用到每个角上，制作起来非常麻烦。

CSS 3 无须添加任何标签元素与图片，也无须借用任何 JavaScript 脚本，一个 border-radius 属性就能搞定。而且其还有多个优点：其一，减少网站的维护工作量，少了对图片的更新制作、替换代码等；其二，提高网站的性能，少了对图片进行 http 的请求，网页的载入速度变快了；其三，增加视觉的美观性。

基本语法

```
border-radius: none | <length>{1,4} [/ <length>{1,4} ];
```

语法说明

border-radius 的属性参数非常简单，主要包含两个值。none：默认值，表示元素没有圆角；<length>：由浮点数字和单位标识符组成的长度值，不可以为负值。

border-radius 是一种缩写方法。4 个值是按照 top-left、top-right、bottom-right 和 bottom-left 顺序来设置的，其主要会出现以下 4 种情形。

（1）border-radius:<length>{1} 设置一个值，top-left、top-right、bottom-right 和 bottom-left 的值相等，也就是元素 4 个圆角的效果相同。

（2）border-radius:<length>{2} 设置两个值，top-left 等于 bottom-right，并且取第一个值；top-right 等于 bottom-left，并且取第二个值。也就是元素的左上角和右下角取第一个值，右上角和左下角取第二个值。

（3）border-radius:<length>{3} 设置三个值，第一个值设置 top-left，第二个值设置 top-right 和 bottom-left，第三个值设置 bottom-right。

（4）border-radius:<length>{4} 元素四个圆角取不同的值，第一个值设置 top-left，第二个值设置 top-right，第三个值设置 bottom-right，最后一个值设置 bottom-left。

IE 9+、Firefox 4+、Chrome、Safari 5+ 以及 Opera 浏览器支持 border-radius 属性。

下面是一个 4 个角相同的圆角设置，其 HTML 代码如下。

```
<!DOCTYPE HTML>
<html>
<head>
<meta charset="utf-8">
<title> 四个角具有相同的圆角设置 </title>
<link href="images/style.css" rel="stylesheet" type="text/css" />
</head>
```

```
<body>
<div class="box">四个角具有相同的圆角</div>
</body>
</html>
```

其 CSS 代码如下。

```
.box
{border-radius:15px;
border:3px solid #000;
width:550; height:350px;
background:#FF9395;
margin:0 auto}
```

这里使用 border-radius:15px 设置 4 个角为 15 像素圆角的效果，在浏览器中浏览，效果如图 12-4 所示，4 个圆角效果相同。

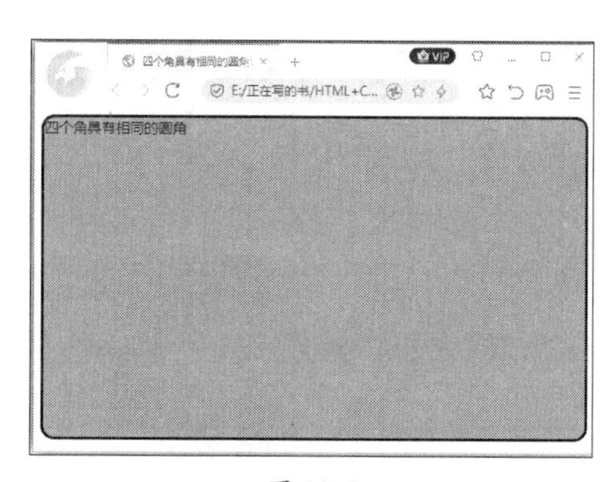

图 12-4

12.2.2 边框图片 border-image

border-image 可以说是 CSS 3 中的重量级属性，从其字面意思上讲，我们可以理解为“边框图片”，通俗地说，也就是使用图片作为边框，这样一来边框的样式就不像以前那样只有实线、虚线、点状线那样单调了，通过 CSS 3 的 border-image 属性，可以使用图片来创建边框。

border-image 属性是一个简写属性，可以用于设置以下属性。

- border-image-source：该属性用于指定是否用图片定义边框样式或图片来源路径。
- border-image-slice：该属性用于指定图片边框向内偏移的量。
- border-image-width：该属性用于指定图片边框的宽度。
- border-image-outset：该属性用于指定边框图片区域超出边框的量。
- border-image-repeat：该属性用于指定图片边框是否应用平铺、铺满或拉伸。

IE 11、Firefox、Opera 15、Chrome 以及 Safari 6 浏览器支持 border-image 属性。

下面通过 CSS 3 的 border-image 属性，使用图片来创建边框，实例代码如下。

```
<!DOCTYPE HTML>
<html>
<head>
```

```
    <meta charset="utf-8">
    <style>
    div
    {
    border:15px solid transparent;
    width:300px;
    padding:10px 20px;
    }
    #round
    {
    -moz-border-image:url(images/bj.jpg) 30 30 round;         /* Old Firefox */
    -webkit-border-image:url(images/bj.jpg) 30 30 round;      /* Safari and
Chrome */
    -o-border-image:url(images/bj.jpg) 30 30 round;           /* Opera */
    border-image:url(images/bj.jpg) 30 30 round;
    }
    </style>
    </head>
    <body>
    <div id="round">在这里，图片铺满整个边框。</div>
    <br>
    </body>
    </html>
```

在这里设置 round，图片铺满整个边框，如图 12-5 所示。

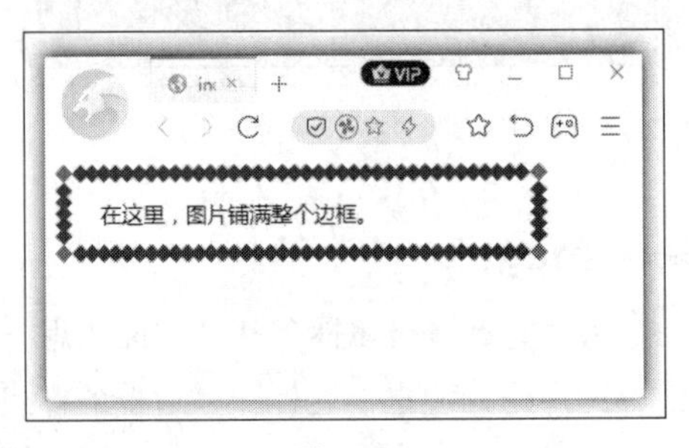

图 12-5

12.2.3 边框阴影 box-shadow

以前为了给一个块元素设置阴影，只能通过为该块级元素设置背景来实现，当然在 IE 浏览器中还可以通过微软的 shadow 滤镜来实现，不过也只在 IE 浏览器中有效，那它的兼容性也就可想而知了。但是 CSS 3 的 box-shadow 属性使这一问题变得简单了，只用 box-shadow 属性即可为方框添加阴影。

基本语法

```
box-shadow: h-shadow v-shadow blur spread color inset;
```

语法说明

box-shadow 向方框添加一个或多个阴影，该属性是由逗号分隔的阴影列表，每个阴影由 2～4

个长度值、可选的颜色值以及可选的 inset 关键词来规定，省略长度的值是 0。

- h-shadow：必选项，阴影的水平位置，允许为负值。
- v-shadow：必选项，阴影的垂直位置，允许为负值。
- blur：可选项，模糊距离。
- spread：可选项，阴影的尺寸。
- color：可选项，阴影的颜色。
- inset：可选项，将外部阴影（outset）改为内部阴影。

下面创建一个对方框添加阴影的实例，其代码如下。

```
<!DOCTYPE HTML>
<html>
<head>
<meta charset="utf-8">
<title>box-shadow</title>
<style>
div
{
width:450px;
height:350px;
background-color:#098000;
-moz-box-shadow: 20px 20px 20px #b8dc48;
box-shadow: 20px 20px 20px #b8dc48;
}
</style>
</head>
<body>
<div></div>
</body>
</html>
```

这里使用 box-shadow: 20px 20px 20px #b8dc48 设置了阴影的偏移量和颜色，如图 12-6 所示。

图 12-6

12.3 背景

CSS 3不再局限于背景色、背景图像的运用，新特性中添加了多个新的属性，例如background-origin、background-clip、background-size等。此外，还可以在一个元素上设置多个背景图片。这样，如果要设计比较复杂的网页效果，就不再需要使用一些多余的标签来辅助实现了。

12.3.1 背景图片尺寸background-size

在CSS 3之前，背景图片的尺寸是由图片的实际尺寸决定的。在CSS 3中，可以规定背景图片的尺寸，这就允许我们在不同的环境中，重复使用背景图片了。

基本语法

```
background-size: length|percentage|cover|contain;
```

语法说明

- length：用长度值指定背景图片的大小，不允许为负值。
- percentage：用百分比指定背景图片大小，不允许为负值。
- cover：将背景图片等比缩放到完全覆盖容器的程度，背景图片有可能超出容器。
- contain：将背景图片等比缩放到宽度或高度与容器的宽度或高度相等，背景图片始终被包含在容器内。

下面的实例规定背景图片的尺寸，其代码如下。

```
<!DOCTYPE HTML>
<html>
<head>
<meta charset="utf-8">
<title>无标题文档</title>
<style>
body
{
background:url(4.jpg);
background-size:100px 90px;
-moz-background-size:63px 100px;
background-repeat:no-repeat;
padding-top:80px;
}
</style>
</head>
<body>
<p>缩小图</p>
<p>原始图片：<img src="4.jpg" alt="Flowers" width="350" height="319"></p>
</body>
</html>
```

这里使用background-size:100px 90px;设置了背景图片的显示尺寸，如图12-7所示。

图 12-7

12.3.2　背景图片定位区域 background-origin

background-origin 属性规定背景图片的定位区域。

基本语法

```
background-origin: padding-box|border-box|content-box;
```

语法说明

- padding-box：背景图片相对于内边距框定位。
- border-box：背景图片相对于边框盒定位。
- content-box：背景图片相对于内容框定位。

下面的代码相对于内容框来定位背景图片。

```
div
{background-image:url('smiley.gif');
background-repeat:no-repeat;
background-position:left;
background-origin:content-box;}
```

下面通过实例讲述背景图片定位区域的使用方法，其代码如下。

```
<!DOCTYPE HTML>
<html>
<head>
<meta charset="utf-8">
<title>无标题文档</title>
<style>
div{border:2px solid black;
```

```
    padding:50px;
    background-image:url('5.jpg');
    background-repeat:no-repeat;
    background-position:left;}
    #div1{background-origin:border-box;}
    #div2{background-origin:content-box;}
    </style>
    </head>
    <body>
    <p>background-origin:border-box:</p>
    <div id="div1">        山不在高，有仙则名。水不在深，有龙则灵。斯是陋室，惟吾德馨。苔痕上阶绿，草色入帘青。谈笑有鸿儒，往来无白丁。可以调素琴，阅金经。无丝竹之乱耳，无案牍之劳形。南阳诸葛庐，西蜀子云亭。孔子云：何陋之有？</div>
    <p>background-origin:content-box:</p>
    <div id="div2">        山不在高，有仙则名。水不在深，有龙则灵。斯是陋室，惟吾德馨。苔痕上阶绿，草色入帘青。谈笑有鸿儒，往来无白丁。可以调素琴，阅金经。无丝竹之乱耳，无案牍之劳形。南阳诸葛庐，西蜀子云亭。孔子云：何陋之有？
    </div>
    </body>
    </html>
```

使用 background-origin:border-box: 定义背景图片相对于边框盒定位，使用 background-origin:content-box: 定义背景图片相对于内容框定位，如图 12-8 所示。

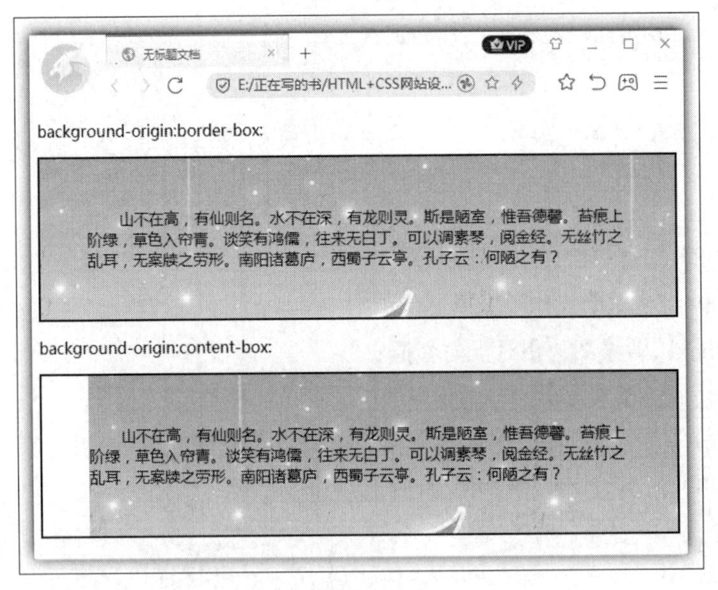

图 12-8

12.3.3 背景绘制区域 background-clip

background-clip 属性指定了背景在哪些区域可以显示，但与背景开始绘制的位置无关，背景的绘制位置可以出现在不显示背景的区域，此时就相当于背景图片被不显示背景的区域裁剪了一部分。

基本语法

```
<link type="text/css" rel="stylesheet"href=" 外部样式表的文件名称 ">
background-clip: border-box|padding-box|content-box;
```

语法说明

- border-box：背景被裁剪到边框盒。
- padding-box：背景被裁剪到内边框。
- content-box：背景被裁剪到内容框。

下面介绍 background-clip 的 3 个属性值 border-box、padding-box、content-box 在实际应用中的效果，为了更好地区分它们之间的区别，先创建一个共同的实例，HTML 代码如下。

```
<div class="yang"></div>
```

CSS 代码如下所示。

```
<style>
.yang {width: 450px;
     height: 350px;
     padding: 10px;
     border: 10px dashed rgba(255,0,0,0.8);
     background: #e9fd79 url("2.jpg") no-repeat;
     font-size: 10px;
     font-weight: bold;
     color: #e4f96f;    }
</style>
```

效果如图 12-9 所示，显示的是在没有应用 background-clip 对背景进行任何设置下的效果。

图 12-9

12.4　文本

对于网页设计师来说，文本同样是不可忽视的因素。一直以来都是用 Photoshop 来编辑一些漂亮的样式，并插入文本。同样 CSS 3 也可以帮你完成，甚至效果会更好。CSS 3 包含多个新的文本特性，具体如下。

12.4.1 文本阴影 text-shadow

在 CSS 3 中，text-shadow 可为文本应用阴影，可以设置水平阴影、垂直阴影、模糊距离，以及阴影的颜色。

基本语法

```
text-shadow: h-shadow v-shadow blur color;
```

语法说明

text-shadow 属性向文本添加一个或多个阴影，该属性是以逗号分隔的阴影列表，每个阴影有 2 个或 3 个长度值和一个可选的颜色值进行规定。主流浏览器都支持 text-shadow 属性，但 IE 9 以及更早版本的浏览器不支持 text-shadow 属性。

- h-shadow：必选项，水平阴影的位置，允许为负值。
- v-shadow：必选项，垂直阴影的位置，允许为负值。
- blur：可选项，模糊的距离。
- color：可选项，阴影的颜色。

下面制作一个文本阴影效果，其代码如下。

```
<!DOCTYPE HTML>
<html>
<head>
<meta charset="utf-8">
<title> 无标题文档 </title>
<style>
h1
{
text-shadow: 10px 10px 6px #079b00;
}
</style>
<title> 文本阴影效果 </title>
</head>
<body>
<h1> 阴影文本效果！ </h1>
</body>
</html>
```

使用 text-shadow: 10px 10px 6px #079600; 设置了文本的阴影位置和颜色，如图 12-10 所示。

图 12-10

12.4.2　强制换行 word-wrap

word-wrap 属性允许长单词或 URL 地址换行到下一行。

基本语法

```
word-wrap: normal|break-word;
```

语法说明

- normal：只在允许的断字点换行（浏览器保持默认处理）。
- break-word：在长单词或 URL 地址内部进行换行。

下面是使用 word-wrap 换行的实例，其代码如下。

```
<!DOCTYPE HTML>
<html>
<head>
<meta charset="utf-8">
<title> 无标题文档 </title>
<style>
p.test
{ width:11em;
border:5px  dotted  #f42428;
word-wrap:break-word;}
</style>
</head>
<body>
<p class="test"> 长单词 : hippopotomonstrosesquipedaliophobia. 这个很长的单词
将会被分开并且强制换行 .</p>
</body>
</html>
```

使用 word-wrap:break-word; 即可将长单词换行，如图 12-11 所示。

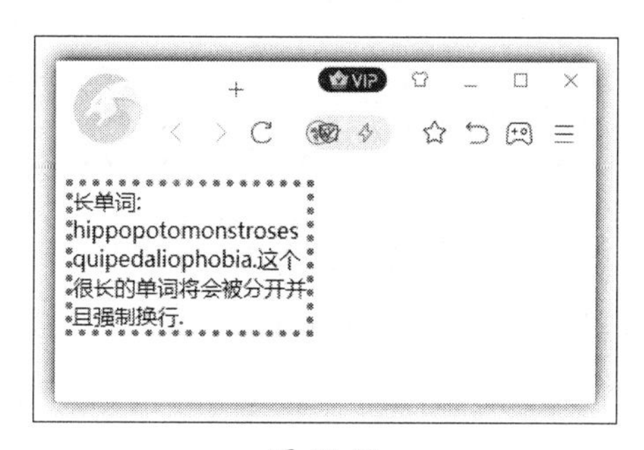

图 12-11

12.4.3　文本溢出 text-overflow

设置或检索是否使用一个省略标记（...）标示对象内文本的溢出。

基本语法

```
text-overflow: clip | ellipsis
```

语法说明

- clip：当对象内文本溢出时不显示省略标记（...），而是将溢出的部分裁掉。
- ellipsis：当对象内文本溢出时显示省略标记（...）。

下面通过实例讲述 text-overflow 的使用方法，其代码如下。

```
<!DOCTYPE HTML>
<html>
<head>
<meta charset="utf-8">
<title> 无标题文档 </title>
<style>
.test_clip {
    text-overflow:clip;
    overflow:hidden;
    white-space:nowrap;
    width:224px;
    background: #fcee2c;
}
.test_ellipsis {
    text-overflow:ellipsis;
    overflow:hidden;
    white-space:nowrap;
    width:224px;
    background:#abb500;
}
</style>
</head>
<body>
<div class="test_clip">
  不显示省略标记，如果溢出就会自动裁掉
</div>
<h2> </h2>
<div class="test_ellipsis">
  当对象内文本溢出时显示省略标记
</div>
</body>
</html>
```

运行代码，效果如图 12-12 所示。设置 text-overflow:clip 时，不显示省略标记，而是简单地裁掉多余的文字；设置 text-overflow: ellipsis 时，当对象内文本溢出时显示省略标记。

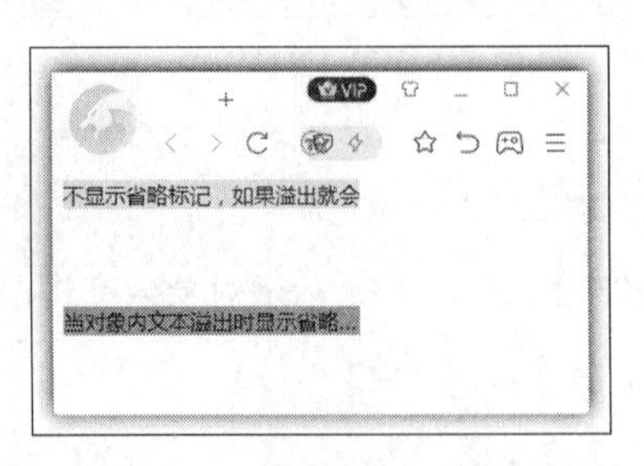

图 12-12

12.5 多列

通过 CSS 3 能够创建多个列来对文本进行布局，就像报纸那样。在本节中，将学习 column-count、column-gap、column-rule 多列属性。

12.5.1 创建多列 column-count

column-count 属性规定元素应该被分隔的列数。IE 10 和 Opera 浏览器支持 column-count 属性。Firefox 浏览器支持替代的 -moz-column-count 属性。Safari 和 Chrome 浏览器支持替代的 -webkit-column-count 属性。IE 9 以及更早版本的浏览器不支持 column-count 属性。

基本语法

```
column-count: number|auto;
```

语法说明

- number：元素内容将被划分的最佳列数。
- auto：由其他属性决定列数，如 column-width。

将 Div 元素中的文本分为 3 列，代码如下。

```
div
{
-moz-column-count:3;          /* Firefox */
-webkit-column-count:3;       /* Safari 和 Chrome */
column-count:3;
}
```

下面通过实例讲述 column-count 的使用方法，其代码如下。

```
<!DOCTYPE HTML>
<html>
<head>
<meta charset="utf-8">
<title>无标题文档</title>
<style>
.fenge
{-moz-column-count:4;         /* Firefox */
-webkit-column-count:4;       /* Safari and Chrome */
column-count:4;}
</style>
</head>
<body>
<div class="fenge">
有人安于某种生活，有人不能。因此能安于自己目前处境的不妨就如此生活下去，不能的只好努力另找出路。你无法断言哪里才是成功的，也无法肯定当自己到达了某一点之后，会不会快乐。有些人永远不会感到满足，他的快乐只建立在不断地追求与争取的过程之中，因此，他的目标不断地向远处推移。这种人的快乐可能少，但成就可能大。
</div>
</body>
</html>
```

这里使用 column-count:4 将整段文字分成 4 列，如图 12-13 所示。

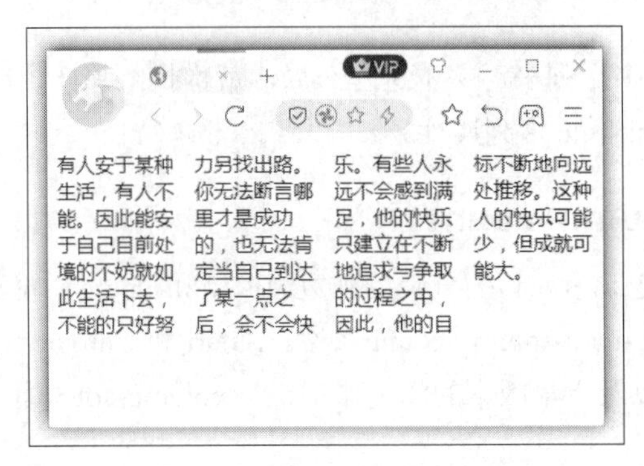

图 12-13

12.5.2 列的宽度 column-width

column-width 设置文字每列的宽度，但 IE 9 以及更早版本的浏览器不支持 column-width 属性。

基本语法

```
column-width: length | auto
```

语法说明

- 默认值：auto。
- length：用长度值来定义列宽。
- auto：根据 column-count 自行分配宽度。

下面通过实例讲述 column-width 的使用方法，其代码如下。

```
<!DOCTYPE HTML>
<html>
<head>
<meta charset="utf-8">
<style>
.newspaper
{-moz-column-width:100px;    /* Firefox */
-webkit-column-width:100px;  /* Safari and Chrome */
column-width:100px;}
</style>
</head>
<body>
<div class="newspaper">
    我们需要逃离的从来都不是生活本身，而是自己安于现状、抗拒改变心智的模式。摆脱不了这种模式的人会一辈子被无力感追捕，东奔西跑疲于奔命，或是干脆抹杀掉自己想要上进的一点点斗志，安于做无力感的猎物。为自己的心找一条出路，让生活更充实一点，更有趣一点，更有希望一点，才是最应该先去思考的事。对抗自己的心最辛苦，然而只是对抗它，才是我们真正生活着努力着的证明。
</div>
</body>
</html>
```

这里使用 column-width:100px; 设置每列的宽度，左右拖到浏览器边框，改变其宽度，可以看到每列宽度都是固定的 100px，如图 12-14 所示。

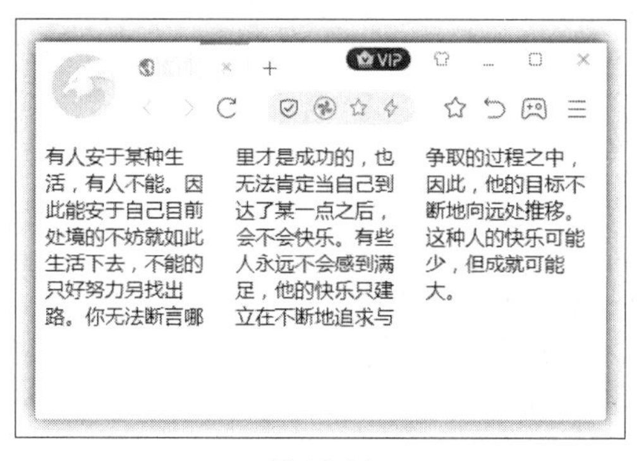

图 12-14

12.6 转换

transform 中文含义就是变形、转换的意思。在 CSS 3 中，transform 主要包括旋转、扭曲、缩放和移动。

12.6.1 移动 translate()

通过 translate() 方法，元素从其当前位置移动，根据给定的 left（x 坐标）和 top（y 坐标）位置参数进行移动。

移动 translate 分为 3 种情况。

- translate(x,y)：水平方向和垂直方向同时移动（也就是沿 x 轴和 y 轴同时移动）。
- translateX(x)：仅水平方向移动（沿 x 轴移动）。
- translateY(y)：仅垂直方向移动（沿 y 轴移动）。

例如，利用 translate(50px,100px) 将元素从左侧移动 50 像素，从顶端移动 100 像素，代码如下。

```
div
{
transform: translate(50px,100px);
-ms-transform: translate(50px,100px);          /* IE 9 */
-webkit-transform: translate(50px,100px);      /* Safari and Chrome */
-o-transform: translate(50px,100px);           /* Opera */
-moz-transform: translate(50px,100px);         /* Firefox */
}
```

下面通过实例讲述 translate() 的使用方法，其代码如下。

```
<!DOCTYPE HTML>
<html>
<head>
<meta charset="utf-8">
```

```
<title>无标题文档</title>
<style>
div
{width:150px;
height:100px;
background-color: #95fd90;
border:3px solid green;}
div#div2{transform:translate(200px,200px);
-ms-transform:translate(200px,200px);      /* IE 9 */
-moz-transform:translate(200px,200px);     /* Firefox */
-webkit-transform:translate(200px,200px); /* Safari and Chrome */
-o-transform:translate(200px,200px);       /* Opera */}
</style>
</head>
<body>
<div>原始位置。</div>
<div id="div2">移动后的位置。</div>
</body>
</html>
```

这里使用 transform:translate(200px,200px); 设置了将 Div 从左侧移动 200 像素，从顶端移动 200 像素，如图 12-15 所示。

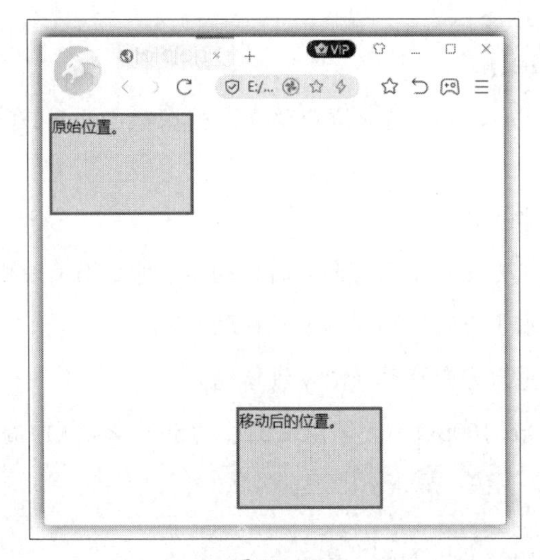

图 12-15

12.6.2 旋转 rotate()

rotate() 通过指定的角度参数对元素指定一个 2D 旋转，如果设置的值为正值，表示顺时针旋转；如果设置的值为负值，则表示逆时针旋转。

例如，利用 rotate(30deg) 将元素顺时针旋转 30°，代码如下。

```
div{transform: rotate(30deg);
-ms-transform: rotate(30deg);        /* IE 9 */
-webkit-transform: rotate(30deg);   /* Safari and Chrome */
```

```
    -o-transform: rotate(30deg);         /* Opera */
    -moz-transform: rotate(30deg);       /* Firefox */}
```

下面通过实例讲述 rotate() 的使用方法，其代码如下。

```
    <!DOCTYPE HTML>
    <html>
    <head>
    <meta charset="utf-8">
    <title> 无标题文档 </title>
    <style>
    div{width:150px;
    height:100px;
    background-color: #95fd90;
    border:3px solid green;}
    div#div2{
    transform:rotate(50deg);
    -ms-transform:rotate(50deg);         /* IE 9 */
    -moz-transform:rotate(50deg);        /* Firefox */
    -webkit-transform:rotate(50deg);     /* Safari and Chrome */
    -o-transform:rotate(50deg);          /* Opera */}
    </style>
    </head>
    <body>
    <div> 原始位置。</div>
    <div id="div2"> 这是 rotate(50deg) 将元素顺时针旋转 50° 后的 div 的位置和角度。
</div>
    </body>
    </html>
```

使用 rotate(50deg) 将元素顺时针旋转 50°，改变 Div 的位置和角度，如图 12-16 所示。

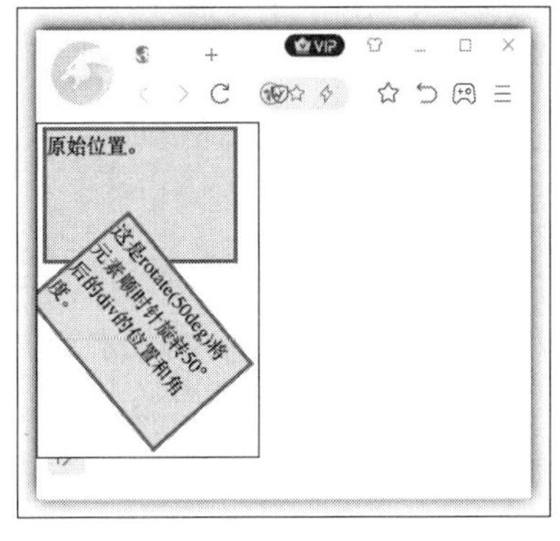

图 12-16

12.6.3　缩放 scale()

通过 scale()，元素的尺寸会增加或减少，根据给定的宽度（X 轴）和高度（Y 轴）参数进行调整。缩放 scale 和移动 translate 极其相似，也具有 3 种情况：scale(x,y) 使元素水平方向和垂直方向同时缩放（也就是 x 轴和 y 轴同时缩放）；scaleX(x) 元素仅水平方向缩放（x 轴缩放）；scaleY(y) 元素仅垂直方向缩放（y 轴缩放）。但它们具有相同的缩放中心点和基数，其中心点就是元素的中心位置，缩放基数为 1，如果其值大于 1，元素就被放大，反之元素缩小。

例如，scale(2,3) 将元素的宽度转换为原始尺寸的 2 倍，将高度转换为原始高度的 3 倍，代码如下。

```
div{transform: scale(2,3);
-ms-transform: scale(2,3);                /* IE 9 */
-webkit-transform: scale(2,3);            /* Safari 和 Chrome */
-o-transform: scale(2,3);                 /* Opera */
-moz-transform: scale(2,3);               /* Firefox */
}
```

下面通过实例讲述 scale() 的使用方法，其代码如下。

```
<!DOCTYPE HTML>
<html>
<head>
<meta charset="utf-8">
<title> 无标题文档 </title>
<style>
div{width:160px;
height:120px;
background-color: #95fd90;
border:3px solid green;}
div#div2{margin:100px;
transform:scale(3,4);
-ms-transform:scale(3,4);                 /* IE 9 */
-moz-transform:scale(3,4);                /* Firefox */
-webkit-transform:scale(3,4);             /* Safari and Chrome */
-o-transform:scale(3,4);                  /* Opera */}
</style>
</head>
<body>
<div> 原始位置。</div>
<div id="div2">transform:scale(3,4) 将元素宽度转换为原始的 3 倍，将高度转换为原
始的 4 倍。</div>
</body>
</html>
```

使用 transform:scale(3,4) 将元素宽度转换为原始的 3 倍，将高度转换为原始的 4 倍，如图 12-17 所示。

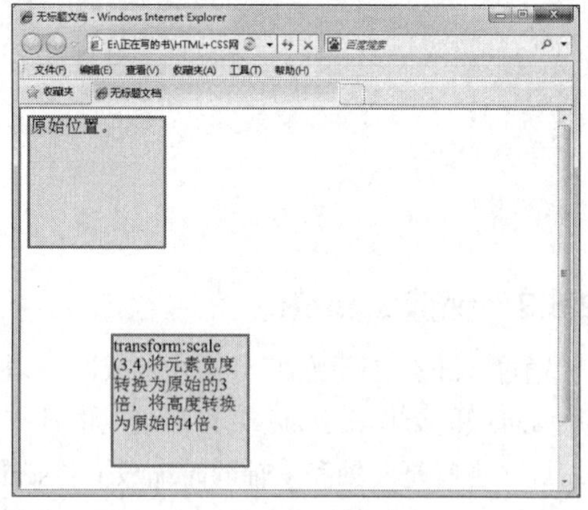

图 12-17

12.7 综合实例——将鼠标放上去移动并旋转图片

CSS 3 是现在 Web 开发领域的技术热点，它为 Web 开发带来了革命性的影响。下面介绍 CSS 3 应用的例子，从中能体会到 CSS 3 中许多让人欣喜的特性。

本例演示如何排列并旋转美观的图片。

下面制作一个鼠标移动到图片上后，移动并旋转图片的实例，其代码如下。

```
<!DOCTYPE HTML>
<html>
<head>
<meta charset="utf-8">
<title>无标题文档</title>
<style>
body
{margin:40px;
background-color:#ffc5C6;}
div.polaroid
{width:410px;
padding:10px 10px 20px 10px;
border:5px solid #73ff6d;
background-color:white;
/* 添加盒子阴影 */
box-shadow:4px 4px 4px #aaaaaa;}
div.rotate_left
{float:left;
-ms-transform:rotate(8deg);          /* IE 9 */
-moz-transform:rotate(8deg);         /* Firefox */
-webkit-transform:rotate(8deg);      /* Safari and Chrome */
-o-transform:rotate(8deg);           /* Opera */
transform:rotate(8deg);}
div.rotate_right
{float:left;
-ms-transform:rotate(-9deg);         /* IE 9 */
-moz-transform:rotate(-9deg);        /* Firefox */
-webkit-transform:rotate(-9deg);     /* Safari and Chrome */
-o-transform:rotate(-9deg);          /* Opera */
transform:rotate(-9deg);}
</style>
</head>
<body>
<div class="polaroid rotate_left">
<img src="001.JPG"  width="364" height="277" />
<p class="caption">红色款组合沙发</p>
</div>
<div class="polaroid rotate_right">
<img src="002.JPG"  width="366" height="278" />
<p class="caption">咖啡款组合沙发</p>
</div>
</body>
```

```
</html>
```

这里分别使用 transform:rotate(8deg) 和 transform:rotate(-9deg) 对图片进行顺时针旋转和逆时针旋转，如图 12-18 所示。

图 12-18

12.8 本章小结

CSS 3 规范并不是独立的，它重复了 CSS 的部分内容，但在其基础上进行了很多增补与修改。CSS 3 与之前的几个版本相比，其变化是革命性的，虽然它的部分属性还不能够被所有浏览器完美支持，但却让我们看到网页样式发展的前景，让我们更具有方向感、使命感。

第 13 章　CSS 盒子模型与定位

本章导读

如果想尝试不用表格来排版网页，而是用 CSS 来排版网页，提高网站的竞争力，那么你一定要接触到 CSS 的盒子模式，这是 CSS + Div 排版的核心所在。传统的表格排版是通过大小不一的表格和表格嵌套来定位网页内容的。改用 CSS 排版后，就是通过由 CSS 定义的大小不一的盒子和盒子嵌套来编排网页。因为用这种方式排版的网页代码简洁，更新方便，能兼容更多的浏览器。

技术要点

1. “盒子”与“模型”的概念探究
2. border
3. 设置内边框（padding）
4. 设置外边框（margin）

13.1　“盒子”与“模型”的概念探究

如果想熟练掌握 Div 和 CSS 的布局方法，首先要对盒子模型有足够的了解。盒子模型是 CSS 布局网页时非常重要的概念，只有很好地掌握了盒子模型，以及其中每个元素的使用方法，才能真正地布局网页中各个元素的位置。

所有页面中的元素都可以看作一个装了东西的盒子，盒子中的内容到盒子的边框之间的距离即填充(padding)，盒子本身有边框(border)，而盒子边框外和其他盒子之间，还有边界(margin)。在默认情况下，盒子无边框，背景色为透明，所以在默认情况下看不到盒子。

一个盒子由 4 个独立部分组成，如图 13-1 所示。

最外面的是边界（margin）；第二部分是边框（border），边框可以有不同的样式；第三部分是填充（padding），用来定义内容区域与边框之间的空白；第四部分是内容区域。

填充、边框和边界都分为上、右、下、左 4 个方向，既可以分别定义，也可以统一定义。当使用 CSS 定义盒子的 width 和 height 时，定义的并不是内容区域、填充、边框和边界所占的总区域；实际上定义的是内容区域 content 的 width 和 height。为了计算盒子所占的实际区域，必须加上 padding、border 和 margin。

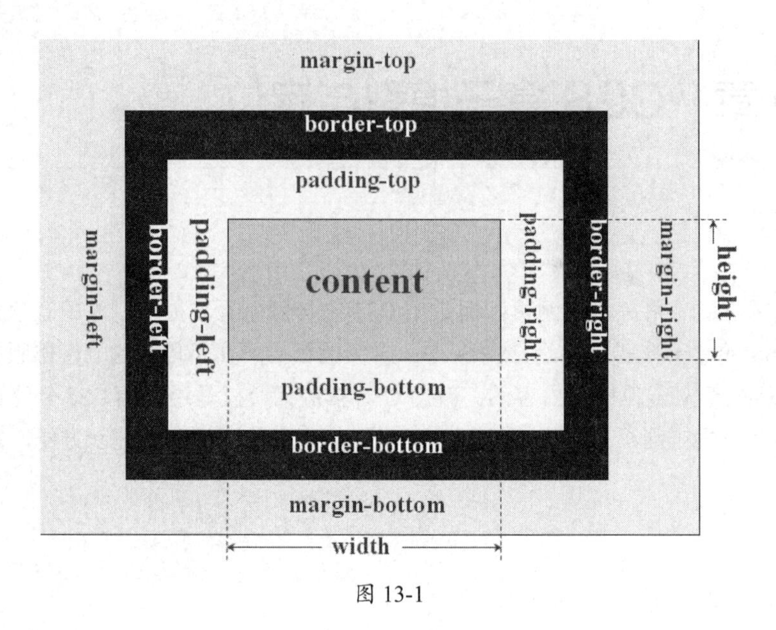

图 13-1

实际宽度 = 左边界 + 左边框 + 左填充 + 内容宽度（width）+ 右填充 + 右边框 + 右边界

实际高度 = 上边界 + 上边框 + 上填充 + 内容高度（height）+ 下填充 + 下边框 + 下边界

13.2 border

盒子模型的 margin 和 padding 属性比较简单，只能设置宽度值，最多再分别对上、右、下、左设置宽度值。而边框 border 则可以设置宽度、颜色和样式。border 是 CSS 的一个属性，用它可以为 HTML 标记（如 td、Div 等）添加边框，它可以定义边框的样式（style）、宽度（width）和颜色（color），利用这 3 个属性相互配合，能设计出很好的效果。

在 Dreamweaver 中可以使用可视化操作设置边框效果，如图 13-2 所示。

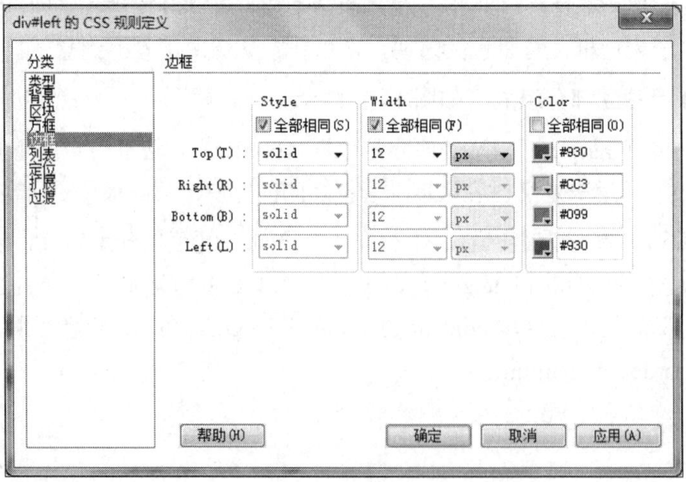

图 13-2

13.2.1　边框样式：border-style

样式是边框最重要的一个元素，样式不仅控制着边框的显示，而且如果没有样式，将根本没有边框。border-style 定义元素的 4 个边框样式，如果 border-style 设置全部 4 个参数值，将按上、右、下、左的顺序作用于 4 个边框。如果只设置一个，将用于全部的 4 条边。

基本语法

```
border-style: 样式值
border-top-style: 样式值
border-right-style: 样式值
border-bottom-style:样式值
border-left-style: 样式值
```

语法说明

border-style 可以设置边框的样式，包括无、虚线、实现、双实线等。border-style 的取值如表 13-1 所示。

表 13-1　border-style 的取值和含义

属性值	描述
none	默认值，无边框
dotted	点线边框
dashed	虚线边框
solid	实线边框
double	双实线边框
groove	3D 凹槽
ridge	3D 凸槽
inset	使整个边框凹陷
outset	使整个边框凸起

可以为一个边框定义多个样式，例如：

```
p.ad {border-style: solid dotted dashed double;}
```

上面这条规则为类名为 ad 的段落定义了 4 种边框样式：实线上边框、点线右边框、虚线下边框和一个双线左边框。这里的值采用了 top → right → bottom → left 的顺序。

也可以使用下面的代码，将单边边框样式属性设置为 4 个边的边框样式。

```
p.ad {border-top-style: solid;
border-right-style:dotted;
border-bottom-style:dashed;
border-left-style:double;}
```

下面通过实例讲述 border-style 的使用方法，其代码如下。

实例代码

```
<!DOCTYPE HTML>
<html>
```

```
<head>
<meta charset="utf-8">
        <title>CSS border-style 属性示例 </title>
        <style type="text/css" media="all">
              div#dotted{border-style:dotted;}
              div#dashed{border-style:dashed;}
              div#solid{border-style:solid;}
              div#double{border-style: double;}
              div#groove{border-style: groove;}
              div#ridge{border-style: ridge;}
              div#inset{border-style: inset;}
              div#outset{border-style: outset;}
              div#none{border-style: none;}
              div{border-width: thick;border-color: red;margin:2em;}
        </style>
  </head>
 <body>
              <div id="dotted">border-style 属性 dotted（点线边框）</div>
              <div id="dashed">border-style 属性 dashed（虚线边框）</div>
              <div id="solid">border-style 属性 solid（实线边框）</div>
              <div id="double">border-style 属性 double（双实线边框）</div>
              <div id="groove">border-style 属性 groove(3D 凹槽） </div>
              <div id="ridge">border-style 属性 ridge(3D 凸槽） </div>
              <div id="inset">border-style 属性 inset（边框凹陷） </div>
              <div id="outset">border-style 属性 outset（边框凸出） </div>

           <div id="none">border-style 属性 none（无样式）</div>
  </body>
 </html>
```

在浏览器中预览，不同的边框样式效果如图 13-3 所示。

图 13-3

13.2.2　属性值的简写形式

除了上述方法，还可以使用 border-top-style、border-right-style、border-bottom-style 和 border-left-style 分别设置上边框、右边框、下边框和左边框的不同样式，其 CSS 代码如下。

实例代码

```
<!DOCTYPE HTML>
<html>
<head>
<meta charset="utf-8">
        <title>CSS border-style 属性示例 </title>
        <style type="text/css" media="all">
              div#top{border-top-style:dotted;}
              div#right{border-right-style:double;}
              div#bottom{border-bottom-style:solid;}
              div#left{border-left-style:ridge;}
              div{border-style:none;margin:25px;border-col-
or:green;border-width:thick}
        </style>
  </head>
<body>
<p> </p>
  <div id="top">定义上边框样式 border-top-style:dotted; 点线上边框 </div>
  <div id="right">定义右边框样式 ,border-right-style:double; 双实线右边框
</div>
  <div id="bottom">定义下边框样式 ,border-bottom-style:solid; 实线下边框
</div>
  <div id="left">定义左边框样式 ,border-left-style:ridge; 3D 凸槽左边框
</div>
</body>
</html>
```

在浏览器中预览，可以看出分别设置了上、下、左、右边框为不同的样式的效果，如图 13-4 所示。

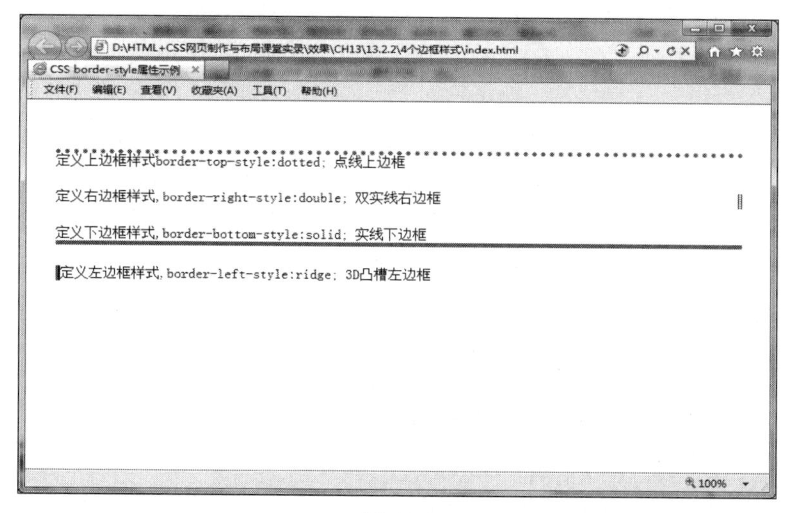

图 13-4

13.2.3 边框与背景

设置边框颜色的方法非常简单。CSS 使用一个简单的 border-color 属性，一次可以接受最多 4 个颜色值。可以使用任何类型的颜色值，可以是命名颜色，也可以是十六进制和 RGB 值。

基本语法

```
border-color: 颜色值
border-top-color: 颜色值
border-right-color: 颜色值
border-bottom-color: 颜色值
border-left-color: 颜色值
```

语法说明

border-top-color、border-right-color、border-bottom-color 和 border-left-color 属性分别用来设置上、右、下、左边框的颜色，也可以使用 border-color 属性来统一设置 4 个边框的颜色。

如果 border-color 设置全部 4 个参数值，将按上、右、下、左的顺序作用于 4 个边框。如果只设置一个，将用于全部的 4 条边。如果设置 2 个值，第一个用于上、下，第二个用于左、右。如果提供 3 个，第一个用于上，第二个用于左、右，第三个用于下。

下面通过实例讲述 border-color 属性的使用方法，其 CSS 代码如下。

实例代码

```
<!DOCTYPE HTML>
<html>
<head>
<meta charset="utf-8">
<head>
<title>border-color 实例 </title>
<style type="text/css">
p.one
{
border-style: solid;
border-color: #0000ff
}
p.two
{
border-style: solid;
border-color: #ff0000 #0000ff
}
p.three
{
border-style: solid;
border-color: #ff0000 #00ff00 #0000ff
}
p.four
{
border-style: solid;
border-color: #ff0000 #00ff00 #0000ff rgb(250,0,255)
```

```
}
</style>
</head>
<body>
<p class="one">1 个颜色边框 !</p>
<p class="two">2 个颜色边框 !</p>
<p class="three">3 个颜色边框 !</p>
<p class="four">4 个颜色边框 !</p>
<p><b> 注意 :</b> 只设置 "border-color" 属性将看不到效果，需要先设置 "bor-
der-style" 属性。</p>
</body>
</html>
```

在浏览器中预览，可以看到，使用 border-color 设置了不同颜色的边框，如图 13-5 所示。

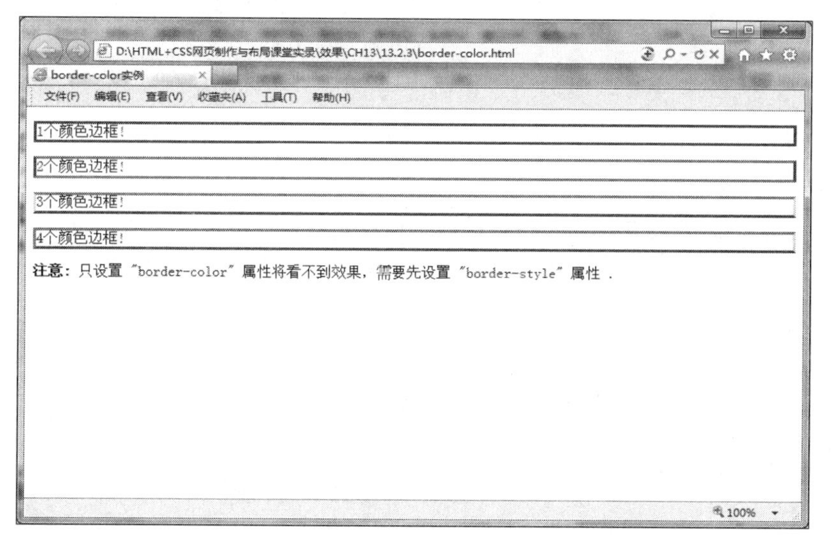

图 13-5

13.3　设置内边距 (padding)

padding 属性设置元素所有内边距的宽度，或者设置各边内边距的宽度。

基本语法

```
padding：取值
padding-top：取值
padding-right：取值
padding-bottom：取值
padding-left：取值
```

语法说明

padding 是 padding-top、padding-right、padding-bottom、padding-left 的一种快捷的综合写法，最多允许 4 个值，顺序是：上→右→下→左。

在 Dreamweaver 中可以使用可视化操作设置方框的效果，如图 13-6 所示。

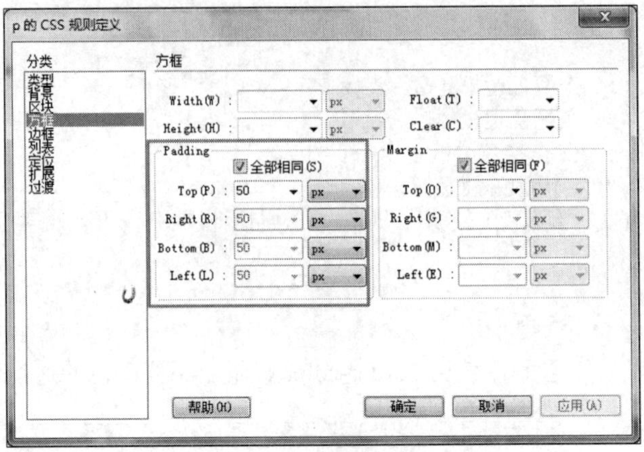

图 13-6

下面讲述上、下、左、右填充宽度相同的实例，其代码如下。

实例代码

```
<!DOCTYPE HTML>
<html>
<head>
<meta charset="utf-8">
        <title>padding 宽度都相同 </title>
        <style type="text/css" media="all">
              p
              {      padding:50px;
                     border:thick solid green;
              }
        </style>
  </head>
<body>
<p> 定义了段落的填充属性为 padding:50px; 所以内容与各个边框间会有 50px 的填充 .</p>
</body>
</html>
```

在浏览器中预览，可以看到使用padding:50px设置了上、下、左、右填充宽度都为50px的效果，如图 13-7 所示。

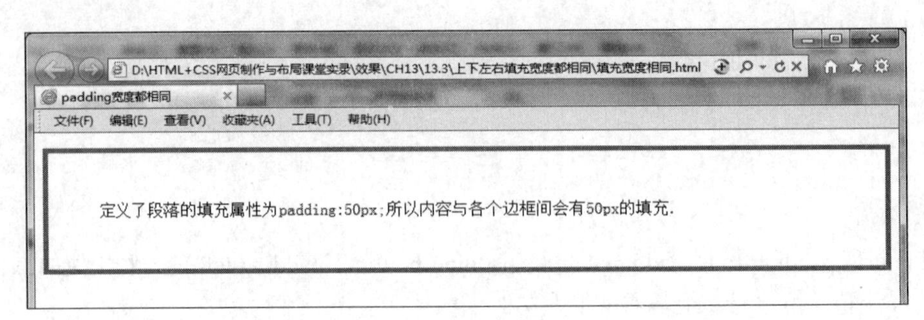

图 13-7

下面讲述上、下、左、右填充宽度各不相同的实例，其代码如下。

实例代码

```
<!DOCTYPE HTML>
<html>
<head>
<meta charset="utf-8">
<title>padding宽度各不相同</title>
<style type="text/css">
td {padding: 0.5cm 1cm 4cm 2cm}
</style>
</head>
<body>
<table border= "1" bordercolor="#009900">
<tr>
<td>这个单元格设置了CSS填充属性。上填充为0.5厘米，右填充为1厘米，下填充为4厘米，
左填充为2厘米。</td>
</tr>
</table>
</body>
</html>
```

在浏览器中预览，可以看到使用padding: 0.5cm 1cm 4cm 2cm分别设置了上填充为0.5厘米，右填充为1厘米，下填充为4厘米，左填充为2厘米。在浏览器中浏览，效果如图13-8所示。

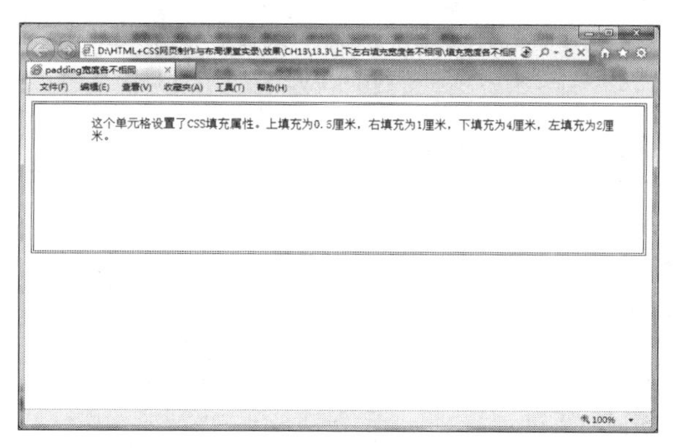

图13-8

13.4 设置外边距(margin)

设置外边距最简单的方法就是使用margin属性，该属性接受任何长度单位、百分数值甚至是负值。外边距属性用来设置页面中一个元素所占空间的边缘到相邻元素之间的距离。margin属性包括margin-top、margin-right、margin-bottom、margin-left、margin。

基本语法

```
margin: 边距值
margin-top: 上边距值
```

```
margin-bottom: 下边距值
margin-left: 左边距值
margin-right: 右边距值
```

语法说明

取值范围包括如下。

- 长度值：设置顶端的绝对边距值，包括数字和单位。
- 百分比：设置相对于上级元素的宽度的百分比，允许使用负值。
- auto：自动取边距值，即元素的默认值。

在 Dreamweaver 中可以使用可视化操作设置边界的效果，如图 13-9 所示。

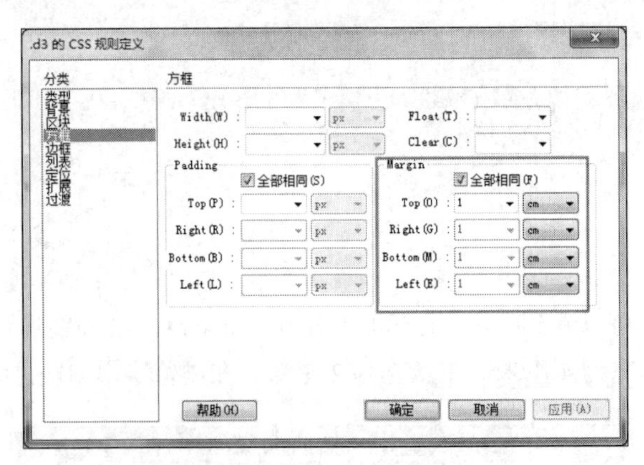

图 13-9

下面为上、下、左、右边界宽度都相同的实例代码。

实例代码

```
<!DOCTYPE HTML>
<html>
<head>
<meta charset="utf-8">
<title>边界宽度相同</title>
<style type="text/css">
.d1{border:1px solid #ff0000;}
.d2{border:1px solid gray;}
.d3{margin:1cm;border:1px solid gray;}
</style>
</head>
<body>
<div class="d1">
<div class="d2">没有设置 margin</div>
</div>
<P> </P>
<hr>
<p> </p>
<div class="d1">
```

```
<div class="d3">margin 设置为 1cm</div>
</div>
</body>
</html>
```

在浏览器中预览，效果如图 13-10 所示。

图 13-10

上面两个 Div 没有设置边界属性（margin），仅设置了边框属性（border）。外面那个为 d1 的 Div 的 border 属性设为红色，里面那个为 d2 的 Div 的 border 属性设为灰色。

和上面两个 Div 的 CSS 属性设置唯一不同的是，下面两个 Div 中，里面的那个为 d3 的 Div 设置了边界属性（margin），为 1cm，表示这个 Div 上、下、左、右的边距均为 1cm。

下面为上、下、左、右边界宽度各不相同的代码。

实例代码

```
<!DOCTYPE HTML>
<html>
<head>
<meta charset="utf-8">
<title>边界宽度各不相同 </title>
<style type="text/css">
.d1{border:1px solid #ff0000;}
.d2{border:1px solid gray;}
.d3{margin:0.5cm 1cm 2.5cm 1.5cm;border:1px solid gray;}
</style>
</head>
<body>
<div class="d1">
<div class="d2">没有设置 margin</div>
</div>
<P> </P>
<div class="d1">
<div class="d3">上下左右边界宽度各不同 </div>
</div>
</body>
</html>
```

在浏览器中预览，效果如图 13-11 所示。

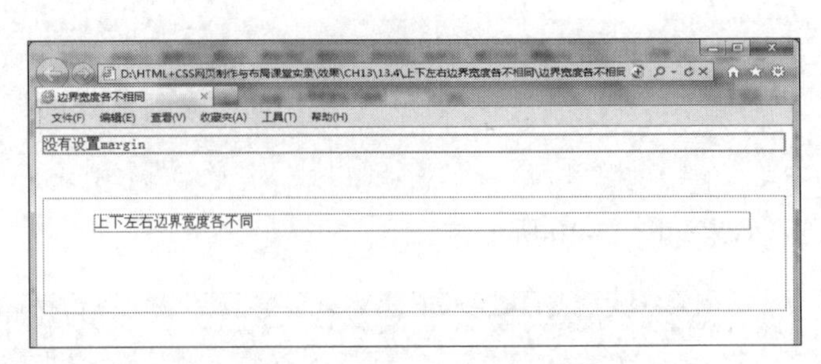

图 13-11

上面两个 Div 没有设置边距属性（margin），仅设置了边框属性（border）。外面那个 Div 的 border 设为红色，里面那个 Div 的 border 属性设为灰色。

和上面两个 Div 的 CSS 属性设置不同的是，下面两个 Div 中，里面的那个 Div 设置了边距属性（margin），设定上边距为 0.5cm，右边距为 1cm，下边距为 2.5cm，左边距为 1.5cm。

13.5 盒子的定位

CSS 为定位和浮动提供了一些属性，利用这些属性可以建立列式布局，可以将布局的一部分与另一部分重叠，还可以完成多年来通常需要使用多个表格才能完成的任务。定位的基本思想很简单，它允许定义元素框相对于其正常位置应该出现的位置，或者相对于父元素、另一个元素，甚至浏览器窗口本身的位置。显然，这个功能非常强大，也很让人吃惊。

在用 CSS 控制排版的过程中，定位一直被人认为是一个难点，这主要是表现为很多人在没有深入理解清楚定位的原理时，排出来的杂乱网页常让他们不知所措，而另一边一些高手则经常借助定位的强大功能做出一些很酷的效果来。因此，自己杂乱的网页与高手完美的设计形成鲜明对比，这在一定程度上打击了初学定位的人，希望下面的教程能让你更深入地了解 CSS 的定位属性。

13.5.1 静态定位 (static)

static，无特殊定位，它是 HTML 元素默认的定位方式，即不设定元素的 position 属性时默认的 position 值就是 static，它遵循正常的文档流对象，对象占用文档空间。在该定位方式下，top、right、bottom、left、z-index 等属性是无效的。

position 的原意为位置、状态、安置。在 CSS 布局中，position 属性非常重要，很多特殊容器的定位必须用 position 来完成。position 属性有 4 个值，分别是：static、absolute、fixed、relative，static 是默认值，代表无定位。

定位（position）允许精确定义元素框出现的相对位置，可以相对于它通常出现的位置，相对于其上级元素，相对于另一个元素，或者相对于浏览器视窗本身。每个显示元素都可以用定位的方法来描述，而其位置由此元素的包含块来决定。

基本语法

```
margin-right: 右边 Position: static | absolute | fixed | relative
```

语法说明

- static：静态（默认），无定位。
- absolute：绝对，将对象从文档流中拖出，通过 width、height、left、right、top、bottom 等属性与 margin、padding、border 进行绝对定位，绝对定位的元素可以有边界，但这些边界不压缩，而其层叠通过 z-index 属性定义。
- fixed：固定，使元素固定在屏幕的某个位置，其包含块是可视区域本身，因此它不随滚动条的滚动而移动。
- relative：相对，对象不可层叠，但将依据 left、right、top、bottom 等属性在正常文档流中偏移位置。

13.5.2　相对定位 (relative)

相对定位是一个非常容易掌握的概念。如果对一个元素进行相对定位，它将出现在它所在的位置上。然后，可以通过设置垂直或水平位置，让这个元素相对于它的起点进行移动。如果将 top 设置为 20px，那么框将在原位置顶部下面 20 像素的地方。如果 left 设置为 30 像素，那么会在元素左边创建 30 像素的空间，也就是将元素向右移动。

当容器的 position 属性值为 relative 时，这个容器即被相对定位了。相对定位和其他定位相似，也是独立出来浮在上面的。不过相对定位的容器的 top（顶部）、bottom（底部）、left（左边）和 right（右边）属性参照对象是其父容器的 4 条边，而不是浏览器窗口。

下面举例讲述相对定位的使用方法，其代码如下。

```
<!DOCTYPE HTML>
<html>
<head>
<meta charset="utf-8">
<title>CSS 相对定位 </title>
<style type="text/css">
*{margin: 0px; padding:0px;}
#all{width:400px; height:400px; background-color:#ccc;}
#fixed{
  width:100px;  height:80px;border:15px ridge #f00;background-color:#9c9;
  position:relative;  top:130px;left:30px;}
#a,#b{width:200px; height:120px; background-color:#eee; border:2px outset #000;}
</style>
</head>
<body>
<div id="all">
  <div id="a"> 第 1 个无定位的 div 容器 </div>
   <div id="fixed"> 相对定位的容器 </div>
  <div id="b"> 第 2 个无定位的 div 容器 </div>
</div>
</body>
</html>
```

这里为外部 Div 设置了 #ccc 背景色，并为内部无定位的 Div 设置了 #eee 背景色，而为相对定位的 Div 容器设置了 #9c9 背景色，并设置了 inset 类型的边框。在浏览器中预览，效果如图 13-12 所示。

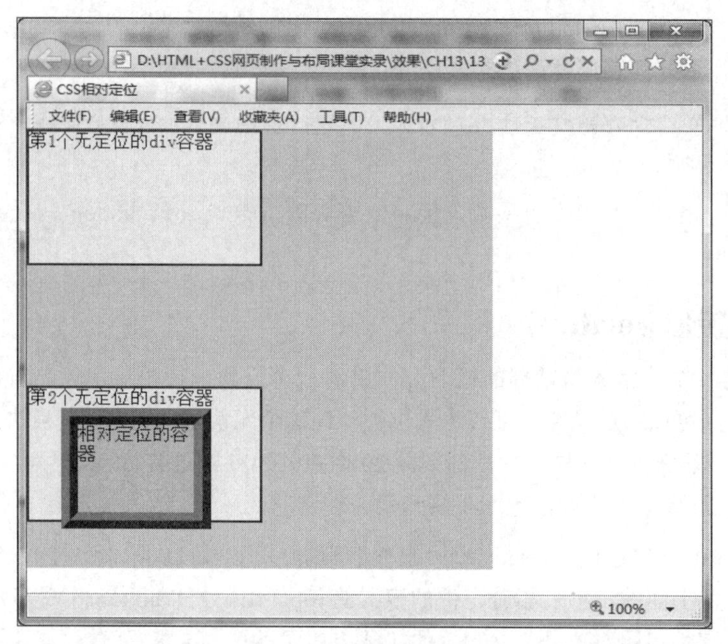

图 13-12

提示

相对定位的特点如下。

（1）相对于元素在文档流中位置进行偏移，但保留原占位。相对定位元素占有自己的空间（即元素的原始位置保留不变），因此，即使元素相对定位后，相对定位的元素也不会挤占其他元素的位置，但可以覆盖在其他元素之上进行显示。

（2）与绝对定位不同的是，相对定位元素的偏移量是根据它在正常文档流中的原始位置计算的。

（3）即使将元素相对定位在浏览器的可视区域之外，浏览器窗口也不会出现滚动条（不过在 Firefox、Opera和Safari浏览器中，滚动条该出现还是会出现）。

相对定位的容器其实并未完全独立，浮动范围仍然在父容器内，并且其所占的空白位置仍然有效地存在于前后两个容器之间。

13.5.3 绝对定位 (absolute)

当容器的 position 属性值为 absolute 时，这个容器即被绝对定位了。绝对定位在几种定位方法中使用最广泛，这种方法能精确地将元素移至想要的位置，absolute 用于将一个元素放到固定的位置非常方便。

当有多个绝对定位容器放在同一个位置时，显示哪个容器的内容呢？类似 Photoshop 的图层有上下关系，绝对定位的容器也有上下的关系，在同一个位置只会显示最上面的容器。在计算机显示中，把垂直于显示屏幕平面的方向称为 z 方向，CSS 绝对定位的容器的 z-index 属性对应这个方向，z-index 属性的值越大，容器越靠上，即同一个位置上的两个绝对定位的容器只会显示 z-index 属性值较大的一个。

指点迷津

top、bottom、left和right这4个CSS属性都是配合position属性使用的，表示的是块的各个边界距页面边框的距离，或各个边界离原来位置的距离，只有当position设置为absolute或 relative时才能生效。

下面举例讲述 CSS 绝对定位的使用方法，其代码如下。

```
<!DOCTYPE HTML>
<html>
<head>
<meta charset="utf-8">
<title>绝对定位</title>
<style type="text/css">
*{margin: 0px;
  padding:0px;}
#all{
height:400px;
     width:400px;
     margin-left:20px;
     background-color:#eee;}
#absdiv1,#absdiv2,#absdiv3,#absdiv4,#absdiv5
{width:120px;
       height:50px;
       border:5px double #000;
       position:absolute;}
#absdiv1{
  top:10px;
  left:10px;
  background-color:#9c9;
}
#absdiv2{
  top:20px;
  left:50px;
  background-color:#9cc;
}
#absdiv3{
bottom:10px;
       left:50px;
       background-color:#9cc;}
#absdiv4{
  top:10px;
  right:50px;
  z-index:10;
  background-color:#9cc;
}
#absdiv5{
  top:20px;
  right:90px;
```

```
  z-index:9;
  background-color:#9c9;
}
#a,#b,#c{width:300px;
      height:100px;
      border:1px solid #000;
      background-color:#ccc;}
</style>
</head>
<body>
<div id="all">
  <div id="absdiv1">第 1 个绝对定位的 div 容器 </div>
  <div id="absdiv2">第 2 个绝对定位的 div 容器 </div>
  <div id="absdiv3">第 3 个绝对定位的 div 容器 </div>
  <div id="absdiv4">第 4 个绝对定位的 div 容器 </div>
  <div id="absdiv5">第 5 个绝对定位的 div 容器 </div>
  <div id="a">第 1 个无定位的 div 容器 </div>
  <div id="b">第 2 个无定位的 div 容器 </div>
  <div id="c">第 3 个无定位的 div 容器 </div>
</div>
</body>
</html>
```

这里设置了 5 个绝对定位的 Div，3 个无定位的 Div。为外部 Div 设置了 #eee 背景色，并为内部无定位的 Div 设置了 #ccc 背景色，而绝对定位的 Div 容器设置了 #9c9 和 #9cc 背景色，并设置了 double 类型的边框。在浏览器中预览，效果如图 13-13 所示。

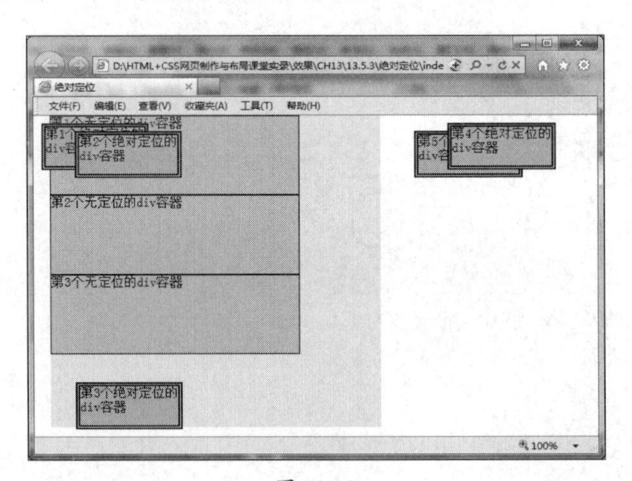

图 13-13

从本例可以看出，设置 top、bottom、left 和 right 其中至少一种属性后，5 个绝对定位的 Div 容器彻底摆脱了其父容器（id 名称为 all）的束缚，独立地浮于上面。而在未设置 z-index 属性值时，第 2 个绝对定位的容器显示在第 1 个绝对定位的容器上方（即后面的容器 z-index 属性值较大）。相应地，第 5 个绝对定位的容器虽然在第 4 个绝对定位的容器后面，但由于第 4 个绝对定位的容器的 z-index 值为 10，第 5 个绝对定位的容器的 z-index 值为 9，所以第 4 个绝对定位的容器显示在第 5 个绝对定位的容器的上方。

13.5.4　固定定位 (fixed)

当容器的 position 属性值为 fixed 时，这个容器即被固定定位了。固定定位和绝对定位非常类似，不过被定位的容器不会随着滚动条的拖动而变化位置。在视野中，固定定位的容器的位置是不会改变的。

下面举例讲述固定定位的使用方法，其代码如下。

```
<!DOCTYPE HTML>
<html>
<head>
<meta charset="utf-8">
<title>CSS 固定定位 </title>
<style type="text/css">
* {margin: 0px;
  padding:0px;}
#all{
     width:400px;height:450px; background-color:#cccccc;}
#fixed{
     width:100px;height:80px; border:15px outset #f0ff00;
     background-color:#9c9000; position:fixed; top:20px; left:10px;}
#a{
   width:200px;height:300px; margin-left:20px;
   background-color:#eeeeee; border:2px outset #000000;}
</style>
</head>
<body>
<div id="all">
   <div id="fixed"> 固定的容器 </div>
   <div id="a"> 无定位的 div 容器 </div>
</div>
</body>
</html>
```

在本例中为外部 Div 设置了 #cccccc 背景色，并为内部无定位的 Div 设置了 #eeeeee 背景色，而为固定定位的 Div 容器设置了 #9c9000 背景色，并设置了 outset 类型的边框。在浏览器中预览，效果如图 13-14 和图 13-15 所示。

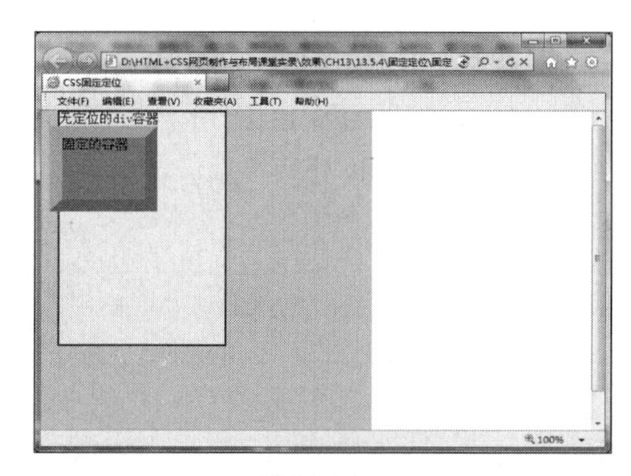

图 13-14

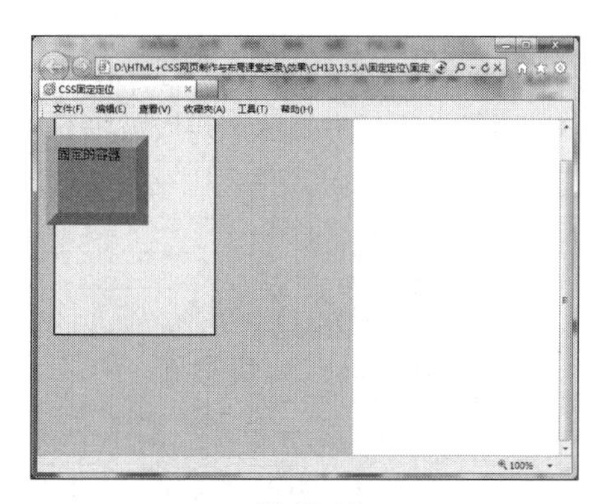

图 13-15

可以尝试拖动浏览器的垂直滚动条，固定容器不会有任何位置改变。不过 IE 6.0 版本的浏览器不支持 fixed 值的 position 属性，所以网上类似的效果都是采用 JavaScript 脚本编程完成的。

13.6 盒子的浮动

应用 Web 标准创建网页以后，float 浮动属性是元素定位中非常重要的属性，经常通过对 Div 元素应用 float 浮动来进行定位，不但对整个版式进行规划，也可以对一些基本元素，如导航等进行排列。

在标准流中，一个块级元素在水平方向会自动伸展，直到包含它的元素的边界，而在垂直方向和其他元素依次排列，不能并排。使用浮动方式后，块级元素的表现会有所不同。

基本语法

```
float:none|left|right
```

语法说明

none 是默认值，表示对象不浮动；left 表示对象浮在左侧；right 表示对象浮在右侧。

CSS 允许任何元素浮动 float，无论是图像、段落还是列表。无论先前元素是什么状态，浮动后都成为块级元素。浮动元素的宽度默认为 auto。

指点迷津

浮动有一系列控制它的规则。

- 浮动元素的外边缘不会超过其父元素的内边缘。
- 浮动元素不会互相重叠。
- 浮动元素不会上下浮动。

13.7 综合案例——设置第 1 个浮动的 Div

float 属性不是我们想象得那么简单，不是通过这一篇文字的说明，就能让你完全搞明白它的工作原理的，需要在实践中不断地总结经验。下面通过几个小例子，来说明它的基本工作原理。

如果 float 取值为 none 或没有设置 float 时，不会发生任何浮动，块元素独占一行，紧随其后的块元素将在新行中显示。其代码如下，在浏览器中预览，效果如图 13-16 所示。可以看到由于没有设置 Div 的 float 属性，因此每个 Div 都单独占一行，两个 Div 分两行显示。

```
<!DOCTYPE HTML>
<html>
<head>
<meta charset="utf-8">
 <title>没有设置 float 时</title>
 <style type="text/css">
  #content_a {width:200px; height:80px; border:2px solid #000000;
margin:15px; background:#0ccccc;}
```

```
    #content_b {width:200px; height:80px; border:2px solid #000000;
  margin:15px; background:#ff00ff;}
  </style>
  </head>
  <body>
    <div id="content_a">这是第一个 div</div>
    <div id="content_b">这是第二个 div</div>
  </body>
  </html>
```

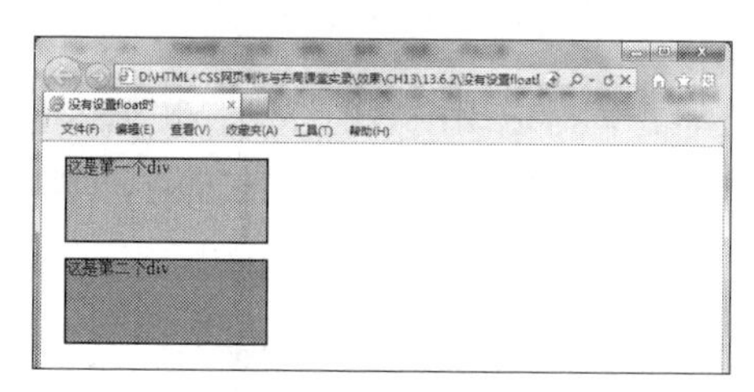

图 13-16

下面修改一下代码，使用 float:left 对 content_a 应用向左的浮动，而 content_b 不应用任何浮动。其代码如下，在浏览器中预览，效果如图 13-17 所示。

```
  <!DOCTYPE HTML>
  <html>
  <head>
  <meta charset="utf-8">
   <title>一个设置为左浮动，一个不设置浮动</title>
   <style type="text/css">
    #content_a {width:200px; height:80px; float:left; border:2px solid
#000000;
   margin:15px; background:#0ccccc;}
    #content_b {width:200px; height:80px; border:2px solid #000000; mar-
gin:15px;
  background:#ff00ff;}
  </style>
  </head>
  <body>
    <div id="content_a">这是第一个 div 向左浮动</div>
  <div id="content_b">这是第二个 div 不应用浮动</div>
  </body>
  </html>
```

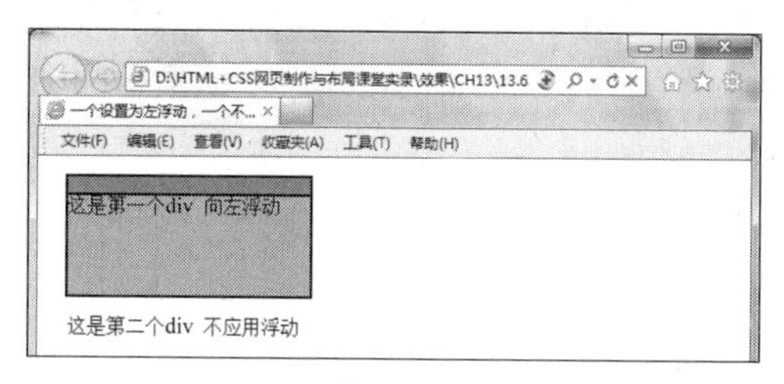

图 13-17

修改一下代码，同时对这两个容器应用向左的浮动，其CSS代码如下。在浏览器中预览，效果如图13-18所示，两个Div占一行，在一行上并列显示。

```
<style type="text/css">
  #content_a {width:200px; height:80px; float:left; border:2px solid
#000000;
margin:15px; background:#0ccccc;}
  #content_b {width:200px; height:80px; float:left; border:2px solid
#000000;
margin:15px; background:#ff00ff;}
 </style>
```

修改上面代码中的两个元素，同时应用向右的浮动。其CSS代码如下，在浏览器中预览，效果如图13-19所示，可以看到同时对两个元素应用向右的浮动基本保持了一致，但需要注意方向性，第二个在左侧，第一个在右侧。

```
<style type="text/css">
  #content_a {width:200px; height:80px; float:right; border:2px solid
#000000; margin:15px; background:#0ccccc;}
  #content_b {width:200px; height:80px; float:right; border:2px solid
#000000; margin:15px; background:#ff00ff;}
  </style>
```

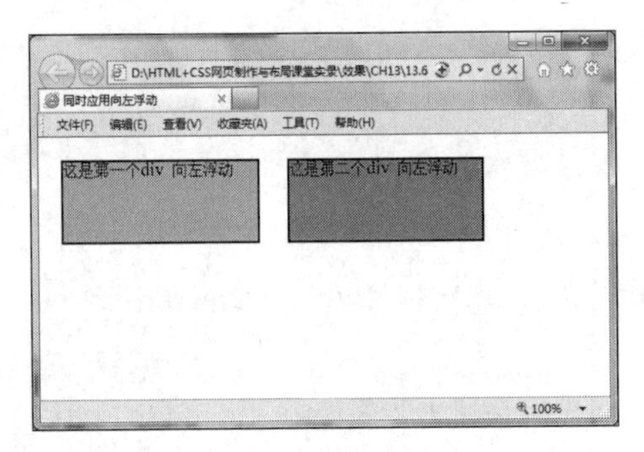

图 13-18

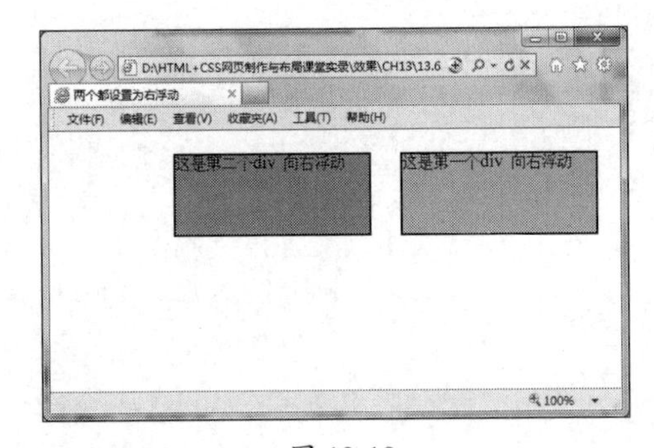

图 13-19

13.8 本章小结

盒子模型是CSS的一大基石，它指定元素如何显示以及如何相互交互。页面上的每个元素都被浏览器看成是一个矩形的盒子，这个盒子由元素的内容、填充、边框和边界组成。网页就是由许多个盒子通过不同的排列方式堆积而成的。盒子模型是CSS控制页面时一个很重要的概念，只有很好地掌握了盒子模型以及其中每个元素的用法，才能真正控制好页面中的每个元素。

第 14 章 CSS+Div 布局方法

本章导读

设计网页的第一步就是设计布局，好的网页布局会令浏览者耳目一新，同样也可以使浏览者比较容易在站点上找到他们所需要的信息。无论使用表格还是 CSS，网页布局都是把大块的内容放进网页的不同区域中。有了 CSS，最常用来布局内容的元素就是 Div 标签。盒子模型是 CSS 控制页面时一个很重要的概念，只有很好地掌握了盒子模型，以及其中每个元素的用法，才能真正控制好页面中的各个元素。

技术要点

1. CSS 布局模型
2. CSS 布局理念
3. 常见的布局类型

14.1 CSS 布局模型

常用的 CSS 布局模型有 Flow Model（流动模型）、Float Model（浮动模型）和 Layer Model（层模型），这 3 类布局模型与盒子模型相同，都是 CSS 的核心概念，了解和掌握这些基本概念对网页布局有着举足轻重的作用，所有 CSS 布局技术都是建立在盒子模型、流动模型、浮动模型和层模型这 4 个最基本的概念之上的。

14.1.1 关于 CSS 布局

掌握基于 CSS 的网页布局方式，是实现 Web 标准的基础。在制作网页时采用 CSS 技术，可以有效地对页面的布局、字体、颜色、背景和其他效果，实现更加精确的控制。只要对相应的代码做一些简单的修改，即可改变网页的外观和格式。采用 CSS 布局有以下优点。

- 大幅缩减页面代码，提高页面的下载速度，缩减带宽成本。
- 结构清晰，容易被搜索引擎搜索。
- 缩短改版时间，只要简单地修改几个 CSS 文件，即可重新设计一个有成百上千页的站点。
- 强大的字体控制和排版能力。
- CSS 非常容易编写，可以像写 HTML 代码一样轻松。
- 提高易用性，使用 CSS 可以结构化 HTML，如 <p> 标记只用来控制段落，<heading> 标记只用来控制标题，<table> 标记只用来表现格式化的数据等。
- 表现和内容相分离，将设计部分分离出来放在一个独立的样式文件中。

- 更方便搜索引擎的搜索，用只包含结构化内容的 HTML 代替嵌套的标记，搜索引擎将更有效地搜索到内容。
- table 布局，垃圾代码会很多，一些修饰的样式及布局的代码混在一起，很不直观。而 Div 更能体现样式和结构相分离的理念，结构的重构性强。
- 可以将许多网页的风格格式同时更新，不用再逐页地更新了。可以将站点上所有的网页风格都使用一个 CSS 文件进行控制，只要修改这个 CSS 文件中相应的行，那么整个站点的所有页面都会随之发生改变。

14.1.2 流动布局模型

流动模型（Flow Model）是 HTML 中默认的网页布局模式，在一般状态下，网页中元素的布局都是以流动模型为默认显示方式的。这里的一般状态是指，任何元素在没有定义拖出文档流定位方式属性（position: absolute; 或 position:fixed;）、没有定义浮动于左右的属性（float: left; 或 float:right;）时，这些元素都将具有流动模型的布局模式。

流动模型的含义来源于水的流动原理，一般也称之为文档流。在网页内容的显示中，元素自上而下按顺序显示，要改变其在网页中的位置，只能通过修改网页结构中元素的先后排列顺序和分布位置来实现。同时，流动模型中每个元素都不是一成不变的，当在一个元素前面插入一个新的元素时，这个元素本身及其后面元素的位置会自然向后流动推移。

当元素定义为相对定位，即设置 position:relative; 属性时，它也会遵循流动模型布局规则，跟随 HTML 文档流自上而下流动。

下面是一个流动布局模型的实例，其 CSS 布局代码如下。

```
<style type="text/css">
<!
#contain {                /*< 定义一个包含框 >*/
border:double 5px  #33cc00;
}
#contain h2 {             /*< 定义标题的背景色 >*/
background: #f63;
}
#contain p {              /*< 定义段落属性 >*/
borderbottom:solid 2px #900099;
position:relative;        /* 设置段落元素为相对定位 */
}
#contain table{           /*< 定义表格边框 >*/
border:solid 2px #ffccff;
}
>
</style>
```

下面是其 XHTML 结构代码。

```
<div id="contain">
  <h2> 标题 </h2>
          <p> 段落 </p>
          <ul>
```

```
            <li> 列表项 </li>
            </ul>
            <table>
              <tr>
                    <td> 表格行，单元格 </td>
                    <td> 表格行，单元格 </td>
              </tr>
            </table>
</div>
```

当单独定义 p 段落元素以相对定位显示时，它会严格遵循流动模型自上而下按顺序流动显示，这是一个非常重要的特征。在浏览器中预览，效果如图 14-1 所示。

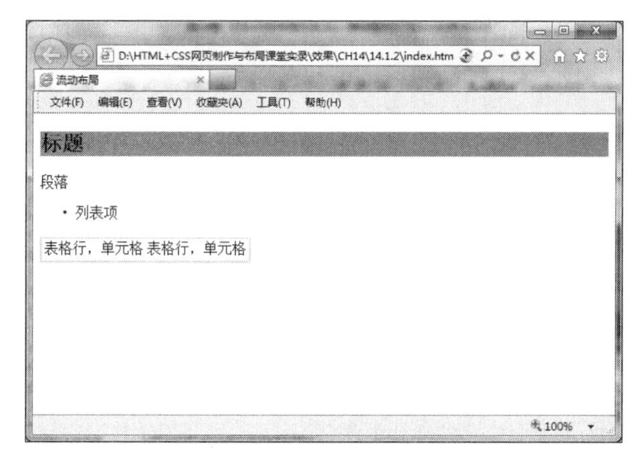

图 14-1

上面的例子仅定义了段落元素以相对定位显示，如果再给它定义坐标值，会出现什么情况呢？此时，你会发现相对定位元素偏离原位，不再按元素先后顺序显示，但它依然遵循流动模型规则，始终保持与原点相同的位置关系，一起随文档流整体移动。

下面是一个实例，其 CSS 布局代码如下。

```
<style type="text/css">
<!
#contain {                  /*< 定义一个包含框 >*/
border:double 5px  #33cc00;
}
#contain h2 {               /*< 定义标题的背景色 >*/
background: #F63;
}
#contain p {                /*< 定义段落属性 >*/
borderbottom:solid 2px #90009;
position:relative;          /* 设置段落元素为相对定位 */
left:20px;                  /* 以原位置左上角为参考点向右偏移 20 像素 */
top:120px;                  /* 以原位置左上角为参考点向下偏移 120 像素 */
}
#contain table{             /*< 定义表格边框 >*/
border:solid 2px #ffccff;
}
```

```
>
</style>
```

当为相对定位的元素定义了坐标值后，它会以原位置的左上角为参考点进行偏移，其中坐标原点为新移动位置的元素左上角，在浏览器中预览，效果如图 14-2 所示。

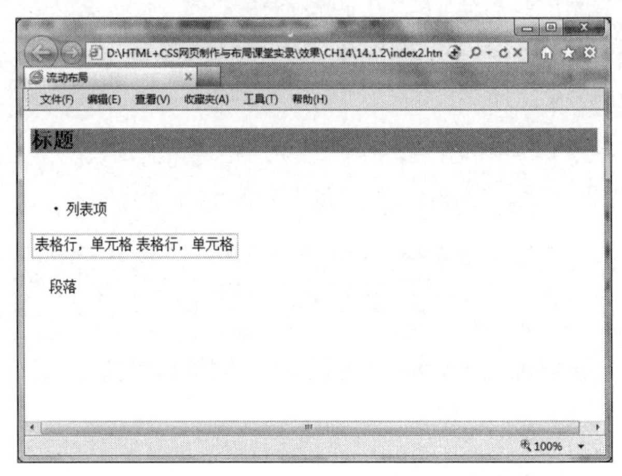

图 14-2

所谓的相对，仅指元素本身位置，对其他元素的位置不会产生任何影响。因此，采用相对定位的元素被定义偏移位置后，不会挤占其他流动元素的位置，但能够覆盖其他元素。

提示

流动模型的优点：元素之间不会存在叠加、错位等显示问题，自上而下、自左而右显示的方式符合人们的浏览习惯。

流动模型的缺点：其位置自然流动时，无法控制其自由的位置。

14.1.3 浮动布局模型

浮动模型（Float Model）是完全不同于流动模型的另一种布局模型，它遵循浮动规则，但是仍然受流动模型带来的潜在影响。任何元素在默认状态下是不浮动的，但都可以通过 CSS 定义为浮动。浮动模型吸取了流动模型和层模型的优点，以尽可能实现网页的自适应能力。

当元素定义为 float:left; 或 float:right; 浮动时，元素即成为了浮动元素，浮动元素具有一些块状元素的特征，但若没有为其定义宽度时，其宽度则为元素中内联元素的宽度。

浮动本身起源于实现图文环绕混排的目的，下面是常见的图文混排网页的实例，具体代码如下。

```
<!DOCTYPE HTML>
<html>
<head>
<meta charset="utf-8">
<title> 浮动布局 </title>
</head>
<body>
```

```
    <p><br/>
    我们认为，一个能够健康发展的企业就像一棵枝叶繁茂的大树，创意的绿叶是企业的标志，而以销售为目的功能需求更是重要利器。<img   src="images/shafa.jpg" width="400" height="252" style="float:left"/> 所以我们追求作品在美观和销售功能上的平衡点，美观而不失功能，易用而不失创意，是我们的首要设计守则。</p>
    <p><br/>
    我们作为一家专业的视觉营销创意设计公司，具有完备且专业的项目流程。从需求调研、创意设计、成稿审核、演示讲解都具有专业且规范的流程行为指导，力求在双方互通互信的基础之上，将服务做到最优，以优质的服务铸就品牌的成长。与客户一起共同创造价值，与客户共同发展。<br/>
    </p>
    </body>
    </html>
```

这是一个图文混排的例子，这里定义为图片定义了 float:left; 属性，图片就在整段文字的左侧显示。

同时，文字依据 XHTML 文档流的规则，自动自上而下、从左至右地进行流动。随着文字的增多，当文字的排列超出了图片的高度时，文字的排列就会环绕图片底部，形成了图文环绕混排的效果，这就是 Float（浮动）的效果了，如图 14-3 所示。

图 14-3

从这个实例中可以看出，浮动元素的定位还是基于正常的文档流，然后从文档流中抽出并尽可能远地移动至左侧或者右侧，文字内容会围绕在浮动元素周围。

提示

浮动模型的优点如下。

（1）浮动模型不会与流动模型发生冲突。当元素定义为浮动布局时，它在垂直方向上应该还处于文档流中，也就是浮动元素不会脱离正常文档流而任意浮动。

（2）浮动元素只能浮动至左侧或者右侧。

（3）关于浮动元素之间并列显示的问题，当两个或者两个以上的相邻元素都被定义为浮动显示时，如果存在足够的空间容纳它们，浮动元素之间可以并列显示。它们的上边线是在同一水平线上的。如果没有足够的空间，那么后面的浮动元素将会下移到能够容纳它的地方，这个向下移动的元素有可能产生一个单独的浮动。

（4）与普通元素相同，浮动元素始终位于包含于元素内，不会游离于外，这与层布局模型不同。

浮动模型的缺点如下。

（1）浮动元素在环绕问题方面与流动元素有本质的区别，若与块元素进行混合布局，则会出现很多复杂的情况。

（2）浮动元素存在着浮动清除的布局混乱问题。

（3）浮动不固定，给整体布局带来很多不确定的因素，当浏览器窗口缩小后，第二列或后面列移到下一行显示，这也是设计师最头疼的问题。

（4）不同浏览器对于混合布局的解析存在差异。

浮动的自由性也给布局带来很多麻烦，为此 CSS 又增加了 clear 属性，它能够在一定程度上控制浮动布局中出现的混乱现象。clear 属性取值包括以下 4 个。

- left：清除左侧的浮动对象，如果左侧存在浮动对象，则当前元素会在浮动对象底部显示。
- right：清除右侧的浮动对象，如果右侧存在浮动对象，则当前元素会在浮动对象底部显示。
- both：清除左右两侧的浮动对象，无论哪边存在浮动对象，当前元素都会在浮动对象底部显示。
- none：默认值，允许两侧都可以有浮动对象，当前元素浮动元素不会换行显示。

下面通过实例介绍清除属性的使用方法，具体代码如下。

```
<!DOCTYPE HTML>
<html>
<head>
<meta charset="utf-8">
<title> 清除浮动 </title>
<style>
span {/*< 定义 span 元素宽和高 >*/
width:250px;
height:150px;
}
#span1 {/*< 定义 span 对象 1 属性 >*/
float:left;
border:solid  #f36000 15px;
}
#span2 {/*< 定义 span 对象 2 属性 >*/
float:left;
border:solid  #36f000 15px;
clear:left; /* 清除左侧浮动对象，如果左侧存在浮动对象，则自动在底部显示 */
}
#span3 {/*< 定义 span 对象 3 属性 >*/
float:left;
border:solid  #fc6 15px;
}
</style>
</head>
<body>
<span id="span1">span 元素浮动 1</span>
<span id="span2">span 元素浮动 2</span>
<span id="span3">span 元素浮动 3</span></body>
</html>
```

在这个实例中，定义了 3 个 span 元素对象，并设置它们全部向左浮动。当为 #span2 对象添加 clear:left; 属性后，在其左侧已经存在 #span1 浮动对象，因此，#span2 对象为了清除左侧浮动对象，则自动排到底部靠左显示，跟随 #span2 对象的 #span3 浮动对象也在底部按顺序停留，如图 14-4 所示。

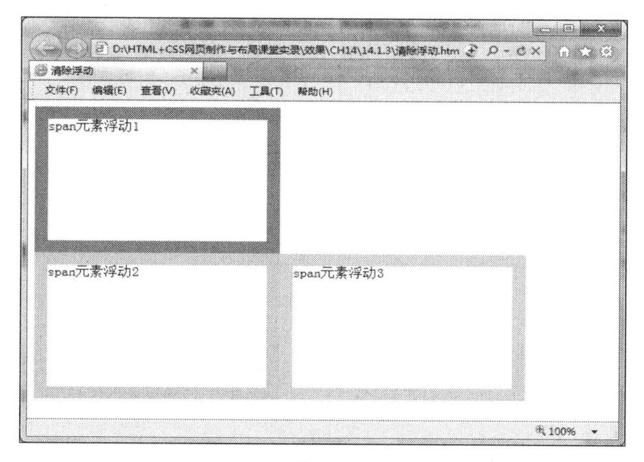

图 14-4

浮动清除只能适用于浮动对象之间的清除，不能为非浮动对象定义清除属性，或者说，为非浮动对象定义清除属性是无效的。在上面的实例中，删除 #span2 选择符中的 float:left; 浮动定义，结果浏览器会忽略 #span2 对象中定义的 clear:left; 属性，#span2 对象依然环绕显示，如图 14-5 所示。

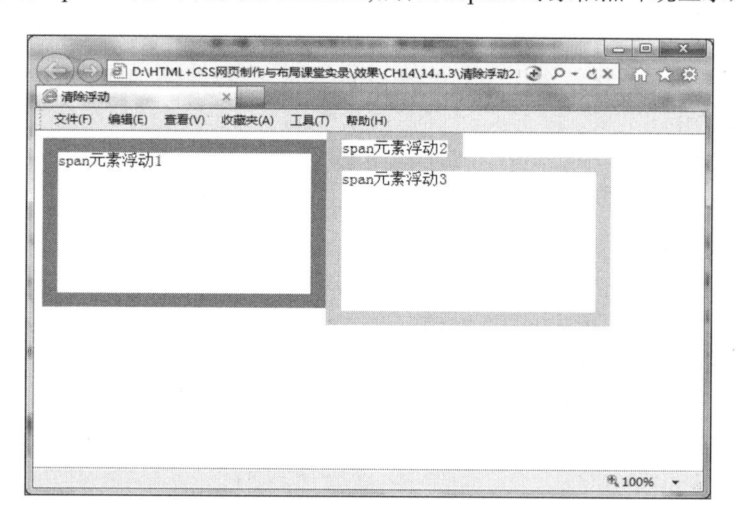

图 14-5

提示

浮动清除的缺点如下。

（1）当一个浮动元素定义了clear属性，它不会对前面的任何对象产生影响，也不会对后面的对象形成影响，只会影响自己的布局位置。

（2）浮动清除不仅针对相邻浮动元素对象，只要在布局页面中水平接触都会实现清除操作。

14.1.4 层布局模型

层模型（Layer Model）是在网页布局中引入图像软件中“层”的概念，以用于精确定位网页中的元素。这种网页布局模式的初衷是摆脱HTML默认的流动模型所带来的弊端，以层的方式对网页元素进行精确定位与层叠，从而增强网页表现的丰富性。

为了支持层布局模型，CSS提供了position属性进行元素定位，以方便精确地定义网页元素的相对位置。下面是一个层布局模型的实例，具体代码如下。

```
<!DOCTYPE HTML>
<html>
<head>
<meta charset="utf-8">
<title>层布局定位</title>
<style type="text/css">
body,td,th{font-family:Verdana;font-size:9px;}
</style>
</head>
<body>
<div style="position:absolute; top:5px; right:20px; width:200px;
height:180px;
background-color:#99cc33;">position: absolute;<br />top: 5px;<br/>
right: 20px;<br />
<div style="position:absolute; left:20px; bottom:10px; width:100px;
height:100px;
background-color:#00ccff;">position: absolute;<br />left: 20px;<br/>
bottom: 10px;<br />
</div>
</div>
<div style="position:absolute; top:5px; left:5px; width:100px;
height:100px;
background:#99cc33;">position: absolute;<br />top: 5px;<br />left: 5px;
<br/>
</div>
<div style="position:relative; left:150px; width:300px; height:50px;
background:#ff9933;">position: relative;<br />left: 150px;<br /><br />
width: 300px; height: 50px; <br />
</div>
<div style="text-align:center; background:#ccc;">
  <div style="margin:0 auto; width:600px; background:#ff66cc; text-
align:left;">
    <p>1</p>
    <p>2</p>
    <p>3</p>
    <p>4</p>
    <p>5</p>
  <div style="padding:20px 0 0 20px; background:#fffcc0;"> padding: 20px
0 0 20px;
<div style="position:absolute; width:100px; height:100px;
background:#ff0000;">position: <span style="color:#fff; ">absolute
</span>;</div>
<div style="position:relative; left:200px; width:500px; height:300px;
background:#ff9933;">position: <span style="color:blue;">relative
```

```
</span>;<br />
        left: 200px;<br /><br /> width: 300px;<br />height: 300px;<br />
    <div style="position:absolute; top:20px; right:20px; width:100px;
height:100px;
    background:#00ccff;"> position: absolute;<br /> top: 20px;<br />right:
20px;<br /></div>
    </div>
    </div>
    </div>
    </div>
    </body>
    </html>
```

在这个实例中使用了 position 属性定义不同的定位方式，在浏览器中预览，效果如图 14-6 所示。

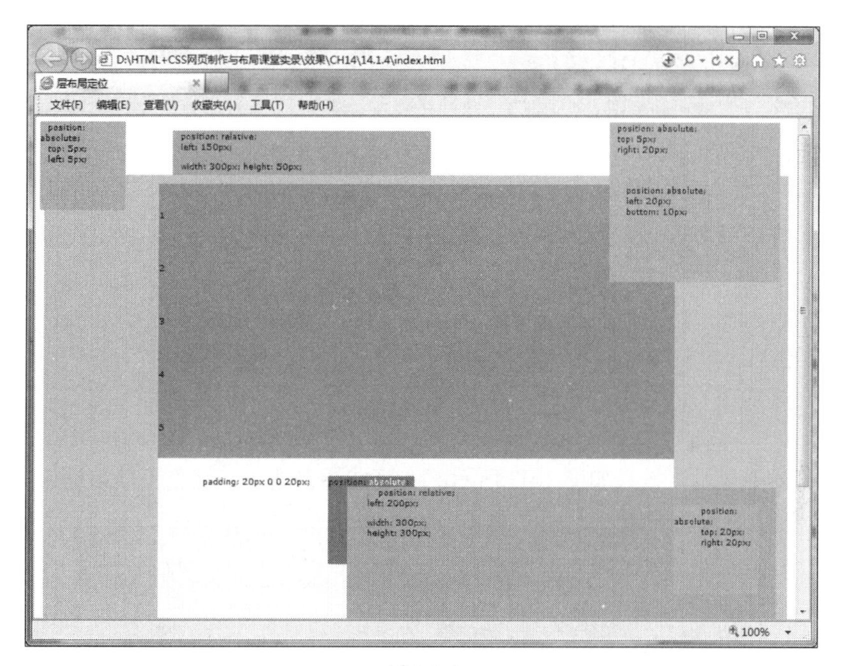

图 14-6

提示

层模型的优点如下。

（1）层模型可以精确定位网页中元素的相对位置，可以相对于浏览器窗口，相对于最近的包含元素，或相对于元素原来的位置。

（2）层模型可以实现元素之间的层叠显示效果，这在流动模型中是不具备的。在CSS中定义元素的z-index属性可以实现定位元素的层叠等级。

层模型的缺点如下。

网页布局与图像处理有一定的差距，层模型不能兼顾到网页在浏览时的可缩放性和活动性（如缩放浏览器、区块中内容会变长缩短），很多内容无法预测与控制（如循环栏目列表可能会无限拉长页面），因而全部使用层模型会给浏览者带来很大的局限性，同时无法自适应网页中内容的变化。

以上只是简要叙述了流动模型、浮动模型和层模型这 3 种布局类型的一些基本知识，在页面实际布局过程中，一般都以流动模型为主，同时辅以使用浮动模型和层模型，以实现丰富的网页布局效果。

14.1.5 高度自适应

网页布局中经常需要定义元素的高度和宽度，但很多时候我们希望元素的大小能够根据窗口或父元素自动调整，这就是元素自适应。元素自适应在网页布局中非常重要，它能够使网页显示更灵活，可以适应在不同设备、不同窗口和不同分辨率下显示。

元素宽度自适应设置起来比较轻松，只需要为元素的 width 属性定义一个百分比即可，且目前各大浏览器对此都完全支持。不过问题是元素高度自适应很容易让人困惑，设置起来比较麻烦。

下面是一个简单实例，其中的 XHTML 结构代码如下。

```
<div id="content">
<div id="sub">高度自适应</div>
</div>
```

其 CSS 布局代码如下。

```
#content {                /*<定义父元素显示属性>*/
background: #fc0;         /*背景色*/
}
#sub {                    /*<定义子元素显示属性>*/
width:50%;                /*父元素宽度的一半*/
height:50%;               /*父元素高度的一半*/
background:#6c3;          /*背景色*/
}
```

在 IE 浏览器中显示，效果如图 14-7 所示，宽度能够自适应，高度不能自适应。

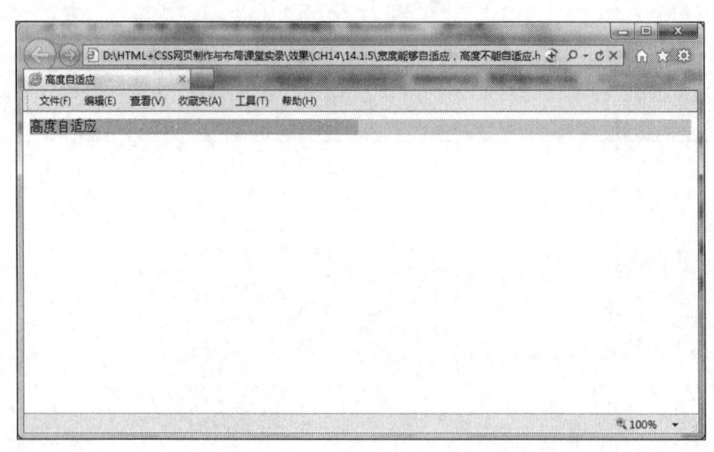

图 14-7

这是什么原因呢？原来在 IE 浏览器中 HTML 的 height 属性默认为 100%，body 没有设置值，而在非 IE 浏览器中 HTML 和 body 都没有预订义 height 属性值。因此，解决高度自适应问题可以使用下面的 CSS 代码。

```
html,body {                /*< 定义 html 和 body 高度都为 100%>*/
height:100%;}
#content {                 /*< 定义父元素显示属性 >*/
height:100%;               /* 满屏显示 */
background:#fc0;           /* 背景色 */ }
#sub {                     /*< 定义子元素显示属性 >*/
width:50%;                 /* 父元素宽度的一半 */
height:50%;                /* 父元素高度的一半 */
background:#6c3;           /* 背景色 */ }
```

在 IE 浏览器中浏览，高度能自适应，如图 14-8 所示。

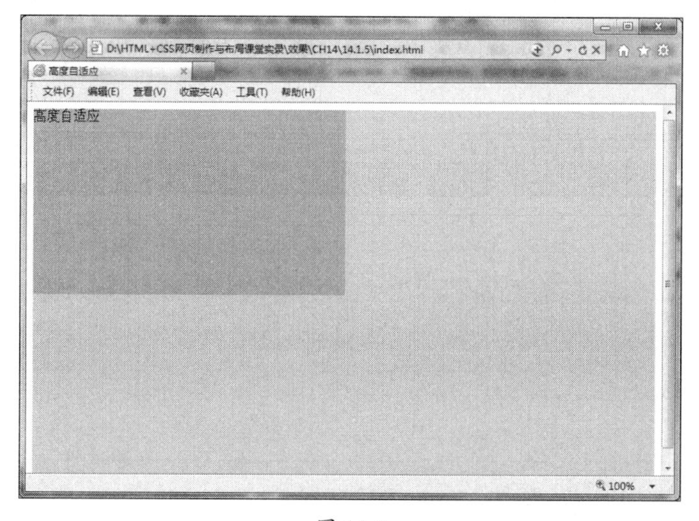

图 14-8

如果把子元素对象设置为浮动显示或者绝对定位显示，则高度依然能够实现自适应。CSS 布局代码如下。

```
html,body {
height:100%;
}
#content {
height:100%;
position:relative;
background:#fc0;
}
#sub {
width:50%;
height:50%;
position:absolute;
background:#6c3;
}
```

高度自适应对于布局具有重要的作用，可以利用高度自适应实现很多复杂布局效果，特别是对于绝对定位，突破了原来宽、高灵活性差的难题，充分发挥绝对定位的精确定位和灵活适应的双重能力。

14.2 CSS 布局理念

无论使用表格还是 CSS，网页布局都是把大块的内容放进网页的不同区域中。有了 CSS，最常用来组织内容的元素就是 <div> 标签。CSS 排版是一种很新的排版理念，首先要将页面使用 <div> 整体划分几个板块，然后对各个板块进行 CSS 定位，最后在各个板块中添加相应的内容。

14.2.1 将页面用 Div 分块

在利用 CSS 布局页面时，首先要有一个整体的规划，包括整个页面分成哪些模块，各个模块之间的父子关系等。以最简单的框架为例，页面由 Banner（导航条）、主体内容（content）、菜单导航（links）和脚注（footer）几个部分组成，各个部分分别用自己的 id 来标识，如图 14-9 所示。

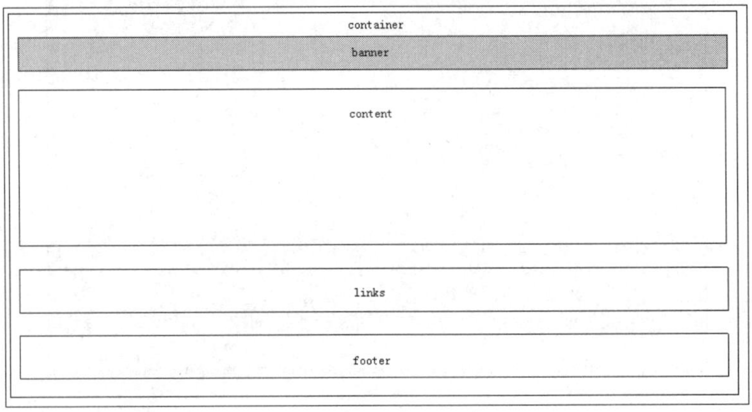

图 14-9

图 14-9 页面的 HTML 框架代码如下。

```
<div id="container">container
 <div id="banner">banner</div>
  <div id="content">content</div>
  <div id="links">links</div>
  <div id="footer">footer</div>
</div>
```

实例中每个板块都是一个 Div，这里直接使用 CSS 中的 id 来表示各个板块，页面的所有 Div 块都属于 container，一般的 Div 排版都会在最外面加上这个父 Div，便于对页面的整体进行调整。对于每个 Div 块，还可以再加入各种元素或行内元素。

14.2.2 设计各块的位置

当页面的内容已经确定后，则需要根据内容本身考虑整体的页面布局类型，如单栏、双栏、三栏等，这里采用的布局如图 14-10 所示。

由图 14-10 可以看出，在页面外部有一个整体的框架 container，banner 位于页面整体框架中的最上方，content 与 links 位于页面的中部，其中 content 占据着页面的绝大部分，最下面是页面的脚注 footer。

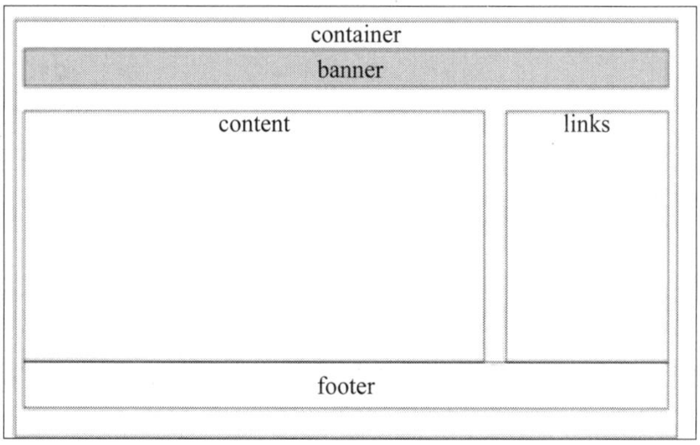

container
banner
content
links
footer

图 14-10

14.2.3　用 CSS 定位

整理好页面的框架后，即可利用 CSS 对各个板块进行定位，实现对页面的整体规划，再向各个板块中添加内容。

下面首先对 body 标记与 container 父块进行设置，CSS 代码如下。

```
body {
    margin:10px;
    text-align:center;
}
#container{
    width:800px;
    border:1px solid #000000;
    padding:10px;
}
```

上面代码设置了页面的边界、页面文本的对齐方式，以及父块的宽度为 800px。下面来设置 banner 板块，其 CSS 代码如下。

```
#banner{
    margin-bottom:5px;
    padding:10px;
    background-color:#a2d9ff;
    border:1px solid #000000;
    text-align:center;
}
```

这里设置了 banner 板块的边界、填充、背景颜色等。下面利用 float 方法将 content 移动到页面左侧，links 移动到页面右侧，这里分别设置了这两个板块的宽度和高度，可以根据需要自行调整，具体代码如下。

```
#content{
    float:left;
    width:570px;
```

```
    height:300px;
    border:1px solid #000000;
    text-align:center;
}
#links{
    float:right;
    width:200px;
    height:300px;
    border:1px solid #000000;
    text-align:center;
}
```

由于 content 和 links 对象都设置了浮动属性，因此，footer 需要设置 clear 属性，使其不受浮动的影响，具体代码如下。

```
#footer{
    clear:both;   /* 不受float影响 */
    padding:10px;
    border:1px solid #000000;
    text-align:center;
}
```

页面的整体框架搭建好了，这里需要指出的是，content 块中不能放太宽的元素，如很长的图片或不折行的英文等，否则 links 将再次被挤到 content 下方。

如果后期维护时希望 content 的位置与 links 对调，仅需要将 content 和 links 属性中的 left 和 right 修改。这是用传统的排版方式不可能简单实现的，这也正是 CSS 排版的魅力之一。

另外，如果 links 的内容比 content 的内容长，在 IE 浏览器上 footer 就会贴在 content 下方而与 links 出现重合。

14.3 常见的布局类型

本节重点介绍如何使用 Div+CSS 创建固定宽度布局，对于包含很多大图片和其他元素的内容，由于它们在流式布局中不能很好地表现，因此，固定宽度布局也是处理这种内容的最好方法。

14.3.1 列固定宽度

一列式布局是所有布局的基础，也是最简单的布局形式。一列固定宽度中，宽度的属性值是固定像素。下面举例说明一列固定宽度的布局方法，具体操作步骤如下。

01 在 HTML 文档的 <head> 与 </head> 之间的相应位置输入定义的 CSS 样式代码，具体代码如下。

```
<style>
#content{
  background-color:#ffcc33;
  border:5px solid #ff3399;
  width:500px;
```

```
    height:350px;
  }
  </style>
```

提示

使用background-color:# ffcc33将Div设定为黄色背景，并使用border:5px solid #ff3399将Div设置了粉红色的5px宽的边框，使用width:500px设置宽度为500像素固定宽度，使用height:350px设置高度为350像素。

02 在 HTML 文档的 <body> 与 <body> 之间的正文中输入以下代码，为 Div 使用了 layer 作为 id 名称。

```
  <div id="content ">1 列固定宽度 </div>
```

03 在浏览器中预览，由于是固定宽度，无论怎样改变浏览器窗口大小，Div 的宽度都不会改变，如图 14-11 和图 14-12 所示。

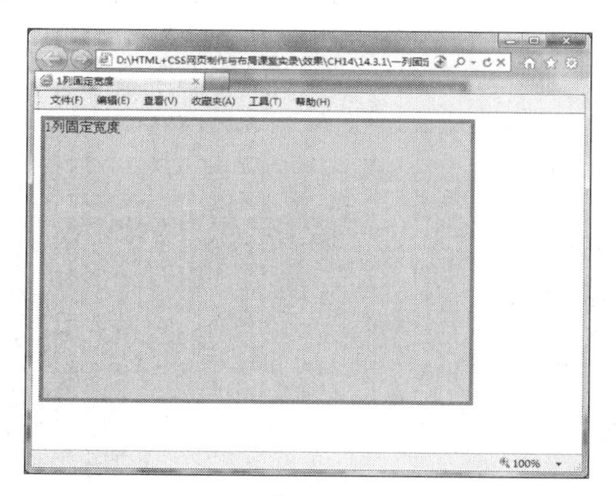

图 14-11

图 14-12

在网页布局中，1 列固定宽度是常见的网页布局方式，多用于封面型的页面设计中，如图 14-13 和图 14-14 所示。

图 14-13

图 14-14

提示

页面居中是常用的网页设计表现形式之一，在传统的表格式布局中，用align="center"属性实现表格居中显示。Div本身也支持align="center"属性，同样可以实现居中效果，但是Web标准化时代，这个不是我们想要的结果，因为不能实现表现与内容的分离。

14.3.2 列自适应

自适应布局是在网页设计中常见的一种布局形式，自适应的布局能够根据浏览器窗口的大小，自动改变其宽度或高度值，是一种非常灵活的布局形式，良好的自适应布局网站对不同分辨率的显示器都能提供最好的显示效果。自适应布局需要将宽度由固定值改为百分比，下面是一列自适应布局的 CSS 代码。

```
<!DOCTYPE HTML>
<html>
<head>
<meta charset="utf-8">
<title>1 列自适应 </title>
<style>
#Layer{background-color:#00cc33;border:3px solid #ff3399; width:60%;
height:60%;}
</style>
</head>
<body>
<div id="Layer">1 列自适应 </div>
</body>
</html>
```

这里将宽度和高度值都设置为 60%，从浏览效果中可以看出，Div 的宽度已经变为了浏览器宽度的 60%，当扩大或缩小浏览器窗口大小时，其宽度和高度还将维持在与浏览器当前宽度比例的 60%，如图 14-15 和图 14-16 所示。

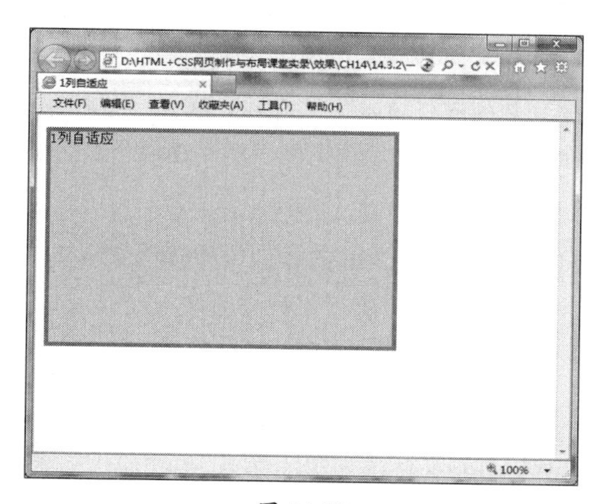

图 14-15

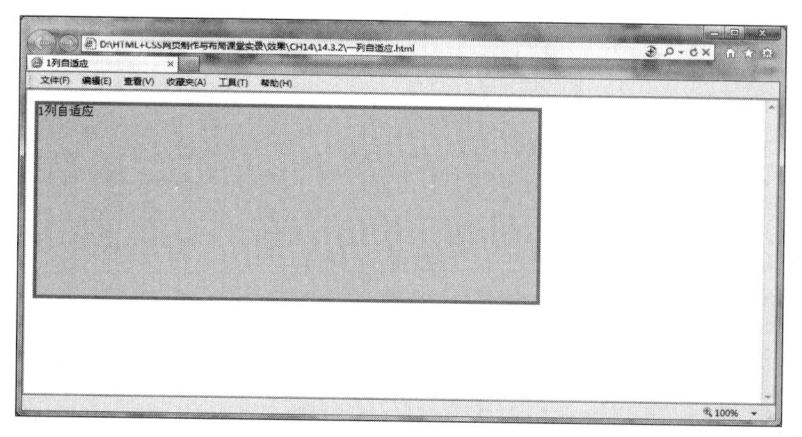

图 14-16

自适应布局是比较常见的网页布局方式，如图 14-17 所示的网页就采用自适应布局。

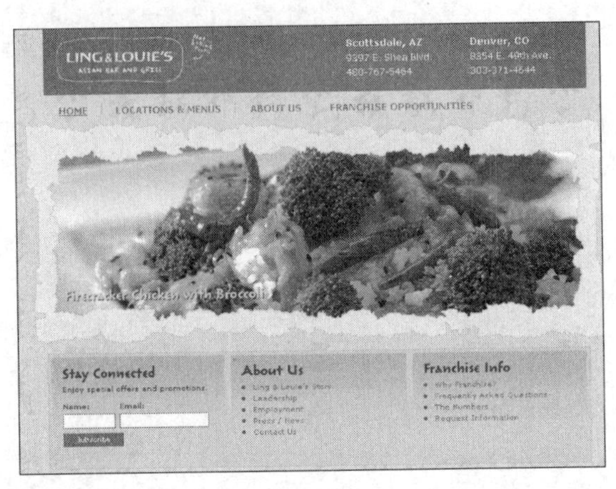

图 14-17

14.3.3 两列固定宽度

有了一列固定宽度作为基础，二列固定宽度就非常简单了。我们知道 Div 用于对某一个区域的标识，而二列的布局，自然需要用到两个 Div。

两列固定宽度非常简单，两列的布局需要用到两个 Div，分别把两个 Div 的 id 设置为 left 与 right，表示两个 Div 的名称。首先为它们设置宽度，然后让两个 Div 在水平线中并排显示，从而形成两列式布局，具体操作步骤如下。

01 在 HTML 文档的 <head> 与 </head> 之间的相应位置输入定义的 CSS 样式代码，具体代码如下。

```
<style>
#left{
  background-color:#00cc33;
  border:1px solid #ff3399;
  width:250px;
  height:250px;
  float:left;
  }
#right{
  background-color:#ffcc33;
  border:1px solid #ff3399;
  width:250px;
  height:250px;
  float:left;
}
</style>
```

提示

left与right两个Div的代码与前面类似，两个Div使用相同宽度实现两列式布局。float属性是CSS布局中非常重要的属性，用于控制对象的浮动布局方式，大部分Div布局基本上都通过float的控制来实现。float使用none值时表示对象不浮动，而使用left时，对象将向左浮动，例如本例中的Div使用了float:left;之后，Div对象将向左浮动。

02 在 HTML 文档的 <body> 与 <body> 之间的正文中输入以下代码，为 Div 使用 left 和 right 作为 id 名称。

```
<div id="left">左列</div>
<div id="right">右列</div>
```

03 在使用了简单的 float 属性之后，二列固定宽度的页面就能并排显示出来。在浏览器中预览，两列固定宽度布局的效果如图 14-18 所示。

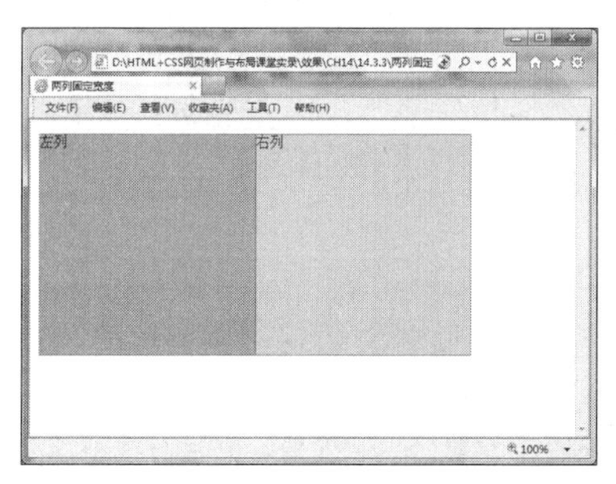

图 14-18

14.3.4 两列宽度自适应

下面利用两列宽度的自适应性，来实现左右栏宽度自动适应，设置自适应主要通过宽度的百分比值来实现。CSS 代码修改如下。

```
<style>
#left{background-color:#00cc33;border:1px solid #ff3399; width:60%;
  height:250px; float:left;   }
#right{background-color:#ffcc33;border:1px solid #ff3399; width:30%;
  height:250px; float:left;   }
</style>
```

这里主要修改了左栏宽度为 60%，右栏宽度为 30%。在浏览器中预览，效果如图 14-19 和图 14-20 所示，无论怎样改变浏览器窗口大小，左右两栏的宽度与浏览器窗口的百分比都保持不变。

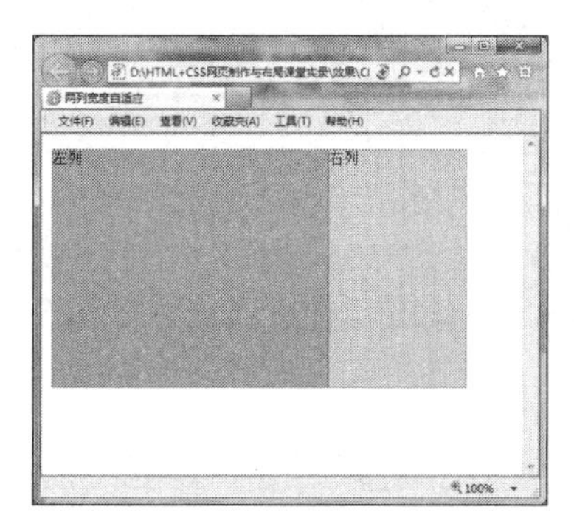

图 14-19

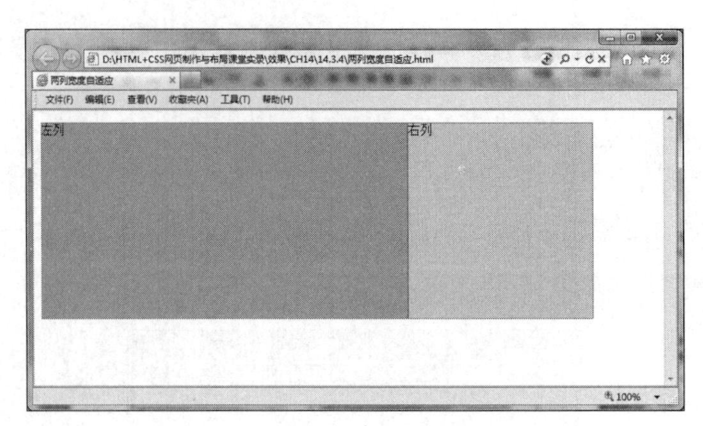

图 14-20

14.3.5 两列右列宽度自适应

在实际应用中，有时候需要左栏固定宽度，右栏根据浏览器窗口大小自动适应，在CSS中只需要设置左栏的宽度即可，如上例中左右栏都采用了百分比实现了宽度自适应，这里只需要将左栏宽度设定为固定值，右栏不设置任何宽度值，并且右栏不浮动，CSS样式代码如下。

```
    <style>
    #left{ background-color:#00cc33;border:1px solid #ff3399;
width:200px;
      height:250px;float:left;    }
    #right{background-color:#ffcc33;border:1px solid #ff3399; height:250px;}
    </style>
```

这样，左栏将呈现200px的宽度，而右栏将根据浏览器窗口大小自动适应，如图14-21和图14-22所示。

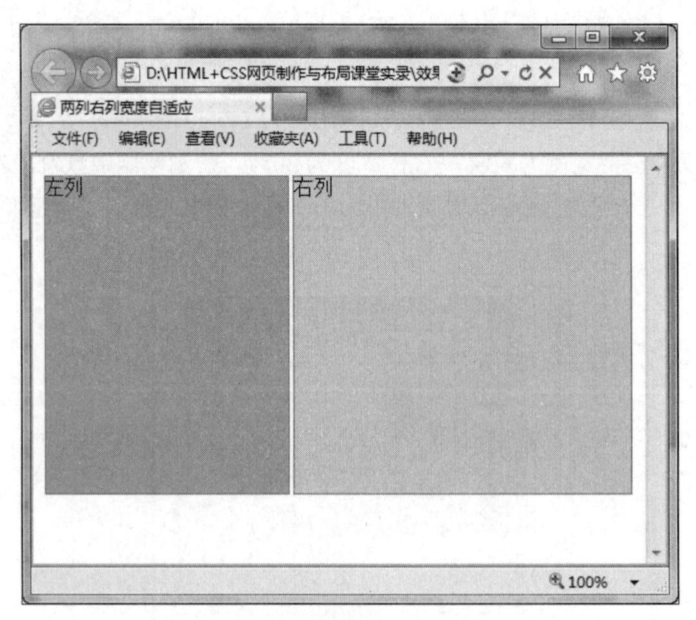

图 14-21

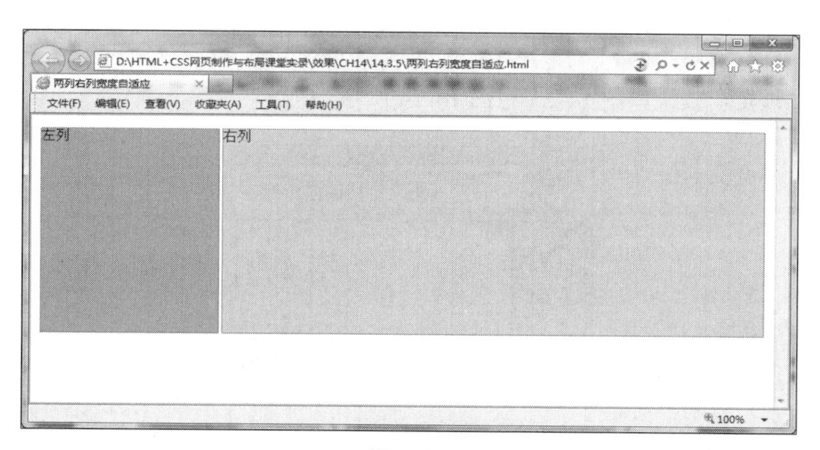

图 14-22

14.3.6　三列浮动中间宽度自适应

使用浮动定位方式，从一列到多列的固定宽度及自适应，基本上可以简单完成，包括三列的固定宽度。而在这里给我们提出了一个新的要求，希望有一个三列式布局，其中左栏要求固定宽度，并居左显示，右栏要求固定宽度，并居右显示，而中间栏需要在左栏和右栏的中间，根据左右栏的间距变化自动适应。

在开始这样的三列布局之前，有必要了解一个新的定位方式——绝对定位。前面的浮动定位方式主要由浏览器根据对象的内容自动进行浮动方向的调整，但是这种方式不能满足定位需求时，就需要新的方法来解决。CSS 提供了除浮动定位外的另一种定位方式，就是绝对定位，绝对定位使用 position 属性来实现。

下面讲述三列浮动中间宽度自适应布局的创建方法，具体操作步骤如下。

01 在 HTML 文档的 <head> 与 </head> 之间的相应位置输入定义的 CSS 样式代码，具体代码如下。

```
    <style>
    body{ margin:0px; }
    #left{ background-color:#ffcc00;   border:3px solid #333333;
width:100px;
        height:250px; position:absolute; top:0px; left:0px; }
    #center{ background-color:#ccffcc; border:3px solid #333333;
height:250px;
        margin-left:100px; margin-right:100px; }
    #right{
        background-color:#ffcc00; border:3px solid #333333; width:100px;
        height:250px; position:absolute; right:0px; top:0px; }
    </style>
```

02 在 HTML 文档的 <body> 与 <body> 之间的正文中输入以下代码，为 Div 使用 left、right 和 center 作为 id 名称。

```
    <div id="left"> 左列 </div>
    <div id="center"> 中间列 </div>
```

```
<div id="right">右列</div>
```

03 在浏览器中预览，效果如图 14-23 和图 14-24 所示。

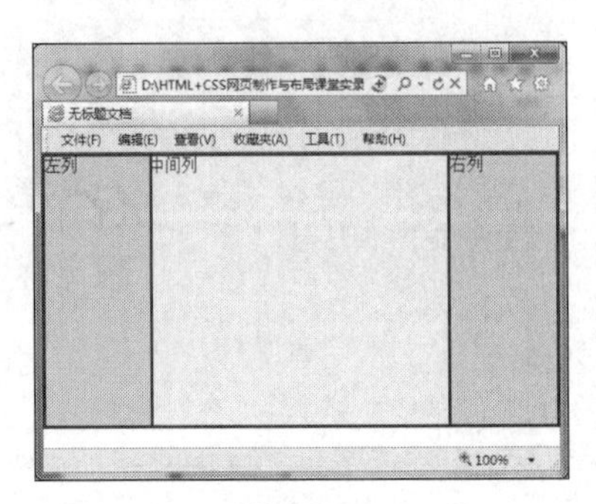

图 14-23

图 14-24

14.3.7 三行二列居中高度自适应布局

如何使整个页面内容居中，如何使高度适应内容自动伸缩，这是学习 CSS 布局最常见的问题。下面讲述三行二列居中高度自适应布局的创建方法，具体操作步骤如下。

01 在 HTML 文档的 <head> 与 </head> 之间的相应位置输入定义的 CSS 样式代码，具体代码如下。

```
<style type="text/css">
#header{ width:776px; margin-right: auto; margin-left: auto; padding: 
0px;
background: #ff9900; height:60px; text-align:left; }
#contain{margin-right: auto; margin-left: auto; width: 776px; }
#mainbg{width:776px; padding: 0px;background: #60A179; float: left;}
#right{float: right; margin: 2px 0px 2px 0px; padding:0px; width: 574px;
background: #ccd2de; text-align:left; }
#left{ float: left; margin: 2px 2px 0px 0px; padding: 0px;
background: #F2F3F7; width: 200px; text-align:left; }
#footer{ clear:both; width:776px; margin-right: auto; margin-left: auto;
padding: 0px;
background: #ff9900; height:60px;}
.text{margin:0px;padding:20px;}
</style>
```

02 在 HTML 文档的 <body> 与 <body> 之间的正文中输入以下代码，为 Div 使用 left、right 和 center 作为 id 名称。

```
<div id="header">页眉</div>
<div id="contain">
  <div id="mainbg">
    <div id="right">
      <div class="text">右
       <div id="header">页眉</div>
<div id="contain">
  <div id="mainbg">
    <div id="right">
      <div class="text">右
        <p> </p>
        <p> </p>
        <p> </p>
        <p></p>
        <p></p>
      </div>
    </div>
    <div id="left">
      <div class="text">左 </div>
    </div>
  </div>
</div>
<div id="footer">页脚</div>
   </div>
    </div>
    <div id="left">
      <div class="text">左</div>
    </div>
  </div>
</div>
<div id="footer">页脚</div>
```

03 在浏览器中浏览，效果如图 14-25 所示。

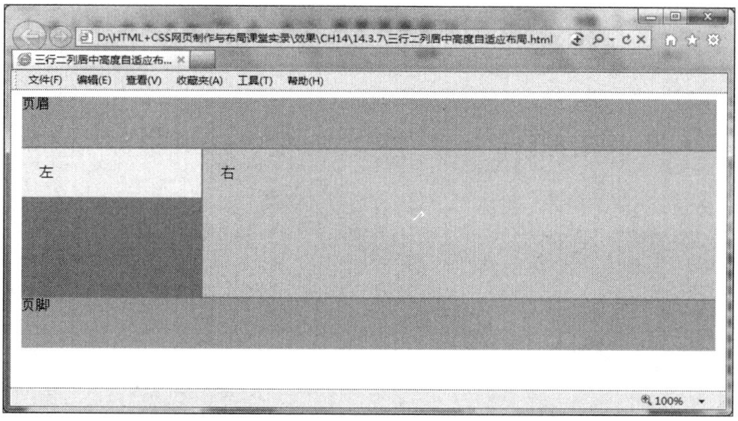

图 14-25

14.4 本章小结

CSS ＋ Div 是网站标准中常用的术语之一，CSS 和 Div 的结构被越来越多的人采用，很多人都抛弃了表格而使用 CSS 来布局页面。它的好处有很多，可以使结构简洁，定位更灵活，CSS 布局的最终目的是搭建完善的页面架构。利用 CSS 排版的页面，更新起来十分容易，甚至连页面的结构都可以通过修改 CSS 属性来重新定位。

第 15 章 JavaScript 基础知识

本章导读

在网页制作中，JavaScript 是常用的脚本语言，它可以嵌入到 HTML 中在客户端执行，是动态特效网页设计的最佳选择，同时也是浏览器普遍支持的网页脚本语言。几乎每个普通用户的计算机上都存在 JavaScript 程序的影子。JavaScript 几乎可以控制所有常用的浏览器，而且 JavaScript 是世界上最重要的编程语言之一，学习 Web 技术必须学会 JavaScript。

技术要点

1. JavaScript 的添加方法
2. 基本数据类型
3. 常量和变量
4. 使用选择语句
5. 使用循环语句
6. 事件
7. JavaScript 对象

15.1 JavaScript 的添加方法

JavaScript 用来为 HTML 网页增加动态功能，下面介绍 JavaScript 的添加方法。

15.1.1 内部引用

在 HTML 中输入 JavaScript 时，需要使用 <script> 标签。在 <script> 标签中，language 特性声明要使用的脚本语言，language 特性一般被设置为 JavaScript，不过也可以用它声明 JavaScript 的确切版本，如 JavaScript 1.3。

当浏览器载入网页 body 部分的时候，就执行其中的 JavaScript 语句，执行之后输出的内容就显示在网页中。

实例代码

```
<!DOCTYPE HTML>
<html>
<head>
<meta charset="utf-8">
<title>JavaScript 语句 </title>
</head>
<body>
<script type="text/javascript1.3">
<!--
```

```
    var gt = unescape('%3e');
    var popup = null;
    var over = "Launch Pop-up Navigator";
    popup = window.open('', 'popupnav', 'width=225,height=235,resiz-
able=1,scrollbars=auto');
    if (popup != null) {
    if (popup.opener == null) {
    popup.opener = self;
    }
    popup.location.href = 'tan.htm';
    }
     -->
    </script>
    </body>
    </html>
```

浏览器通常忽略未知标签，因此，在使用不支持 JavaScript 的浏览器阅读网页时，JavaScript 代码也会被阅读。<!-- --> 中的内容对于不支持 JavaScript 的浏览器来说就等同于一段注释，而对于支持 JavaScript 的浏览器，这段代码会被执行。

提示

通常JavaScript文件可以使用script标签加载到网页的任何位置，但是标准的方式是加载到head标签中。为防止网页加载缓慢，也可以把非关键的JavaScript放到网页的底部。

15.1.2 外部调用 js 文件

如果很多网页都需要包含一段相同的代码，最好的方法是将这个 JavaScript 程序放到一个后缀名为 .js 的文本文件中。此后，任何一个需要该功能的网页，只需要引入这个 js 文件即可。这样做可以提高 JavaScript 的复用性，减少代码维护的成本，不必将相同的 JavaScript 代码复制到多个 HTML 网页中，将来一旦要修改程序，也只要修改 .js 文件即可。

在 HTML 文件中可以直接输入 JavaScript，还可以将脚本文件保存在外部，通过 <script> 中的 src 属性指定 URL，从而调用外部脚本语言。外部 JavaScript 语言的格式非常简单，事实上，它们只是包含 JavaScript 代码的纯文本文件。在外部文件中不需要 <script/> 标签，引用文件的 <script/> 标签出现在 HTML 页中，此时文件的后缀为 .js。

```
<script type="text/javascript" src="URL"></script>
```

通过指定 script 标签的 src 属性，即可使用外部的 JavaScript 文件。在运行时，这个 js 文件的代码全部嵌入到包含它的页面中，页面程序可以自由使用，这样即可做到代码的复用。

提示

调用外部JavaScript文件的好处如下。

- 如果浏览器不支持JavaScript，将忽略script标签中的内容，可以避免使用<!--...-->。
- 统一定义JavaScript代码，方便查看、维护。
- 使代码更安全，可以压缩、加密单个JavaScript文件。

实例代码

```
<!DOCTYPE HTML>
<html>
<head>
<meta charset="utf-8">
<head>
<script src="http://www.baidu.com/common.js"></script>
</head>
<body>
</body>
</html>
```

实例中的 common.js 其实就是一个文本文件，代码如下。

```
function clickme()
{
alert("You clicked me!")
}
```

15.1.3　添加到事件中

一些简单的脚本可以直接放在事件处理部分的代码中，如下所示，直接将 JavaScript 代码加入到 OnClick 事件中。

```
<input type="button" name="FullScreen" value=" 全屏显示 "
onClick="window.open(document.location, 'big', 'fullscreen=yes')">
```

这里，使用 <input/> 标签创建一个按钮，单击该按钮时调用 onclick() 方法。onclick 特性声明一个事件处理函数，即响应特定事件的代码。

15.2　基本数据类型

JavaScript 脚本语言同其他语言相同，有它自身的基本数据类型、表达式和算术运算符，以及程序的基本框架结构。在 JavaScript 中有 4 种基本的数据类型：数值（整数和实数）、字符串型、布尔型和空值。

15.2.1　使用字符串型数据

字符串是存储字符的变量，可以表示一串字符，字符串可以是引号中的任意文本，也可以使用单引号或双引号，如下代码所示。

基本语法

```
var str=" 字符串 ";              // 使用双引号定义字符串
var str=' 字符串 ';              // 使用单引号定义字符串
```

可以通过 length 属性获得字符串长度，具体代码如下。

```
var sStr=" what is your name ";
alert(sStr.length);
```

下面使用引号定义字符串变量，使用 document.write 输出相应的字符串，具体代码如下。

```
<script>
var hao1=" 你叫什么名字 ";
var hao2=" 我的名字叫 “晓华” ";
var hao3=' 她的名字叫 “萱萱” ';
document.write(hao1 + "<br>")
document.write(hao2 + "<br>")
document.write(hao3 + "<br>")
</script>
```

打开网页文件，运行效果如图 15-1 所示。

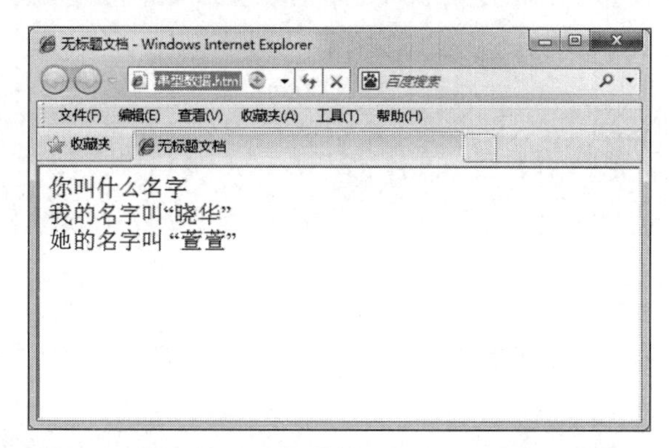

图 15-1

本例代码中 var hao1=" 你叫什么名字 "、var hao3=' 她的名字叫 “萱萱” ' 分别使用双引号和单引号定义字符串，最后使用 document.write 输出定义中的字符串。

15.2.2 使用数值型数据

JavaScript 数值类型表示一个数字，例如 5、12、-5、2e5。数值类型有很多值，最基本的当然就是十进制数。除了十进制，整数还可以通过八进制或十六进制表示。还有一些极大或极小的数值，可以用科学记数法表示。

```
var num1=10.00;        // 使用小数点来写
var num2=10;           // 不使用小数点来写
```

下面将通过实例讲述常用的数值型数据的使用方法，具体代码如下。

```
<script>
var x1=8.00;
var x2=8;
var y=10e3;
var z=10e-3;
document.write(x1 + "<br />")
document.write(x2 + "<br />")
document.write(y + "<br />")
document.write(z + "<br />")
</script>
```

运行效果如图 15-2 所示。

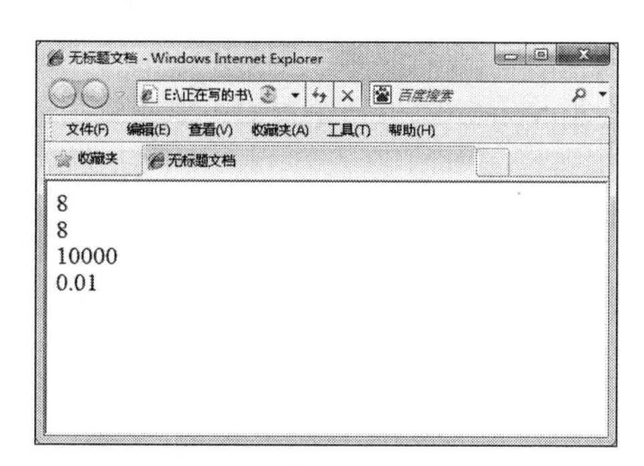

图 15-2

本例代码中 var x1=8.00、var x2=8 分别定义十进制数值，var y=10e3、var z=10e-3 用科学记数定义，最后使用 document.write 输出十进制数字。

15.2.3　使用布尔型数据

JavaScript 布尔类型只包含两个值——真（true）、假（false），用于判断表达式的逻辑条件。每个关系表达式都会返回一个布尔值，布尔类型通常用于选择程序设计的条件判断中，例如 if…else 语句。

基本语法

```
var x=true
var y=false
```

下面将通过实例讲述布尔型数据的使用方法，具体代码如下。

```
<script>
 var message = 'Hello';
    if(message)
    {
        alert(" 答案正确 ");
    }
</script>
```

运行这个示例，就会显示一个警告框，如图 15-3 所示。字符串 message 被自动转换成了对应的 Boolean 值（true）。

图 15-3

15.2.4　使用 Undefined 和 Null 类型

在某种程度上，Null 和 Undefined 都具有“空值”的含义，因此容易混淆。实际上，二者具有完全不同的含义。Null 是一个 Null 类型的对象，可以通过将变量的值设置为 Null 来清空变量；而 Undefined 值表示变量，不含有值。

如果定义的变量准备在将来用于保存对象，那么，最好将该变量初始化为Null，而不是其他值。这样一来，只要直接检测Null值即可知道相应的变量是否已经保存了一个对象的引用，例如：

```
if(car != null)
    {
        // 对car对象执行某些操作
    }
```

实际上，Undefined值是派生自Null值的，因此要返回true。

```
alert(undefined == null); //true
```

下面将通过实例讲述Undefined和Null的使用方法，具体代码如下。

```
<script>
var person;
var car="hello";
document.write(person + "<br />");
document.write(car + "<br />");
var car=null;
document.write(car + "<br />");
</script>
```

var person代码变量不含有值，document.write(person + "<br />")输出代码即为undefined值，运行代码的效果如图15-4所示。

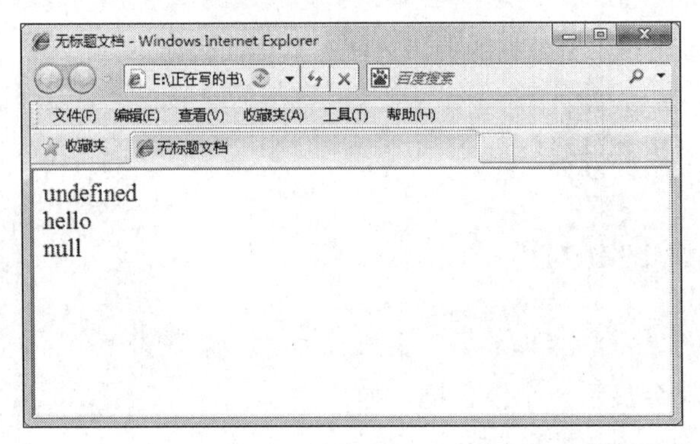

图15-4

15.3 常量和变量

每一种计算机语言都有自己的数据结构，在JavaScript中，常量和变量是数据结构的重要组成部分。

15.3.1 常量

常量（constant）也称“常数”，是一种恒定的或不可变的数值或数据项，它们可以是不随时间变化的某些量和信息，也可以是表示某一数值的字符或字符串，常被用来标识、测量和比较。程序一次运行活动的始末，有的数据经常发生改变，有的数据从未被改变，也不应该被改变。常量是指其值从始至终不能被改变的数据。

在 JavaScript 中，常量有以下 6 种基本类型。

1. 数值型常量

用整数、小数、科学记数法表示的类型，称为数值型常量（常数），如 1234、555.33、4.5E 等。

2. 字符型常量

字符型常量是用半角的单引号、双引号或方括号等定界符括起来的一串字符。字符型常量又称字符串，可以由文字或符号构成，包括大小写的英文字母、数字、空格以及汉字等。某个字符串所含字符的个数称为该字符串的长度。符串最大长度为 254 个字节，如“中国我爱你”、‘12345’、[liziwx] 等。

3. 日期型常量

日期型常量必须用花括号括起来，在国际（MM/DD/YY）和中国（YY/MM/DD）这两种标准之间转换，在命令窗口输入 set stri to 1（将国际标准转换成中国标准）或 set stri to 0（将中国标准转换成国际标准），其中空白日期可表示为 {} 或 {/}。

4. 逻辑型常量

逻辑型常量只有逻辑真和逻辑假两值，逻辑真用 .T.(.t.)或 .Y.(.y.)，逻辑假用 .F(.f.)或 .N.(.n.)。

5. 货币型常量

货币型常量以 $ 或￥符号开头，并自动进行四舍五入到小数点后 4 位，如果有“？”去掉 $ 或￥，例如，货币型常量￥123.23445，计算结果为￥123.2345。

6. 符号常量

程序中可用伪编译指令 #DEFINE 定义符号常量，例如 #DEFINE PI3.1415926，编译后，VFP 将用符号常量的具体值来替换该符号常量在源代码中的位置。

15.3.2 常量的使用方法

在程序执行过程中，其值不能改变的量称为“常量”。常量可以直接用一个数来表示，称为“常数”（或称为“直接常量”），也可以用一个符号来表示，称为“符号常量”。

下面通过实例讲述字符常量、布尔型常量和数值常量的使用方法，输入如下代码。

```
<script language="javascript">
<!--
document.write( "<li>常量的使用方法<br>" );          // 使用字符串常量
document.write( "<li>" + 7 + "一星期7天" );          // 使用数值常量
if( true )
                                                   // 使用布尔型常量true
{
document.write( "<br><li>布尔常量：" + true );
}
document.write( "<li>八进制数值常量012输出为十进制：" + 012);
```

```
                                              // 使用八进制常量和十进制常量
-->
</script>
```

document.write(<li> 常量的使用方法 <br>) 代码使用字符串常量，document.write("<li>" + 7 + " 一星期 7 天) 代码使用数值常量 7，if（true）在 if 语句块中使用布尔型常量 true，document.write("<li> 八进制数值常量 012 输出为十进制，" + 012) 代码使用八进制数值常量输出为十进制，运行代码效果如图 15-5 所示。

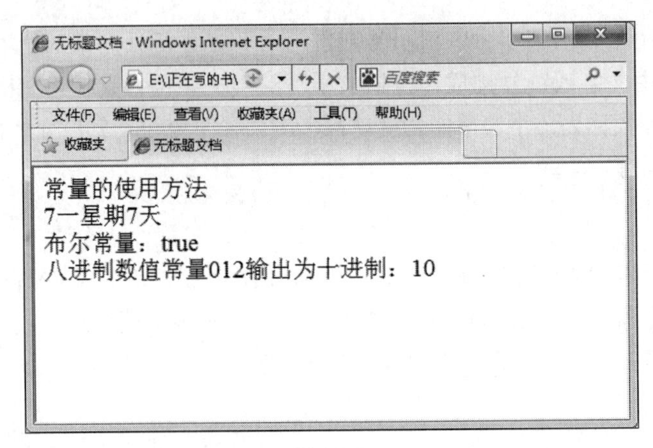

图 15-5

15.3.3 变量的定义

变量是存取数字、提供存放信息的容器。对于变量，必须明确变量的名称、变量的类型、变量的声明及其变量的作用域。

正如代数一样，JavaScript 变量用于保存值或表达式，可以给变量起一个简短的名称，例如 x。

```
x=4
y=5
z=x+y
```

在代数中，使用字母（如 x）来保存值（如 4）。通过上面的表达式 z=x+y，能够计算出 z 的值为 9。在 JavaScript 中，这些字母被称为“变量”。

JavaScript 中定义变量有两种方式。

（1）使用 var 关键字定义变量，如 var book;。

该种方式可以定义全局变量，也可以定义局部变量，这取决于定义变量的位置。在函数体中使用 var 关键字定义的变量为局部变量；在函数体外使用 var 关键字定义的变量为全局变量。例如：

```
var my=5;
var mysite="baidu";
```

var 代表声明变量，var 是 variable 的缩写。my 与 mysite 都为变量名（可以任意取名），必须使用字母或者下画线开始。5 与 "baidu" 都为变量值，5 代表一个数字，"baidu" 是一个字符串，因此应使用双引号。

（2）不使用 var 关键字，而是直接通过赋值的方式定义变量，如 param="hello"。而在使用时再根据数据的类型来确定其变量的类型。

实例代码

```
<!DOCTYPE HTML>
<html>
<head>
<meta charset="utf-8">
<script type="text/javascript">
function test() {
param = "你好吗？ ";
alert(param);
}
alert(param);
</script>
</head>
<body onload="test()"></body>
</html>
```

param = " 你好吗？ " 代码直接定义变量，alert(param) 代码使页面弹出提示框“你好吗？”运行代码的效果如图 15-6 所示。

图 15-6

15.4 使用选择语句

选择语句就是通过判断条件来选择执行的代码块。JavaScript 中选择语句有 if 语句、switch 语句两种。

15.4.1 if 选择语句

if 语句只有当指定条件为 true 时，该语句才会执行代码。

基本语法

```
if （条件）
  {
  只有当条件为 true 时执行的代码
  }
```

提示

要使用小写的if，使用大写字母（IF）会生成JavaScript 错误！

实例代码

```
<!DOCTYPE HTML>
<html>
<head>
<meta charset="utf-8">
<title>无标题文档</title>
</head>
<body>
<script type="text/javascript">
var vText = "欢迎光临";
var vLen = vText.length;
if (vLen < 50)
{document.write("<p> 该字符串长度小于 50。</p>")}
</script>
</body>
</html>
```

本实例用到了 JavaScript 的 if 条件语句。首先用 length 计算出字符串“欢迎光临”的长度，然后使用 if 语句进行判断，如果该字符串长度 <50，就显示“该字符串长度小于 50”，运行代码的效果如图 15-7 所示。

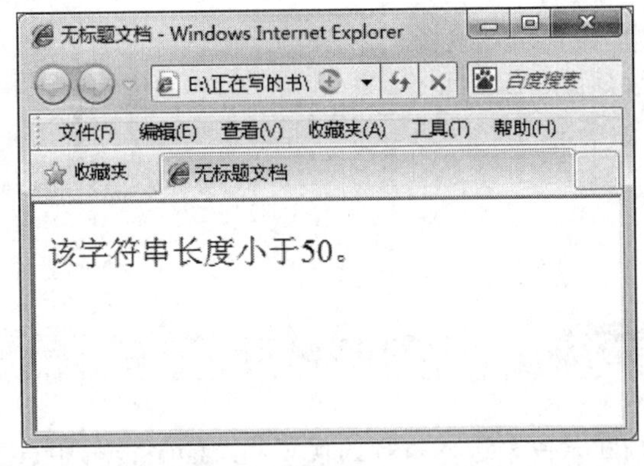

图 15-7

15.4.2 if…else 选择语句

如果希望条件成立时执行一段代码，而条件不成立时执行另一段代码，那么可以使用 if…else 语句。if …else 语句是 JavaScript 中最基本的控制语句，通过它可以改变语句的执行顺序。

基本语法

```
if (条件)
{
条件成立时执行此代码
}
else
{
条件不成立时执行此代码
}
```

这句语法的含义是，如果符合条件，则执行 if 语句中的代码，反之，则执行 else 代码。

实例代码

```
<!DOCTYPE HTML>
<html>
<head>
<meta charset="utf-8">
<title> 无标题文档 </title>
</head>
<body>
<script language="javascript">
    var hours = 5;                // 设定当前时间
    if( hours < 6 )               // 如果不到 6 点则执行以下代码
 { document.write( "现在时间是 " + hours + " 点,还没到 6 点,你可以继续休息! ");
    }
</script>
</body>
</html>
```

使用 var hours=5 定义一个变量 hours 表示当前时间，其值设定为 5。接着使用一个 if 语句判断变量 hours 的值是否小于 6，小于 6 则执行 if 块括号中的语句，即弹出一个提示框显示“现在时间是 5 点，还没到 6 点，你可以继续休息”，运行代码的效果如图 15-8 所示。

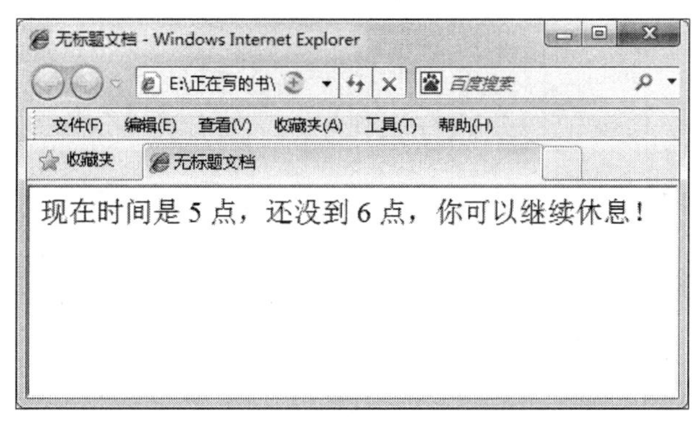

图 15-8

15.4.3　if…else if…else 选择语句

当需要选择多套代码中的一套来运行时，那么可以使用 if…else if…else 语句。

基本语法

```
if （条件 1)
  {
  当条件 1 为 true 时执行的代码
  }
else if （条件 2)
  {
  当条件 2 为 true 时执行的代码
  }
```

```
else
  {
  当条件 1 和 条件 2 都不为 true 时执行的代码
  }
```

实例代码

```
<!DOCTYPE HTML>
<html>
<head>
<meta charset="utf-8">
<title> 无标题文档 </title>
</head>
<body>
<script type="text/javascript">
var d = new Date();
var time = d.getHours();
if (time<8)
{
document.write("<b> 早上好！ </b>");
}
else if (time>8 && time<13)
{
document.write("<b> 上午好 </b>");
}
else
{
document.write("<b> 下午好 !</b>");
}
</script>
</body>
</html>
```

如果时间早于8点，则将发送问候“早上好”，如果时间早于13点晚于8点，则发送问候 “上午好”，否则发送问候 “下午好”，运行代码的效果如图15-9所示。

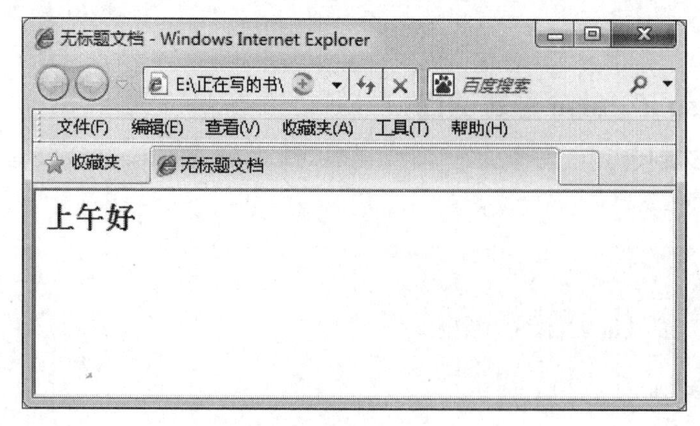

图 15-9

15.4.4 switch 多条件选择语句

当判断条件比较多时，为了使程序更加清晰，可以使用 switch 语句。在使用 switch 语句时，表达式的值将与每个 case 语句中的常量做比较。如果匹配，则执行该 case 语句后的代码；如果没有一个 case 的常量与表达式的值相匹配，则执行 default 语句。当然，default 语句是可选的。如果没有相匹配的 case 语句，也没有 default 语句，则什么也不执行。

基本语法

```
switch(n)
   {  case 1:
     执行代码块 1
     break
   case 2:
     执行代码块 2
     break
   default:
    如果 n 即不是 1 也不是 2，则执行此代码   }
```

语法说明

switch 后面的（n）可以是表达式，也可以（并通常）是变量，然后表达式中的值会与 case 中的数字做比较，如果与某个 case 匹配，那么其后的代码就会被执行。

switch 语句通常使用在有多种出口选择的分支机构上，例如信号处理中心可以对多个信号进行响应。针对不同的信号均有相应的处理，举例帮助理解。

实例代码

```
<!DOCTYPE HTML>
<html>
<head>
<meta charset="utf-8">
<title>无标题文档</title>
</head>
<body>
<script type="text/javascript">
var d = new Date()
theDay=d.getDay()
switch (theDay)
{case 5:
document.write("<b>今天是到星期五哦。</b>")
break
case 6:
document.write("<b>今天是周末啦！ </b>")
break
case 0:
document.write("<b>工作日要开始喽。</b>")
break
default:
document.write("<b>周末过得真快！ </b>")}
</script>
```

```
</body>
</html>
```

本实例使用了 switch 条件语句，根据星期几，显示不同的输出文字，运行代码的效果如图 15-10 所示。

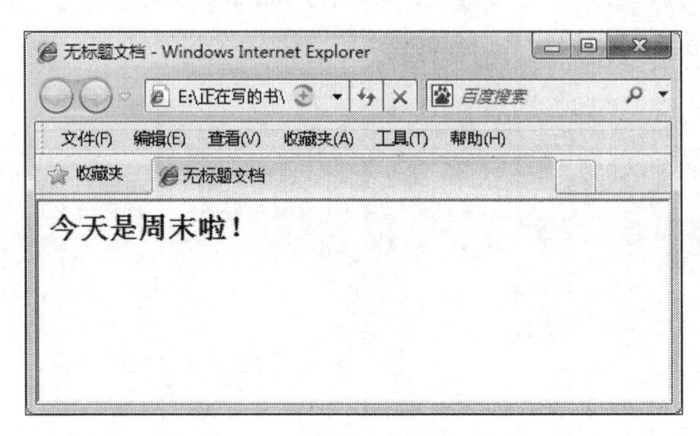

图 15-10

15.5 使用循环语句

循环语句是指当条件为 true 时，反复执行某一个代码块的功能。JavaScript 中有 while、do…while、for、for…in 这 4 种循环语句，如果事先不确定需要执行多少次循环时，一般使用 while 或者 do…while 循环，而确定使用多少次循环时一般使用 for 循环。for…in 循环只对数组类型或者对象类型使用。

循环语句的代码块中也可以使用 break 语句来提前跳出循环，使用方法与 switch 相同，还可以用 continue 语句来提前跳出本次循环，进入下一次循环。

15.5.1 for 循环语句

遇到重复执行指定次数的代码时，使用 for 循环比较合适。在执行 for 循环体中的语句前，有 3 个语句将得到执行，这 3 个语句的运行结果将决定是否进入 for 循环体。

基本语法

```
for(初始化；条件表达式；增量)
{
语句集；
…
}
```

语法说明

初始化总是一个赋值语句，它用为给循环控制变量赋初值；条件表达式是一个关系表达式，它决定什么时候退出循环；增量定义循环控制变量每循环一次后按什么方式变化。这 3 部分之间用 ";" 分开。

例如，for(i=1; i<=10; i++) 语句。上例中先给 "i" 赋初值 1，判断 "i" 是否小于等于 10，若是

则执行语句，之后值增加 1。再重新判断，直到条件为假，即 i>10 时，结束循环。

实例代码

```
<!DOCTYPE HTML>
<html>
<head>
<meta charset="utf-8">
<title> 无标题文档 </title>
</head>
<body>
<p> 点击显示循环次数：</p>
<button onclick="myFunction()"> 点击 </button>
<p id="demo"></p>
<script>
function myFunction()
{ var x="";
for (var i=0;i<10;i++)
  {
  x=x + "The number is " + i + "<br>";
  }
document.getElementById("demo").innerHTML=x;}
</script>
</body>
</html>
```

在循环开始之前设置变量（var i=0），接着定义循环运行的条件（i 必须小于 10），在每次代码块已被执行后增加一个值（i++），运行代码的效果如图 15-11 所示。

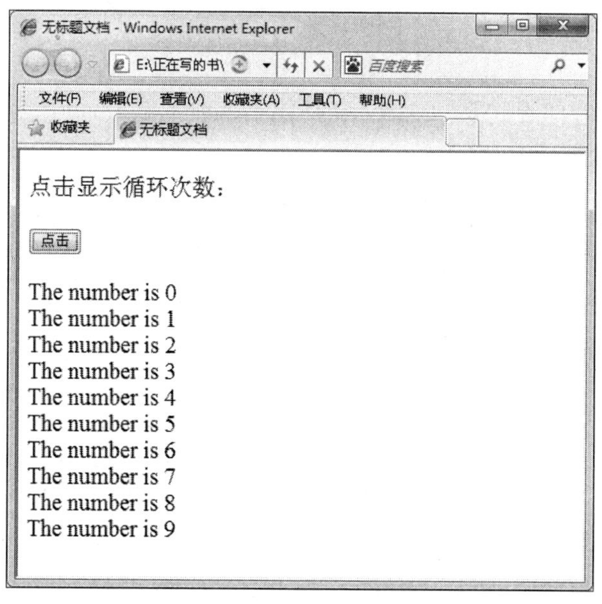

图 15-11

15.5.2 while 循环语句

当重复执行动作的情形比较简单时，就不需要用 for 循环，可以使用 while 循环代替。while 循环在执行循环体前测试一个条件，如果条件成立则进入循环体，否则跳到循环体后的第一条语句。

基本语法

```
while(条件表达式){
语句组;
…
}
```

语法说明

- 条件表达式：必选项，以其返回值作为进入循环体的条件。无论返回什么样类型的值，都被作为布尔型处理，为真时进入循环体。
- 语句组：可选项，由一条或多条语句组成。

在 while 循环体重复操作 while 的条件表达，使循环到该语句时就结束。

实例代码

```
<script language="javascript">
    var num = 1;
    while( num < 80 )
    {
        document.write( num + " " );
        num++;
    }
</script>
```

使用 num 是否小于 80 来决定是否进入循环体，num++ 递增 num，当其值达到 80 时循环将结束，运行代码的效果如图 15-12 所示。

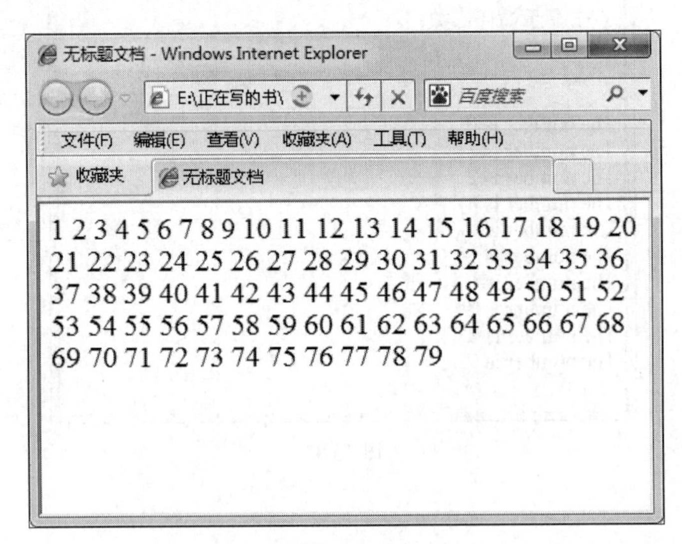

图 15-12

15.5.3　do…while 循环语句

do…while 循环是 while 循环的变体，该循环会执行一次代码块，在检查条件是否为真之前，如果条件为真就会重复这个循环。

基本语法

```
do
  { 语句组; }
while （条件）;
```

实例代码

```
<!DOCTYPE HTML>
<html>
<head>
<meta charset="utf-8">
<title> 无标题文档 </title>
</head>
<body>
<p> 点击下面的按钮，只要 i 小于 10 就一直循环代码块。</p>
<button onclick="myFunction()"> 点击这里 </button>
<p id="demo"></p>
<script>
function myFunction()
{ var x="",i=0;
do
  {  x=x + "The number is " + i + "<br>";
  i++; }
while (i<10)
document.getElementById("demo").innerHTML=x;}
</script>
</body>
</html>
```

使用 do…while 循环，该循环至少会执行一次，即使条件是 false，隐藏代码块会在条件被测试前执行，只要 i 小于 10 就一直循环代码块，运行代码的效果如图 15-13 所示。

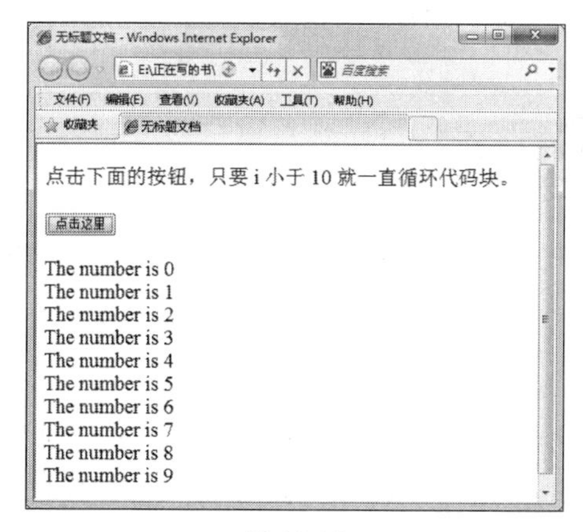

图 15-13

15.5.4 break 和 continue 跳转语句

break 与 continue 的区别是：break 是彻底结束循环，而 continue 是结束本次循环。

1. break 语句

break 语句可用于跳出循环，break 语句跳出循环后，会继续执行该循环之后的代码。

实例代码

```
<!DOCTYPE HTML>
<html>
<head>
<meta charset="utf-8">
<title> 无标题文档 </title>
</head>
<body>
<p> 带有 break 语句的循环。</p>
<button onclick="myFunction()"> 点击这里 </button>
<p id="demo"></p>
<script>
function myFunction()
{var x="",i=0;
for (i=0;i<9;i++)
  { if (i==3)
    { break; }
  x=x + "The number is " + i + "<br>"; }
document.getElementById("demo").innerHTML=x;}
</script>
</body>
</html>
```

当 i==3 时，使用 break 语句停止循环，运行代码的效果如图 15-14 所示。

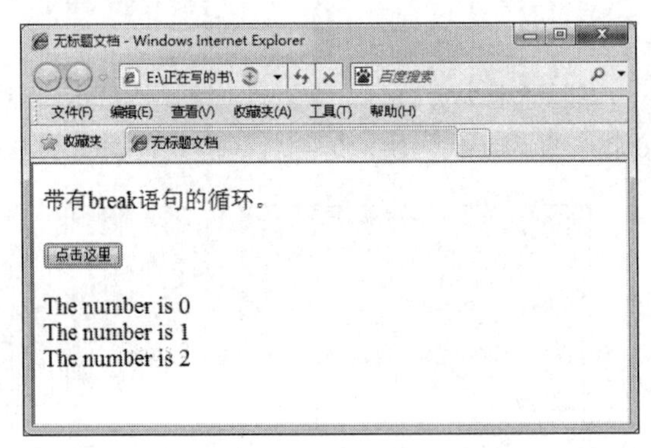

图 15-14

2. continue 跳转语句

continue 语句的作用为结束本次循环，接着进行下一次是否执行循环的判断。continue 语句只能用在 while 语句、do…while 语句、for 语句或者 for…in 语句的循环体内，在其他地方使用都会引起错误。

实例代码

```
<!DOCTYPE HTML>
<html>
<head>
<meta charset="utf-8">
<title> 无标题文档 </title>
</head>
<body>
<p> 点击下面的按钮来执行循环，该循环会跳过 i=5。</p>
<button onclick="myFunction()"> 点击这里 </button>
<p id="demo"></p>
<script>
function myFunction()
{var x="",i=0;
for (i=0;i<10;i++)
  { if (i==5)
    { continue; }
  x=x + "The number is " + i + "<br>"; }
document.getElementById("demo").innerHTML=x;}
</script>
</body>
</html>
```

本实例跳过了值 5，运行代码的效果如图 15-15 所示。

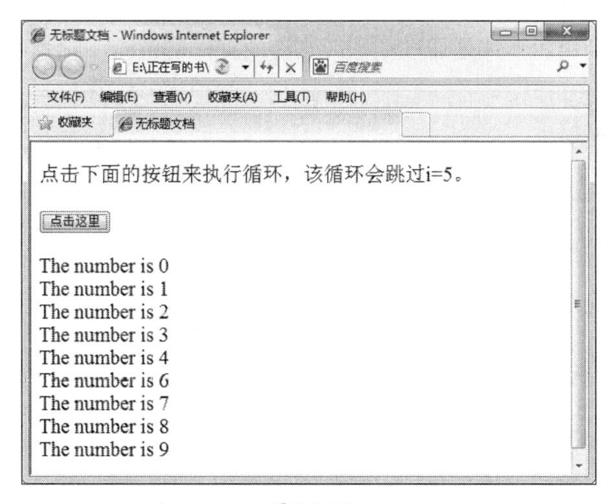

图 15-15

15.6　事件

当网页中发生了某些类型的交互时，事件就发生了。事件可能是用户在某些内容上的单击、鼠标经过某个特定元素或按下键盘上的某些按键。事件还可能是 Web 浏览器中发生的事情，如某个网页加载完成，或者是用户滚动窗口或改变窗口大小。

15.6.1 事件详解

JavaScript 使我们有能力创建动态页面，事件是可以被 JavaScript 侦测到的行为，网页中的每个元素都可以产生某些可以触发 JavaScript 函数的事件。

例如，我们可以在浏览者单击某个按钮时产生一个 onClick 事件来触发某个函数，事件在 HTML 页面中定义。

事件（Event）是 JavaScript 应用跳动的心脏，也是把所有东西粘在一起的胶水，当我们与浏览器中网页进行某些类型的交互时，事件就发生了。

事件可能是用户在某些内容上的单击、鼠标经过某个特定元素或按下键盘上的某些按键，事件还可能是 Web 浏览器中发生的事情，例如，某个网页加载完成，或者是用户滚动窗口或改变窗口大小。

通过使用 JavaScript，可以监听特定事件的发生，并规定让某些事件发生以对这些事件做出响应。

15.6.2 事件与事件驱动

JavaScript 是基于对象的语言，这与 Java 不同，Java 是面向对象的语言。而基于对象的基本特征，就是采用事件驱动。它是在图形界面的环境下，使一切输入变化简单化。通常鼠标或热键的动作称为“事件”；而由鼠标或热键引发的一连串程序的动作，称为“事件驱动”；而对事件进行处理程序或函数，称为“事件处理程序”。

JavaScript 事件驱动中的事件是通过鼠标或热键的动作引发的，它主要有以下几种事件。

1．单击事件 onClick

当单击按钮时，产生 onClick 事件，同时 onClick 指定的事件处理程序或代码将被调用执行，通常在下列基本对象中产生。

- Button（按钮对象）
- checkbox（复选框）或（检查列表框）
- radio（单选钮）
- reset buttons（重要按钮）
- submit buttons（提交按钮）

可通过下列按钮激活 change() 文件。

```
<form>
<input type="button" value=" " onClick="change()">
</form>
```

在 onClick 等号后，可以使用自行编写的函数作为事件处理程序，也可以使用 JavaScript 内部的函数，还可以直接使用 JavaScript 的代码等，例如：

```
<input type="button" value=" " onclick=alert("这是一个例子");
```

2. onChange 改变事件

当利用 text 或 texturea 元素输入的字符值改变时发生该事件，同时当在 select 表格项中一个选项状态发生改变后也会引发该事件。

以下是引用代码片段。

```
<form>
<input type="text" name="Test" value="Test" onChange="check('this.
test)">
</form>
```

3. 选中事件 onSelect

当 text 或 textarea 对象中的文字被加亮后，引发该事件。

4. 获得焦点事件 onFocus

当单击 text、textarea 或 select 对象时，产生该事件，同时该对象成为前台对象。

5. 失去焦点 onBlur

当 text、textarea 或 select 对象不再拥有焦点而退到后台时，引发该事件，它与 onFocus 事件是对应的关系。

6. 载入文件 onLoad

当载入文档时，产生该事件。onLoad 的作用就是在首次载入一个文档时检测 cookie 的值，并用一个变量为其赋值，使其可以被源代码使用。

7. 卸载文件 onUnload

当网页退出时引发 onUnload 事件，并更新 Cookie 的状态。

在 JavaScript 中对象事件的处理通常由函数（function）担任，其基本格式与函数全部相同，可以将前面所介绍的所有函数作为事件处理程序。

格式如下。

```
Function 事件处理名 ( 参数表 ){
事件处理语句集;
…
}
```

例如下面的代码是一个自动装载和自动卸载的例子，即当装入 HTML 文档时调用 loadform() 函数，而退出该文档进入另一个 HTML 文档时，则首先调用 unloadform() 函数，确认后方可进入。

实例代码

```
<!DOCTYPE HTML>
<html>
<head>
<meta charset="utf-8">
<title> 无标题文档 </title>
<script language="JavaScript">
<!--
```

```
function loadform(){
alert("自动装载!");
}
function unloadform(){
alert("卸载");
}
//-->
</script>
</head>
<body onLoad="loadform()" OnUnload="unloadform()">
<a href="test.htm">调用</a>
</body>
</html>
```

运行代码的效果如图 15-16 所示。

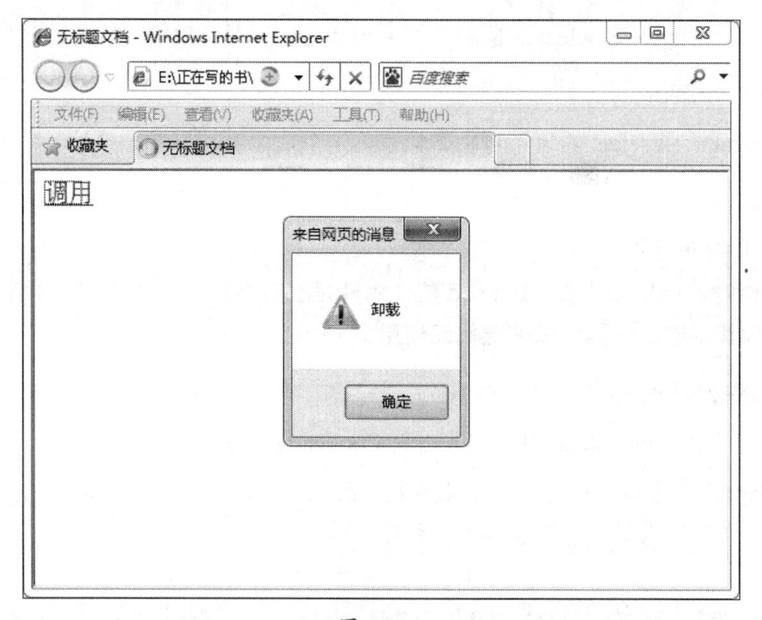

图 15-16

15.7 JavaScript 对象

对象就是一种数据结构，包含了各种已命名的数据属性，而且还可以包含对这些数据进行操作的方法函数，一个对象将数据与方法结合到一个灵巧的对象包中，这样就大幅增强了代码的模块性和重用性，从而使程序设计更容易、更轻松。

对象可以是一段文字、一幅图片、一个表单(Form)等。每个对象有其自己的属性、方法和事件。对象的属性是反映该对象某些特定性质的，例如字符串的长度、图像的尺寸、文字框里的文字等；对象的方法能对该对象做一些事情，例如表单的“提交”（Submit）、窗口的“滚动”（Scrolling）等；而对象的事件能响应发生在对象上的事情，例如提交表单产生表单的“提交事件”，单击链接产生的“点击事件”。不是所有的对象都有以上 3 个性质，有些没有事件，有些只有属性。

15.7.1 声明和实例化

JavaScript 中的对象是由属性（properties）和方法（methods）两个基本元素构成的。前者是对象在实施其所需要行为的过程中，实现信息的装载单位，从而与变量相关联；后者是指对象能够按照设计者的意图而被执行，从而与特定的函数相关联。

例如要创建一个 student（学生）对象，每个对象又有这些属性：name（姓名）、address（地址）、phone（电话），则在 JavaScript 中可使用自定义对象，下面分步讲解。

01 定义一个函数来构造新的对象 student，这个函数成为对象的构造函数。

```
function student(name,address,phone)          // 定义构造函数
{
  this.name=name;                             //初始化姓名属性
  this.address=address;                       //初始化地址属性
  this.phone=phone;                           //初始化电话属性
}
```

02 在 student 对象中定义一个 printstudent 方法，用于输出学生信息。

```
Function printstudent()                       // 创建 printstudent 函数的定义
{
  line1="name:"+this.name+"<br>\n";           //读取 name 信息
  line2="address:"+this.address+"<br>\n";     //读取 address 信息
  line3="phone:"+this.phone+"<br>\n"          //读取 phone 信息
  document.writeln(line1,line2,line3);        //输出学生信息
}
```

03 修改 student 对象，在 student 对象中添加 printstudent 函数的引用。

```
function student(name,address,phone)          //构造函数
{
  this.name=name;                             //初始化姓名属性
  this.address=address;                       //初始化地址属性
  this.phone=phone;                           //初始化电话属性
  this.printstudent=printstudent;             //创建 printstudent 函数的定义
}
```

04 实例化一个 student 对象并使用。

```
tom=new student("胜利","平南路新华路 157 号","1234567");   // 创建胜利的信息
tom.printstudent()                                        // 输出学生信息
```

上面分步讲解是为了更好地说明一个对象的创建过程，但真正的应用开发则需要一气呵成，灵活设计。

实例代码

```
<script language="javascript">
function student(name,address,phone)
{
this.name=name;                               // 初始化学生信息
  this.address=address;
```

```
    this.phone=phone;
    this.printstudent=function()              // 创建 printstudent 函数的定义
    {
            line1="Name:"+this.name+"<br>\n"; // 输出学生信息
            line2="Address:"+this.address+"<br>\n";
            line3="Phone:"+this.phone+"<br>\n"
            document.writeln(line1,line2,line3);
    }
}
tom=new student("王晓杰","***市南京路157号","***234567");// 创建胜利的信息
tom.printstudent()                                    // 输出学生信息
</script>
```

该代码是声明和实例化一个对象的过程。首先使用 function student() 定义了一个对象类构造函数 student，其包含 3 种信息，即 3 个属性：姓名、地址和电话。最后两行创建一个学生对象并输出其中的信息。this 关键字表示当前对象，即由函数创建的那个对象。运行代码，在浏览器中预览，效果如图 15-17 所示。

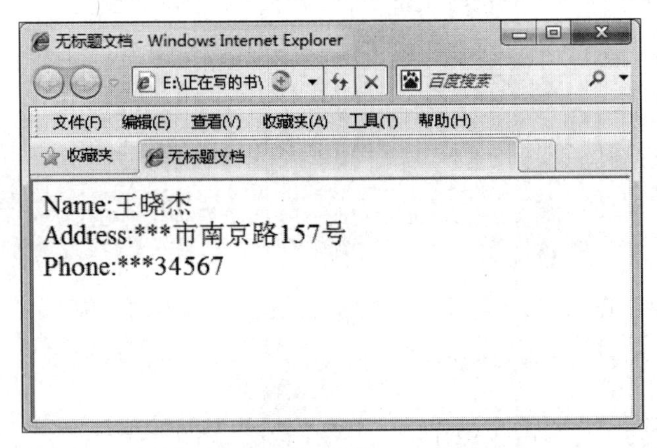

图 15-17

15.7.2 对象的引用

JavaScript 提供了一些非常有用的内部对象和方法，用户不需要用脚本来实现这些功能，这正是基于对象编程的真正意义。对象的引用其实就是对象的地址，通过这个地址可以找到对象的所在。对象的来源有如下几种方式，通过取得它的引用即可对它进行操作，例如调用对象的方法或读取、设置对象的属性等。

- 引用 JavaScript 内部对象。
- 由浏览器环境中提供。
- 创建新对象。

也就是说，一个对象在被引用之前，该对象必须存在，否则引用将毫无意义，而出现错误信息。从上面内容可以看出，JavaScript 引用对象可通过 3 种方式获取，要么创建新的对象，要么利用现在的对象。

实例代码

```
<script language="javascript">
var date;                                   // 声明变量
date=new date();                            // 创建日期对象
date=date.toLocaleString();                 // 将日期置转换为本地格式
alert(date);                                // 输出日期
</script>
```

这里的 date 变量引用了一个日期对象，使用 date=date.toLocaleString() 通过 date 变量调用日期对象的 tolocalestring 方法，将日期信息以一个字符串对象的引用返回，此时 date 的引用已经发生了改变，指向一个 string 对象。运行代码，在浏览器中预览，效果如图 15-18 所示。

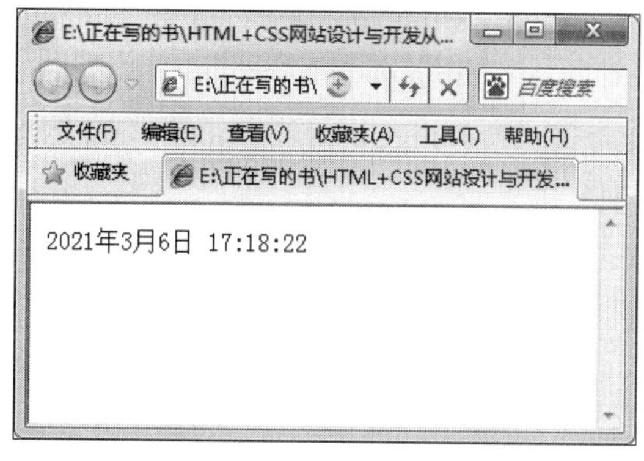

图 15-18

15.7.3 navigator 对象

在进行 Web 开发时，通过 navigator 对象的属性来确定用户浏览器的版本，进而编写针对相应浏览器版本的代码。

基本语法

```
navigator.appName
navigator.appCodeName
navigator.appVersion
navigator.userAgent
navigator.platform
navigator.language
```

语法说明

navigator.appName 获取浏览器名称；navigator.appCodeName 获取浏览器的代码名称；navigator.appVersion 获取浏览器的版本；navigator.userAgent 获取浏览器的用户代理；navigator.platform 获取平台的类型；navigator.language 获取浏览器的使用语言。

实例代码

```
<!DOCTYPE HTML>
<html>
<head>
```

```
<meta charset="utf-8">
<title> 无标题文档 </title>
</head>
<body>
<Script language="javascript">
with (document)
 {
        write (" 浏览器信息: <OL>");
        write ("<LI> 代码: "+navigator.appCodeName);
        write ("<LI> 名称: "+navigator.appName);
        write ("<LI> 版本: "+navigator.appVersion);
        write ("<LI> 语言: "+navigator.language);
        write ("<LI> 编译平台: "+navigator.platform);
        write ("<LI> 用户表头: "+navigator.userAgent);
}
</Script>
</body>
</html>
```

运行代码的效果如图 15-19 所示，显示了浏览器的代码、名称、版本、语言、编译平台和用户表头等信息。

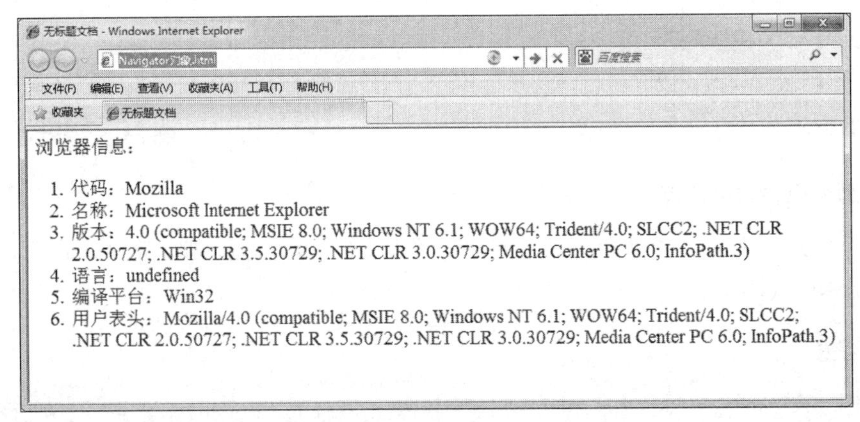

图 15-19

15.7.4 window 对象

window 对象处于对象层次的顶端，它提供了处理 navigator 窗口的方法和属性。JavaScript 的输入可以通过 window 对象来实现。

利用 JavaScript 可以获取浏览器窗口的尺寸，实时了解窗口的高度和宽度。

基本语法

```
Window.innerheight
Window.innerwidth
Window.outerheight
Window.outerwidth
```

语法说明

在该语法中，innerheight 属性和 innerwidth 属性分别用来指定窗口内部显示区域的高度和宽度；outerheight 和 outerwidth 属性分别用来指定含工具栏及状态栏的窗口外侧的高度及宽度。IE 浏览器中不支持这些属性。

实例代码

```
<!DOCTYPE HTML>
<html>
<head>
<meta charset="utf-8">
<title>无标题文档</title>
</head>
<body>
*获取窗口的外侧尺寸及内侧尺寸
<p>
<script type="text/javascript">
<!--
    document.write("窗口的高度（内侧）：",window.innerHeight);
    document.write("<br>");
    document.write("窗口的宽度（内侧）：",window.innerWidth);
    document.write("<br>");
    document.write("窗口的高度（外侧）：",window.outerHeight);
    document.write("<br>");
    document.write("窗口的宽度（外侧）：",window.outerWidth);
//-->
</script>
</p>
</body>
</html>
```

运行代码的效果如图 15-20 所示。

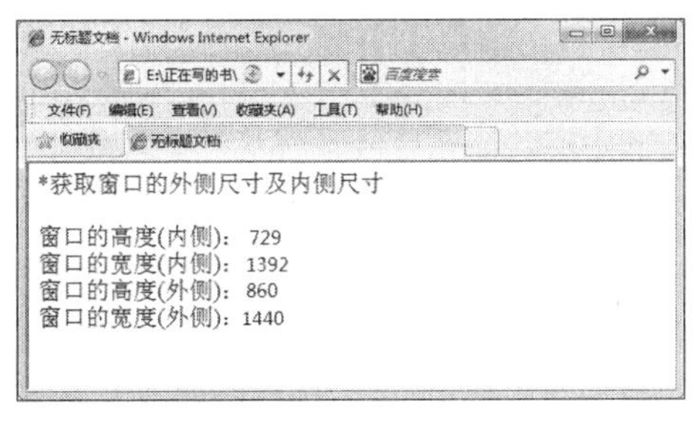

图 15-20

15.7.5 location 对象

location 地址对象描述的是某一个窗口对象所打开的地址。要表示当前窗口的地址，只需要使用 location 即可，若要表示某一个窗口的地址，就使用 <窗口对象>.location。在网页编程中，经常会遇到地址的处理问题，这些都与地址本身的属性有关，这些属性大多都用来引用当前文档的 URL 的各个部分。location 对象中包含了有关 URL 的信息。

基本语法

```
location.href
location.protocol
location.pathname
location.hostname
location.host
```

语法说明

href 属性设置 URL 的整体值；protocol 属性设置 URL 内的 http 及 ftp 等协议类型的值；hostname 属性设置 URL 内的主机名称的值；pathname 属性设置 URL 内的路径名称的值；host 属性设置主机名称及端口号的值。

实例代码

```
<!DOCTYPE HTML>
<html>
<head>
<meta charset="utf-8">
<title> 无标题文档 </title>
<script language="javascript">
function getMsg()
{
url=window.location.href;
with(document)
{
write(" 协议: "+location.protocol+"<br>");
write(" 主机名: "+location.hostname+"<br>");
write(" 主机和端口号: "+location.host+"<br>")
write(" 路径名: "+location.pathname+"<br>");
write(" 整个地址: "+location.href+"<br>");
}
}
</script>
</head>
<body>
<input type="submit" name="Submit" value=" 获取指定地址的各属性值 "
onclick="getMsg()" />
</body>
</html>
```

本例通过 .location 获得当前的 URL 信息，运行代码的效果如图 15-21 和图 15-22 所示。

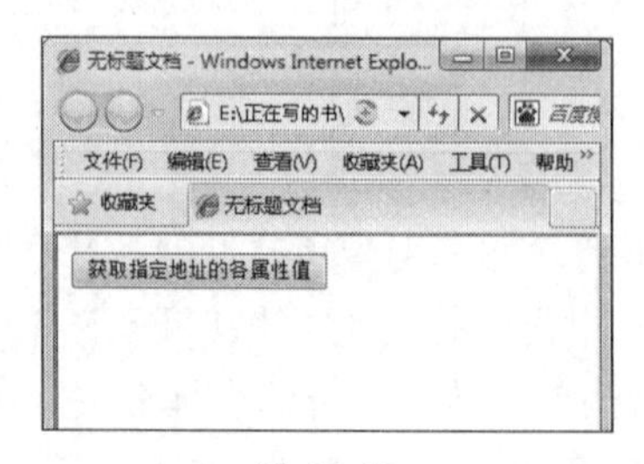

图 15-21

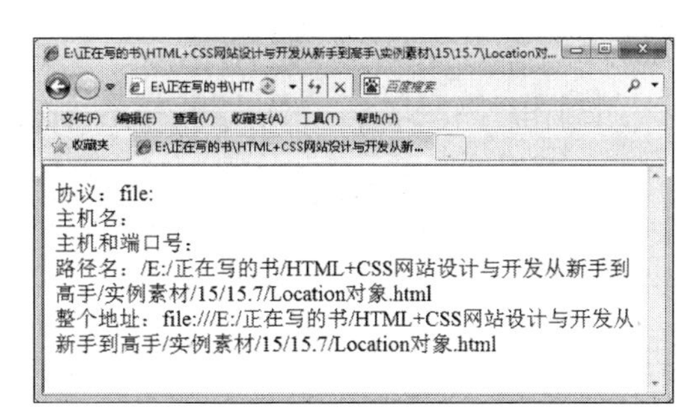

图 15-22

15.7.6　history 对象

JavaScript 中的 history（历史）对象包含了用户已浏览的 URL 信息，是指浏览器的浏览历史。鉴于安全的需要，该对象受到很多限制。

history 对象可以实现网页上的前进和后退效果，有 forward() 方法和 back() 两种方法。forward() 方法可以前进到下一个访问过的 URL，该方法和单击浏览器中的前进按钮结果相同；back() 方法可以返回到上一个访问过的 URL，调用该方法与单击浏览器窗口中的后退按钮结果相同。

实例代码

```
<!DOCTYPE HTML>
<html>
<head>
<meta charset="utf-8">
<title> 无标题文档 </title>
</head>
<body>
<form name="buttonbar">
<input type="button" value=" 上一页 " onClick="history.back()">
<input type="button" value=" 下一页 " onCLick="history.forward()">
</form>
<a href="shang.html"><li> 上一页
<a href="xia.html"><li> 下一页
</body>
</html>
```

运行代码的效果如图 15-23 所示。

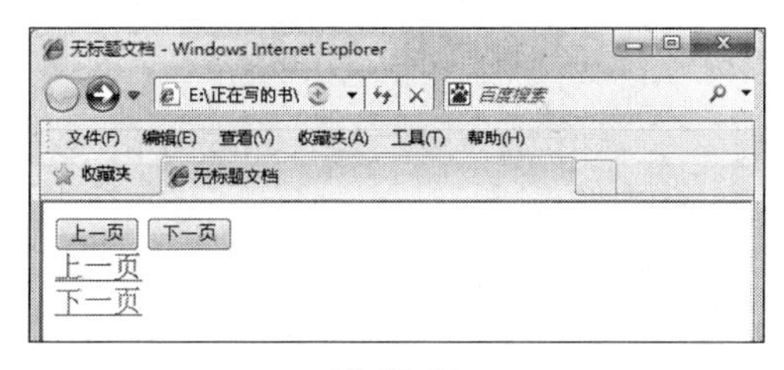

图 15-23

15.7.7 document 对象

document 对象包括选框、复选框、下拉列表、图片、链接等 HTML 页面可访问元素，但不包含浏览器的菜单栏、工具栏和状态栏。document 对象提供多种方式获得 HTML 元素对象的引用，JavaScript 的输出可通过 document 对象实现，在 document 中主要有 links、anchor 和 form 3 个最重要的对象。

- links 链接对象：指用 <ahref=…></a> 标记链接一个超文本或超媒体的元素作为一个特定的 URL。
- anchor 锚对象：指 <aname=…></a> 标记在 HTML 源码中存在时产生的对象，它包含着文档中所有的 anchor 信息。
- form 窗体对象：指文档对象的一个元素，它含有多种格式的对象存储信息，使用它可以在 JavaScript 脚本中编写程序，并可以用来动态改变文档的行为。

document 对象有以下方法。

输出显示 write() 和 writeln()，该方法主要用来实现在网页中显示输出信息。

实例代码

```
<!DOCTYPE HTML>
<html>
<head>
<meta charset="utf-8">
<title> 无标题文档 </title>
<script language=javascript>
function Links()
{
n=document.links.length;                    // 获得链接个数
s="";
for(j=0;j<n;j++)
s=s+document.links[j].href+"\n";    // 获得链接地址
if(s=="")
s==" 没有任何链接 "
else
alert(s);
}
</script>
</head>
<body>
<form>
<input type="button" value=" 链接地址 " onClick="Links()"><br>
</form>
<p><a href="#"> 链接 1</a><br>
    <a href="#"> 链接 2</a><br>
    <a href="#"> 链接 3</a><br>
    <a href="#"> 链接 4</a><br>
</p>
</body>
</html>
```

加粗部分代码应用了 document 对象，在浏览器中预览，效果如图 15-24 所示。

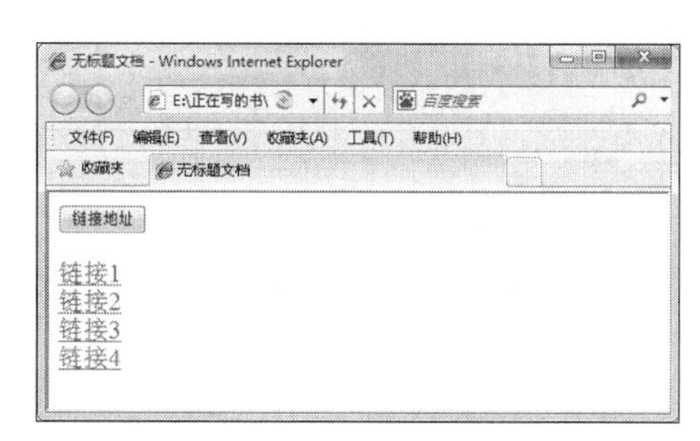

图 15-24

15.8　综合实例——改变网页背景颜色

document 对象提供了 fgColor、bgColor 等属性来设置网页的显示颜色，它们一般定义在于 <body> 标记中，在文档布局确定之前完成设置。通过改变这两个属性的值，可以改变网页背景颜色和字体颜色。

实例代码

```
<!DOCTYPE HTML>
<html>
<head>
<meta charset="utf-8">
<title>无标题文档</title>
<SCRIPT LANGUAGE="JavaScript">
function goHist(a)
{
   history.go(a);
}
</script>
</head>
<body>
<center>
<h2>单击改变网页背景颜色</h2>
<table border=1 borderlight=green style="border-collapse: collapse"
cellpadding="5" cellspacing="0">
<tr><td align=center><a href="#" onMouseOver="document.bgColor=
'#00ffff'">
天空蓝</a>
<a href="#"onMouseOver="document.bgColor='#ff0000'">大红色</a>
<a href="#"onMouseOver="document.bgColor='#99ff00'">绿色</a>
</td>
</tr>
</table>
</center>
</body>
</html>
```

运行代码，在浏览器中预览，效果如图 15-25 所示。

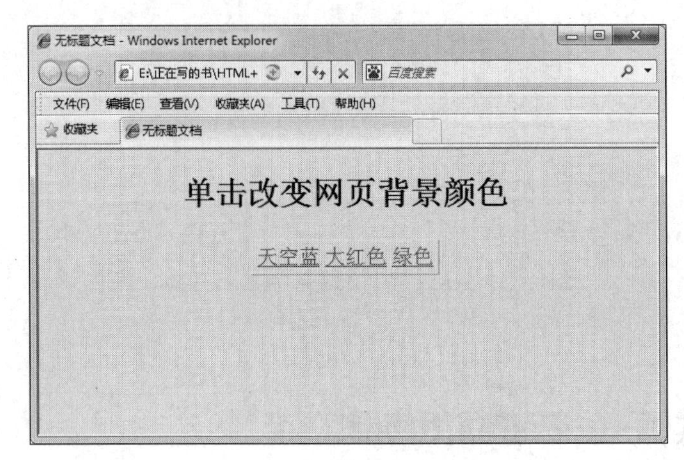

图 15-25

15.9 本章小结

JavaScript 使网页增加了互动性，也使有规律地重复的 HTML 文档简化，减少下载时间。JavaScript 能及时响应用户的操作，对提交表单做即时的检查，无须浪费时间交由 CGI 验证。JavaScript 现在已经成了一门可编写出效率极高的、可用于开发产品级 Web 服务器的出色语言。本章主要讲述了 JavaScript 简介、基本数据类型、常量和变量、事件驱动与事件处理、浏览器对象，以及 JavaScript 常见的程序语句。通过对本章内容的学习，可以了解什么是 JavaScript，以及 JavaScript 的基本使用方法，从而为设计出各种精美的动感特效网页打下基础。

第 16 章　设计制作企业网站

本章导读

企业在网上形象的树立已成为企业宣传的重点，越来越多的企业更加重视自己的网站。企业通过对企业信息的系统介绍，让浏览者了解企业所提供的产品和服务，并通过有效的在线交流方式搭建起客户与企业之间的桥梁。企业网站的建设能够提高企业的形象，并能吸引更多的人关注公司，以获得更大的发展。

技术要点

1. 企业网站设计概述
2. 企业网站布局设计分析
3. 企业网站页面的具体制作过程

16.1 企业网站设计概述

企业网站是商业性和艺术性的结合，同时企业网站也是一个企业文化的载体，通过视觉元素，承接企业的文化和企业的品牌。制作企业网站通常需要根据企业所处的行业、企业自身的特点、企业的主要客户群，以及企业全面的资讯等信息，才能制作出适合企业自身特点的网站。

16.1.1 企业网站主要功能

一般企业网站主要有以下功能。

- 公司概况：包括公司背景、发展历史、主要业绩、经营理念、经营目标及组织结构等，让用户对公司的情况有一个大概的了解。
- 企业新闻动态：可以利用互联网的信息传播优势，构建一个企业新闻发布平台，通过建立一个新闻发布 / 管理系统，企业信息发布与管理将变得简单、迅速，及时向互联网发布本企业的新闻、公告等信息。通过公司动态可以让用户了解公司的发展动向，加深对公司的印象，从而达到展示企业实力和形象的目的。图 16-1 所示为本例制作的企业网站新闻动态部分。
- 产品或展示：如果企业提供多种产品或服务，利用展示系统进行系统的管理，包括产品或图片的添加与删除、产品类别的添加与删除、推荐产品的管理、产品的快速搜索等，可以方便、高效地管理网上产品，为网上客户提供一个全面的产品展示平台，更重要的是，网站可以通过某种方式建立起与客户的有效沟通，更好地与客户进行对话，收集反馈信息，从而改进产品质量和提供服务的水平，如图 16-2 所示为景点展示部分。

图 16-1

图 16-2

- 网上招聘：这也是网络应用的一个重要方面，网上招聘系统可以根据企业自身特点，建立一个企业网络人才库，人才库对外可以进行在线网络即时招聘，对内可以方便管理人员对招聘信息和应聘人员进行管理，同时人才库可以为企业储备人才，为日后需要时使用。
- 销售网络：目前用户直接在网站订货的很多，但网上看货网下购买的现象也比较普遍，尤其是价格比较贵重或销售渠道比较少的商品，用户通常喜欢通过网络获取足够的信息后，在本地的实体商场购买。因此，尽可能详尽地告诉用户在什么地方可以买到他所需的产品非常重要。

- 售后服务：有关质量保证条款、售后服务措施，以及各地售后服务的联系方式等都是用户比较关心的信息。而且，是否可以在本地获得售后服务往往是影响用户购买决策的重要因素，对于这些信息应该尽可能详细地提供。
- 技术支持：这一点对于生产或销售高科技产品的公司尤为重要，网站上除了产品说明书，企业还应该将用户关心的技术问题及其答案公布在网上，如一些常见故障处理、产品的驱动程序、软件工具的版本等信息资料，可以用在线提问或常见问题回答的方式体现。
- 联系信息：网站上应该提供足够详尽的联系信息，除了公司的地址、电话、传真、邮政编码、网管 E-mail 地址等基本信息，最好能详细地列出客户或者业务伙伴可能需要联系的具体部门的联系方式。

16.1.2　页面配色

企业网站给人的第一印象是网站的色彩，因此确定网站的色彩搭配是相当重要的一步。一般来说，一个网站的标准色彩不应超过 3 种，太多则让人眼花缭乱。标准色彩用于网站的标志、标题、导航栏和主色块，给人以整体统一的感觉。至于其他色彩在网站中也可以使用，但只能作为点缀和衬托，决不能喧宾夺主。

绿色在企业网站中也是使用较多的一种色彩。在使用绿色作为企业网站的主色调时，通常会使用渐变色过渡，使页面具有立体的空间感。图 16-3 所示为旅游企业网站的配色。

图 16-3

在设计企业网站时，要采用统一的风格和结构来把各页面组织在一起。所选择的颜色、字体、图形即页面布局应能传达给用户一个形象化的主题，并引导他们去关注站点的内容。

对企业网站从设计风格上进行创新，需要多方面元素的配合，如页面色彩构成、图片布局、内容安排等，这需要用不同的设计手法表现出页面的视觉效果。

16.1.3 排版构架

设计购物网站时首先要抓住商品展示的特点，合理布局各个板块，显著位置留给重点宣传栏目或经常更新的栏目，以吸引浏览者的眼球，结合网站栏目设计在主页导航上突出层次感，使浏览者渐进接受。为了将丰富的含义和多样的形式组织成统一的页面结构形式，应灵活运用各种手段，通过空间、文字、图形之间的相互关系建立整体的均衡状态，产生和谐的美感。点、线、面相结合，充分表达完美的设计意境，使浏览者可以从主页获得有价值的信息，如图 16-4 所示为页面布局图。

图 16-4

本章案例网页的结构属于三行三列式布局，顶行用于显示 header 对象中的网站导航按钮和 Banner 信息，底部的 footer 放置网站的版权信息，中间部分 content 分三列显示网站的主要内容。

由于本例网站包含大量的图文信息内容，浏览者面对繁杂的信息如何快速地找到所需信息，是需要考虑的首要问题。因此，页面导航在网站中非常重要。

其页面中的 HTML 框架代码如下所示。

```
<div id="header">
  <div id="menublank">
       <div id="menu"></div>
  </div>
    <div id="headerrightblank">
       <div id="headernav"></div>
       <div id="searchblank"> </div>
       <div id="advancedsearch"></div>
       <div id="go"></div>
    </div>
     <div id="bannertxtblank"></div>
     <div id="bannerpic"></div>
</div>
<div id="content">
      <div id="bannerbot"></div>
      <div id="contentleft"></div>
      <div id="contentmid">
        <div id="awardtxtblank"></div>
      </div>
      <div id="projectblank">
       <div id="project"></div>
      </div>
</div>
<div id="footer">
      <div id="footerlinks"></div>
      <div id="copyrights"></div>
</div>
```

16.2 各部分设计

由 16.1 节的分析可以看出，页面的整体框架并不复杂，下面就具体制作各个模块，制作时采用从上而下、从左到右的制作顺序。

16.2.1 页面的通用规则

CSS 的开始部分定义页面的 body 属性和一些通用规则，具体代码如下。

```
@charset "utf-8";       /* 定义网页编码，可以用到中文、韩文等所有语言编码上 */
body
  {      margin:0px;    /* 定义网页整体的外边距为 0 */
         padding:0px;  /* 定义网页整体的内边距为 0 */
         background-color:#66d2a6; /* 定义背景颜色 */
  }
h1,h2,h3,h4,h5,h6,span
  {
```

```
        margin:0px;   /* 定义网页内标题元素和行内元素的外边距为 0 */
        padding:0px;  /* 定义网页内标题元素和行内元素的内边距为 0 */
    }
```

定义完网页的整体页边距和背景颜色，以及网页内标题元素和 span 元素的边距后，页面效果如图 16-5 所示。

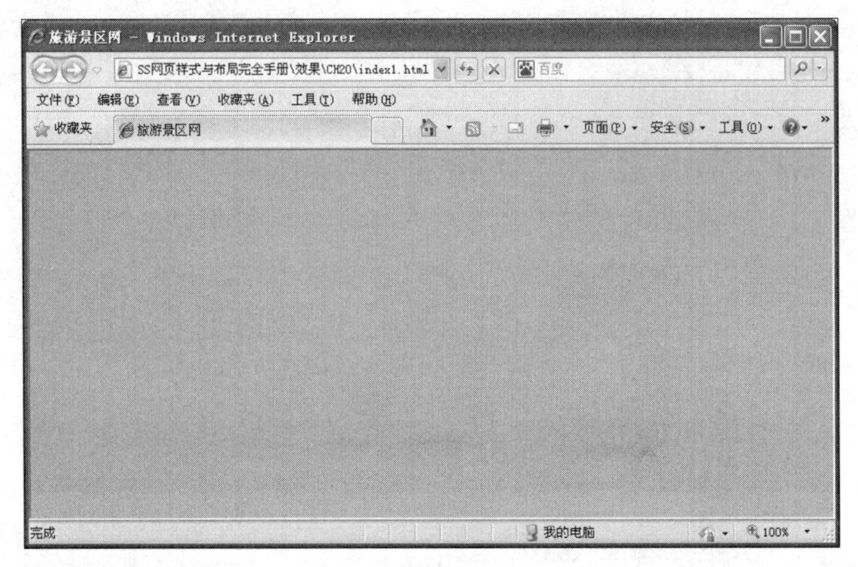

图 16-5

16.2.2 制作网站导航部分

一般企业网站通常都将导航部分放置在页面的左上角，让浏览者一进入网站就能够看到。下面制作顶部的导航部分，这部分主要放在 header 对象中的 menu 内，如图 16-6 所示。

图 16-6

01 使用 Dreamweaver 建立一个 xhtml 文档，输入如下 Div 代码，建立导航部分框架。

```
<div id="header">
<div id="menublank">
    <div id="menu">
      <ul>
        <li><a href="#" class="menu"> 首页 </a></li>
        <li><a href="#" class="menu"> 风景揽胜 </a></li>
        <li><a href="#" class="menu"> 餐饮住宿 </a></li>
        <li><a href="#" class="menu"> 娱乐保健 </a></li>
        <li><a href="#" class="menu"> 商务会议 </a></li>
        <li><a href="#" class="menu"> 出游指南 </a></li>
        <li><a href="#" class="menu"> 网上预订 </a></li>
        <li><a href="#" class="menu"> 交通信息 </a></li>
      </ul>
```

```
        </div>
      </div>
    </div>
```

02 定义外部 Div 的整体样式，定义样式后的网页效果如图 16-7 所示。

```
#headerbg {width:100%;                          /* 定义宽度 */
        height:740px;                           /* 定义高度 */
        float:left;                             /* 定义左对齐 */
        margin:0px;                             /* 定义外边距为 0 */
        padding:0px;                            /* 定义内边距为 0 */
        background-image: url(images/headerbg.jpg); /* 定义背景图片 */
        background-repeat:repeat-x;
        background-position:left top;}
#headerblank{width:1004px;                      /* 定义宽度 */
        height:740px;                           /* 定义高度 */
        float:none;                             /* 定义浮动方式 */
        margin:0 auto;                          /* 定义外边距 */
        padding:0px;                            /* 定义内边距为 0 */    }
```

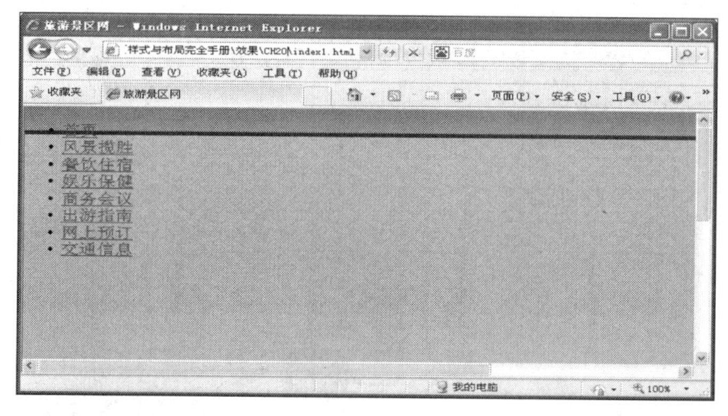

图 16-7

03 定义 header 部分的宽度、高度、浮动左对齐、边距和背景颜色样式，定义样式后的网页效果如图 16-8 所示。

图 16-8

```
#header  {width:1004px;                              /* 定义宽度 */
          height:740px;                              /* 定义高度 */
          float:left;                                /* 定义浮动左对齐 */
          margin:0px;                                /* 定义外边距为 0 */
          padding:0px;                               /* 定义内边距为 0 */
          background-image: url(images/header.jpg); /* 定义背景图片 */
          background-repeat:no-repeat;    /* 定义背景图片不重复 */ }
```

04 定义导航菜单 menu 的整体外观样式，定义样式后的网页效果如图 16-9 所示。

```
#menublank{width:935px;                    /* 定义宽度 */
          height:29px;                         /* 定义高度 */
          float:left;                          /* 定义浮动左对齐 */
          margin:0px;                          /* 定义外边距为 0 */
          padding:0 0 0 69px;                  /* 定义内边距 */}
#menu{    width:867px;                         /* 定义宽度 */
          height:29px;                         /* 定义高度 */
          float:left;                          /* 定义浮动左对齐 */
          margin:0px;                          /* 定义外边距为 0 */
          padding:0px;                         /* 定义内边距为 0 */}
```

图 16-9

05 使用如下代码定义菜单内列表的样式和列表内文字的样式，定义后的效果如图 16-10 所示。

```
#menu ul{width:867px;                          /* 定义宽度 */
         height:29px;                          /* 定义高度 */
         float:left;                           /* 定义浮动左对齐 */
         margin:0px;                           /* 定义外边距为 0 */
         padding:0px;                          /* 定义内边距为 0 */
         display:block;                        /* 定义块元素 */}
#menu ul li{height:29px;                       /* 定义高度 */
         float:left;                           /* 定义浮动左对齐 */
         margin:0px;                           /* 定义外边距为 0 */
         padding:0px;                          /* 定义外内距为 0 */
         display:block;                        /* 定义块元素 */}
#menu ul li a.menu{height:25px;     /* 定义高度 */
```

```
        float:left;                             /* 定义浮动左对齐 */
        margin:0px;                             /* 定义外边距为 0 */
        padding:4px 21px 0 21px;                /* 定义内边距 */
        font-family:Arial;                      /* 定义字体 */
        font-size:11px;                         /* 定义字号 */
        font-weight:bold;                       /* 定义文字加粗 */
        color:#fff;                             /* 定义颜色为白色 */
        text-align:center;                      /* 定义元素内部文字的居中 */
  text-decoration:none;                         /* 清除超链接的默认下画线 */ }
#menu ul li a.menu:hover{height:25px;           /* 定义高度 */
        float:left;                             /* 定义浮动左对齐 */
        margin:0px;                             /* 定义外边距为 0 */
        padding:4px 21px 0 21px;                /* 定义内边距 */
        font-family:Arial;                      /* 定义字体 */
        font-size:11px;                         /* 定义字号 */
        font-weight:bold;                       /* 定义文字加粗 */
        color:#fff;                             /* 定义颜色为白色 */
        text-align:center;                      /* 定义元素内部文字的居中 */
        text-decoration:none;                   /* 清除超链接的默认下画线 */
        background-image:url(images/menuover.jpg); /* 定义背景图片 */
        background-repeat:repeat-x;}            /* 定义背景图片重复 */
```

图 16-10

16.2.3　制作 header 右侧部分

header 右侧部分主要放在 header 对象中的 headerrightblank 内，包括会员注册、登录、添加收藏、留言，还有高级搜索部分，如图 16-11 所示。

01 输入如下 Div 代码建立 header 右侧部分框架，这部分主要使用无序列表和表单制作。

```
<div id="headerrightblank">
      <div id="headernav">
       <ul>
```

```
                <li><a href="#" class="register">会员注册</a></li>
                <li><a href="#" class="login">登录</a></li>
                <li><a href="#" class="bookmark">添加收藏</a></li>
                <li><a href="#" class="blog">留言</a></li>
            </ul>
           </div>
          <div class="headertxt"><span class="headerdecoratxt">山之美，在于石、
林、泉、瀑、花、草一应俱全</span></div>
         <div class="headertxt02"><span class="headerboldtxt"></span><span
class="headerdecoratxt">峡谷曲流，形势险胜，投目纵览，水比漓江清。</span></div>
            <div id="special"></div>
            <div id="year">2021</div>
         <div id="searchblank">
         <div id="searchinput">
         <form id="form1" name="form1" method="post" action="">
     <input name="textfield" type="text" class="searchinput" id="textfield"
value="输入关键字" />
                </form>
              </div>
        <div id="advancedsearch"><a href="#" class="advancedsearch">高级查询
</a></div>
              <div id="go"><a href="#" class="go">Go</a></div>
            </div>
          </div>
```

图 16-11

02 使用如下代码定义 headerrightblank 部分的宽度、浮动右对齐、外边距和内边距，定义样式后的效果如图 16-12 所示。

```
#headerrightblank{
width:311px;                    /* 定义宽度 */
        float:right;            /* 定义浮动右对齐 */
        margin:0 70px 0 0;      /* 定义外边距 */
        padding:0px;            /* 定义内边距为 0 */}
#headernav{
```

```
        width:290px;                        /* 定义宽度 */
           height:25px;                     /* 定义高度 */
           float:right;                     /* 定义浮动右对齐 */
           margin:0px;                      /* 定义外边距为 0 */
           padding:0 0 0 21px;              /* 定义内边距 */}
```

图 16-12

03 定义 headernav 内无序列表的样式，定义样式后的效果如图 16-13 所示。

图 16-13

```
    #headernav ul{
            height:25px;                    /* 定义高度 */
            float:left;                     /* 定义浮动左对齐 */
            margin:0px;                     /* 定义外边距为 0 */
            padding:0px;                    /* 定义内边距为 0 */
            display:block;                  /* 定义块元素 */}
    #headernav ul li{
            height:15px;                    /* 定义高度 */
```

```
        float:left;                   /* 定义浮动左对齐 */
        margin:0px;                   /* 定义外边距为 0 */
        padding:7px 0 0 0;            /* 定义内边距 */
        display:block;                /* 定义块元素 */}
```

04 使用如下代码定义无序列表内“会员注册”文字的样式，定义后的效果如图 16-14 所示。

```
#headernav ul li a.register {
width:67px;                           /* 定义宽度 */
        height:15px;                  /* 定义高度 */
        float:left;                   /* 定义浮动左对齐 */
        margin:0px;                   /* 定义外边距为 0 */
        padding:3px 0 0 17px;         /* 定义内边距 */
        font-family:Arial;            /* 定义字体 */
        font-size:10px;               /* 定义字号 */
        color:#000;                   /* 定义颜色为黑色 */
        text-decoration:none;         /* 清除超链接的默认下画线 */
        background-image:url(images/registericon.jpg); /* 定义背景图片 */
        background-repeat:no-repeat; /* 定义背景图片不重复 */
        background-position:left;}   /* 定义背景图片位置 */
#headernav ul li a.register:hover{
        width:67px;                   /* 定义宽度 */
        height:15px;                  /* 定义高度 */
        float:left;                   /* 定义浮动左对齐 */
        margin:0px;                   /* 定义外边距为 0 */
        padding:3px 0 0 17px;         /* 定义内边距 */
        font-family:Arial;            /* 定义字体 */
        font-size:10px;               /* 定义字号 */
        color:#000;                   /* 定义颜色为黑色 */
        text-decoration: underline;   /* 定义文字下画线 */
        background-image:url(images/registericon.jpg); /* 定义背景图片 */
        background-repeat:no-repeat; /* 定义背景图片不重复 */
        background-position:left;}   /* 定义背景图片位置 */
```

图 16-14

05 使用如下代码定义无序列表内“登录”文字的样式，定义后的效果如图 16-15 所示。

```
#headernav ul li a.login{
        width:41px;                              /* 定义宽度 */
        height:15px;                             /* 定义高度 */
        float:left;                              /* 定义浮动左对齐 */
        margin:0px;                              /* 定义外边距为 0 */
        padding:3px 0 0 20px;                    /* 定义内边距 */
        font-family:Arial;                       /* 定义字体 */
        font-size:10px;                          /* 定义字号 */
        color:#000;                              /* 定义颜色为黑色 */
        text-decoration:none;                    /* 清除超链接的默认下画线 */
        background-image: url(images/login.jpg); /* 定义背景图片 */
        background-repeat:no-repeat;             /* 定义背景图片不重复 */
        background-position:left;}               /* 定义背景图片位置 */
#headernav ul li a.login:hover      {
        width:41px;                              /* 定义宽度 */
        height:15px;                             /* 定义高度 */
        float:left;                              /* 定义浮动左对齐 */
        margin:0px;                              /* 定义外边距为 0 */
        padding:3px 0 0 20px;                    /* 定义内边距 */
        font-family:Arial;                       /* 定义字体 */
        font-size:10px;                          /* 定义字号 */
        color:#000;                              /* 定义颜色为黑色 */
        text-decoration: underline;              /* 定义文字下画线 */
        background-image: url(images/login.jpg); /* 定义背景图片 */
        background-repeat:no-repeat;             /* 定义背景图片不重复 */
        background-position:left;}               /* 定义背景图片位置 */
```

图 16-15

06 使用如下代码定义无序列表内“添加收藏”文字的样式，定义后的效果如图 16-16 所示。

```
#headernav ul li a.bookmark  {
        width:62px;                              /* 定义宽度 */
        height:15px;                             /* 定义高度 */
        float:left;                              /* 定义浮动左对齐 */
```

```
        margin:0px;                          /* 定义外边距为 0 */
        padding:3px 0 0 21px;                /* 定义内边距 */
        font-family:Arial;                   /* 定义字体 */
        font-size:10px;                      /* 定义字号 */
        color:#000;                          /* 定义颜色为黑色 */
        text-decoration:none;                /* 清除超链接的默认下画线 */
        background-image: url(images/bookmark.jpg); /* 定义背景图片 */
        background-repeat:no-repeat;         /* 定义背景图片不重复 */
        background-position:left;}           /* 定义背景图片位置 */
#headernav ul li a.bookmark:hover{
        width:62px;                          /* 定义宽度 */
        height:15px;                         /* 定义高度 */
        float:left;                          /* 定义浮动左对齐 */
        margin:0px;                          /* 定义外边距为 0 */
        padding:3px 0 0 21px;                /* 定义内边距 */
        font-family:Arial;                   /* 定义字体 */
        font-size:10px;                      /* 定义字号 */
        color:#000;                          /* 定义颜色为黑色 */
        text-decoration: underline;          /* 定义文字下画线 */
        background-image: url(images/bookmark.jpg); /* 定义背景图片 */
        background-repeat:no-repeat;         /* 定义背景图片不重复 */
        background-position:left;}           /* 定义背景图片位置 */
```

图 16-16

07 使用如下代码定义无序列表内“留言”文字的样式，定义后的效果如图 16-17 所示。

```
#headernav ul li a.blog       {
        width:35px;                          /* 定义宽度 */
        height:15px;                         /* 定义高度 */
        float:left;                          /* 定义浮动左对齐 */
        margin:0px;                          /* 定义外边距为 0 */
        padding:3px 0 0 19px;                /* 定义内边距 */
        font-family:Arial;                   /* 定义字体 */
        font-size:10px;                      /* 定义字号 */
        color:#000;                          /* 定义颜色为黑色 */
        text-decoration:none;                /* 清除超链接的默认下画线 */
        background-image: url(images/blog.jpg); /* 定义背景图片 */
```

```
        background-repeat:no-repeat;        /* 定义背景图片不重复 */
        background-position:left;}          /* 定义背景图片位置 */
#headernav ul li a.blog:hover{
        width:35px;                         /* 定义宽度 */
        height:15px;                        /* 定义高度 */
        float:left;                         /* 定义浮动左对齐 */
        margin:0px;                         /* 定义外边距为 0 */
        padding:3px 0 0 19px;               /* 定义内边距 */
        font-family:Arial;                  /* 定义字体 */
        font-size:10px;                     /* 定义字号 */
        color:#000;                         /* 定义颜色为黑色 */
        text-decoration: underline;         /* 定义文字下画线 */
        background-image: url(images/blog.jpg); /* 定义背景图片 */
        background-repeat:no-repeat;        /* 定义背景图片不重复 */
        background-position:left;}          /* 定义背景图片位置 */
```

图 16-17

08 使用如下代码定义宣传文本的样式，如图 16-18 所示。

```
.headertxt{width:273px;                     /* 定义宽度 */
        float:left;                         /* 定义浮动左对齐 */
        margin:12px 0 0 0;                  /* 定义外边距 */
        padding:0 0 0 38px;                 /* 定义内边距 */
        font-family:Arial;                  /* 定义字体 */
        font-size:12px;                     /* 定义字号 */
        color:#fff;                         /* 定义颜色为白色 */}
.headerboldtxt{font-family:Arial;           /* 定义字体 */
        font-size:12px;                     /* 定义字号 */
        font-weight:bold;                   /* 定义文字加粗 */
        color:#fff;                         /* 定义颜色为白色 */    }
.headerdecoratxt{font-family:Arial;         /* 定义字体 */
        font-size:12px;                     /* 定义字号 */
        color:#fff;                         /* 定义颜色为白色 */
        text-decoration:underline;}
.headertxt02 {width:273px;                  /* 定义宽度 */
        float:left;                         /* 定义浮动左对齐 */
        margin:8px 0 0 0;                   /* 定义外边距 */
        padding:0 0 0 38px;                 /* 定义内边距 */
```

```
        font-family:Arial;                        /* 定义字体 */
        font-size:12px;                           /* 定义字号 */
        color:#fff;                               /* 定义颜色为白色 */}
#special{width:260px;                             /* 定义宽度 */
        float:left;                               /* 定义浮动左对齐 */
        margin:196px 0 0 0;                       /* 定义外边距 */
        padding:0 0 0 50px;                       /* 定义外边距 */
        font-family: "Arial Narrow";              /* 定义字体 */
        font-size:28px;                           /* 定义字号 */
        color:#fffd64;                            /* 定义颜色 */
        line-height:28px;}                        /* 定义行高 */
#year   {width:215px;                             /* 定义宽度 */
        float:left;                               /* 定义浮动左对齐 */
        margin:0px;                               /* 定义外边距为 0 */
        padding:0 0 0 96px;                       /* 定义内边距 */
        font-family: "Arial Black";               /* 定义字体 */
        font-size:22px;                           /* 定义字号 */
        color:#fff;                               /* 定义颜色为白色 */
        line-height:20px;}                        /* 定义行高 */
```

图 16-18

09 使用如下代码定义搜索部分的样式，如图 16-19 所示。

```
#searchblank{width:170px;                         /* 定义宽度 */
        float:left;                               /* 定义浮动左对齐 */
        margin:20px 0 0 0;                        /* 定义外边距 */
        padding:19px 0 0 140px;}                  /* 定义内边距 */
#searchinput{width:147px;                         /* 定义宽度 */
        height:22px;                              /* 定义高度 */
        float:left;                               /* 浮动左对齐 */
        margin:0px;                               /* 定义外边距为 0 */
        padding:0px;}                             /* 定义内边距为 0 */
.searchinput{width:139px;                         /* 定义宽度 */
        height:17px;                              /* 定义高度 */
        float:left;                               /* 定义浮动左对齐 */
        margin:0px;                               /* 定义外边距为 0 */
        padding:5px 0 0 10px;                     /* 定义内边距 */
```

```
        font-family:Arial;                      /* 定义字体 */
        font-size:10px;                         /* 定义字号 */
        color:#000;                             /* 定义颜色为黑色 */}
#advancedsearch{width:115px;                    /* 定义宽度 */
        float:left;                             /* 定义浮动左对齐 */
        margin:0px;                             /* 定义外边距为 0 */
        padding:8px 0 0 3px;                    /* 定义内边距 */
        font-family:Arial;                      /* 定义字体 */
        font-size:11px;                         /* 定义字号 */
        font-weight:bold;                       /* 定义文字加粗 */
        color:#fff;                             /* 定义颜色为白色 */   }
.advancedsearch{font-family:Arial;              /* 定义字体 */
        font-size:11px;                         /* 定义字号 */
        font-weight:bold;                       /* 定义文字加粗 */
        color:#fff;                             /* 定义颜色为白色 */
        text-decoration:none;                   /* 清除超链接的默认下画线 */}
.advancedsearch:hover{font-family:Arial;        /* 定义字体 */
        font-size:11px;                         /* 定义字号 */
        font-weight:bold;                       /* 定义文字加粗 */
        color:#fff;                             /* 定义颜色为白色 */
        text-decoration: underline;             /* 定义文字下画线 */ }
```

图 16-19

10 使用如下代码定义 go 搜索按钮的样式，如图 16-20 所示。

```
#go     {width:31px;                            /* 定义宽度 */
        height:18px;                            /* 定义高度 */
        float:left;                             /* 定义浮动左对齐 */
        margin:8px 0 0 0;                       /* 定义外边距 */
        padding:0px;}                           /* 定义内边距 */
.go     {width:26px;                            /* 定义宽度 */
        height:16px;                            /* 定义高度 */
        float:left;                             /* 定义浮动左对齐 */
        margin:0px;                             /* 定义外边距为 0 */
        padding:2px 0 0 5px;                    /* 定义内边距 */
        font-family:Arial;                      /* 定义字体 */
```

```
        font-size:10px;                      /* 定义字号 */
        color:#e1d300;                       /* 定义颜色 */
        text-decoration:none;                /* 清除超链接的默认下画线 */
        background-image:url(images/gobutton.jpg);
        background-repeat:no-repeat;         /* 定义背景图片不重复 */}
.go:hover{width:26px;                        /* 定义宽度 */
        height:16px;                         /* 定义高度 */
        float:left;                          /* 浮动左对齐 */
        margin:0px;                          /* 定义外边距为 0 */
        padding:2px 0 0 5px;                 /* 定义内边距 */
        font-family:Arial;                   /* 定义字体 */
        font-size:10px;                      /* 定义字号 */
        color:#e1d300;                       /* 定义颜色 */
        text-decoration:none;                /* 清除超链接的默认下画线 */
        background-image:url(images/gobutton.jpg); /* 定义背景图片 */
        background-repeat:no-repeat;         /* 定义背景图片不重复 */}
```

图 16-20

16.2.4 制作欢迎部分

欢迎部分主要放在 header 对象中的 bannertxtblank 内，包括欢迎文字信息，如图 16-21 所示。

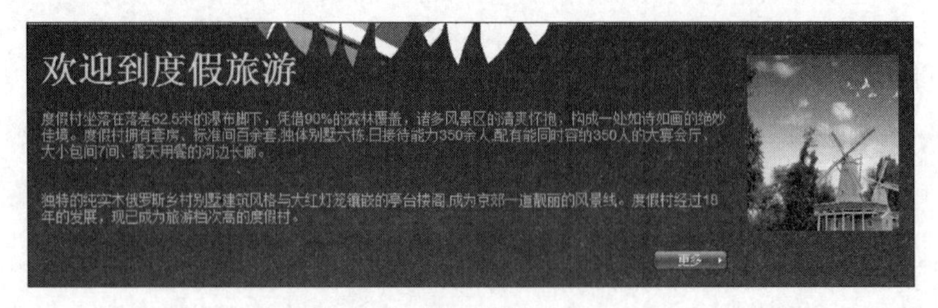

图 16-21

01 输入如下 Div 代码建立欢迎部分框架，如图 16-22 所示，可以看到没有定义网页样式，网页比较乱。

```
    <div id="bannertxtblank">
```

```
        <div id="bannerheading">
           <h2> 欢迎度假旅游 </h2>
        </div>
         <div id="bannertxt">
         <p> 度假村坐落在落差 62.5 米的瀑布脚下，凭借 90% 的森林覆盖，诸多风景区的清爽怀抱，
构成一处如诗如画的绝妙佳境。度假村拥有套房、标准间百余套，独体别墅六栋，日接待能力 350 余人，
配有能同时容纳 350 人的大宴会厅、大小包间 7 间、露天用餐的河边长廊。</p>
         <p><span class="bannertxt"> 独特的纯实木俄罗斯乡村别墅建筑风格与大红灯笼镶
嵌的亭台楼阁，成为京郊一道靓丽的风景线。度假村经过 18 年的发展，现已成为旅游档次高的度假村。
</span></p>
          </div>
         <div id="bannermore"><a href="#" class="bannermore"> 更多 </a>
</div>
    </div>
```

图 16-22

02 定义 bannertxtblank 对象的整体外观样式和标题文字的样式，如图 16-23 所示。

```
  # bannertxtblank{
  width:707px;                        /* 定义宽度 */
          height:233px;               /* 定义高度 */
          float:left;                 /* 定义浮动左对齐 */
          margin:0px;                 /* 定义外边距为 0 */
          padding:63px 0 0 69px;}     /* 定义内边距 */
  #bannerheading{
          width:687px;                /* 定义宽度 */
          height:37px;                /* 定义高度 */
          float:left;                 /* 定义浮动左对齐 */
          margin:0px;                 /* 定义外边距为 0 */
          padding:0px;                /* 定义内边距为 0 */
          font-family: Arial;         /* 定义字体 */
          font-size:36px;             /* 定义字号 */
          color:#e9e389;}             /* 定义颜色 */
  #bannerheading h2{
          width:687px;                /* 定义宽度 */
```

```
        height:37px;                    /* 定义高度 */
        float:left;                     /* 定义浮动左对齐 */
        margin:0px;                     /* 定义外边距为 0 */
        padding:0px;                    /* 定义内边距为 0 */
        font-family: Arial;             /* 定义字体 */
        font-size:36px;                 /* 定义字号 */
        color:#e9e389;}                 /* 定义颜色 */
```

图 16-23

03 使用如下代码定义段落文字的样式，如图 16-24 所示。

```
#bannertxt{width:687px;                 /* 定义宽度 */
        float:left;                     /* 定义浮动左对齐 */
        margin:23px 0 0 0;              /* 定义外边距 */
        padding:0px;                    /* 定义内边距为 0 */
        font-family: Arial;             /* 定义字体 */
        font-size:14px;                 /* 定义字号 */
        color:#b8b8b8;}                 /* 定义颜色 */
#bannertxt p{width:687px;               /* 定义宽度 */
        float:left;                     /* 定义浮动左对齐 */
        margin:0px;                     /* 定义外边距为 0 */
        padding:0px;                    /* 定义内边距为 0 */
        font-family: Arial;             /* 定义字体 */
        font-size:14px;                 /* 定义字号 */
        color:#b8b8b8;}                 /* 定义颜色 */
.bannertxt{float:left;                  /* 定义浮动左对齐 */
        padding:31px 0 0 0;             /* 定义内边距 */
        font-family: Arial;             /* 定义字体 */
        font-size:14px;                 /* 定义字号 */
        color:#98d2ba;}                 /* 定义颜色 */
```

图 16-24

04 使用如下代码定义“更多”按钮的样式，如图 16-25 所示。

```
#bannermore{width:687px;                    /* 定义宽度 */
        float:left;                         /* 定义浮动左对齐 */
        margin:23px 0 0 0;                  /* 定义外边距 */
        padding:0px;                        /* 定义内边距为 0 */
        font-family: Arial;                 /* 定义字体 */
        font-size:14px;                     /* 定义字号 */
        color:#b8b8b8;}                     /* 定义颜色 */
.bannermore{width:74px;                     /* 定义宽度 */
        height:20px;                        /* 定义高度 */
        float:right;                        /* 定义浮动右对齐 */
        margin:0px;                         /* 定义外边距为 0 */
        padding:4px 0 0 0;                  /* 定义内边距 */
        font-family: Arial;                 /* 定义字体 */
        font-size:11px;                     /* 定义字号 */
        color:#FFF;                         /* 定义颜色为白色 */
        text-align:center;                  /* 定义元素内部文字的居中 */
        text-decoration:none;               /* 清除超链接的默认下画线 */
        background-image:url(images/morebutton.jpg);
        background-repeat:no-repeat;        /* 定义背景图片不重复 */}
.bannermore:hover{width:74px;               /* 定义宽度 */
        height:20px;                        /* 定义高度 */
        float: right;                       /* 定义浮动右对齐 */
        margin:0px;                         /* 定义外边距为 0 */
        padding:4px 0 0 0;                  /* 定义内边距 */
        font-family: Arial;                 /* 定义字体 */
        font-size:11px;                     /* 定义字号 */
        color:#FFF;                         /* 定义颜色为白色 */
        text-align:center;                  /* 定义元素内部文字的居中 */
```

```
text-decoration:none;              /* 清除超链接的默认下画线 */
background-image: url(images/morebuttonover.jpg);
background-repeat:no-repeat;       /* 定义背景图片不重复 */}
```

图 16-25

使用同样的方法，制作网页的其他部分。

16.3 本章小结

在企业网站的设计中，既要考虑商业性，又要考虑艺术性。企业网站是商业性和艺术性的结合体，同时企业网站也是一个企业文化的载体，通过视觉的元素，承接企业的文化和企业的品牌。好的网站设计，有助于企业树立好的社会形象，也能比其他的传播媒体更好、更直观地展示企业的产品和服务。界面设计是网站设计中最重要的环节，而在 CSS 布局的网站中尤为重要。在传统网站设计中，往往根据网站内容规划提出界面设计稿，并根据设计稿完成网页代码。在 CSS 布局设计中，除了界面设计稿，需要在设计中更进一步考虑后期 CSS 布局上的可用性，但是这并不代表 CSS 布局对设计具有约束与局限性。